"十四五"高等职业教育专科校院合作"双元"规划教材

供医学检验技术及相关专业用

临床检验仪器

主　编　谢荣华　李庆华
副主编　邹明静　张咏梅
编　委　（按姓名汉语拼音排序）
　　　　蔡群芳（海南医学院）
　　　　冯莹莹（铁岭卫生职业学院）
　　　　李庆华（岳阳职业技术学院）
　　　　梁红军（湖南环境生物职业技术学院）
　　　　蔺首睿（长春医学高等专科学校）
　　　　刘湘祁（湖南环境生物职业技术学院）
　　　　刘翔宇（衡阳市中心医院）
　　　　王媛媛（海南医学院）
　　　　谢荣华（湖南环境生物职业技术学院）
　　　　张咏梅（保山中医药高等专科学校）
　　　　张云霞（保山中医药高等专科学校）
　　　　邹明静（菏泽医学专科学校）

北京大学医学出版社

LINCHUANG JIANYAN YIQI

图书在版编目（CIP）数据

临床检验仪器 / 谢荣华，李庆华主编． —北京：北京大学医学出版社，2024.1（2025.9重印）
ISBN 978-7-5659-2920-5

Ⅰ．①临⋯ Ⅱ．①谢⋯②李⋯ Ⅲ．①医用分析仪器 – 高等职业教育 – 教材　Ⅳ．① TH776

中国国家版本馆 CIP 数据核字（2023）第 109465 号

临床检验仪器

主　　编：谢荣华　李庆华
出版发行：北京大学医学出版社
地　　址：（100191）北京市海淀区学院路 38 号 北京大学医学部院内
电　　话：发行部 010-82802230；图书邮购 010-82802495
网　　址：http://www.pumpress.com.cn
E-mail：booksale@bjmu.edu.cn
印　　刷：北京瑞达方舟印务有限公司
经　　销：新华书店
责任编辑：郭　颖　孙敬怡　　责任校对：靳新强　　责任印制：李　啸
开　　本：850 mm×1168 mm　1/16　印张：16.25　字数：465 千字
版　　次：2024 年 1 月第 1 版　2025 年 9 月第 2 次印刷
书　　号：ISBN 978-7-5659-2920-5
定　　价：45.00 元
版权所有，违者必究
（凡属质量问题请与本社发行部联系退换）

出版说明

国务院印发《国家职业教育改革实施方案》，提出了进一步办好新时代职业教育的具体措施，中共中央办公厅、国务院办公厅印发《关于推动现代职业教育高质量发展的意见》，为新时代职业教育的高质量发展指明了方向。文件指出要促进产教融合校企"双元"育人，完善产教融合办学体制，深化教育教学改革，创新教学模式与方法，改进教学内容与教材，完善"岗课赛证"综合育人机制，推动现代信息技术与教育教学深度融合，提高课堂教学质量；推动教师、教材、教法"三教"改革，强化教材建设国家事权，建设一大批校企"双元"合作开发的国家规划教材；推进习近平新时代中国特色社会主义思想进教材、进课堂、进头脑。

高质量的教材是实施教育改革、提升人才培养质量的重要支撑。为深入贯彻党的二十大精神，更好地支持新时代卫生健康职业教育事业发展、服务于我国高职专科医学检验技术专业人才培养，北京大学医学出版社有代表性地组织各地院校、行业单位启动了高职专科医学检验技术专业教材建设；在各方面专家的指导下，结合各院校教学教材调研反馈，经过论证决定启动16种教材建设。

本套教材的主要特点如下：

1．优选参编院校

遴选全国30余所优质高职院校的具有丰富教学经验的骨干教师参与教材建设，力求使教材的内容和深浅度具有全国代表性、普适性、实用性。

2．产教融合共建

吸纳教学医院、行业医院的临床检验岗位专家参与教材编写、审稿，学校教师与行业专家"双元"共建，确保教材内容符合行业发展、符合医院临床检验岗位实际和人才培养需求。

3．严把知识体系

教材编写对照教育部《高等职业学校医学检验技术专业教学标准》及相关大纲，明确培养需求，结合各地院校教学实际与行业医院临床检验岗位实际编排教材知识体系，纳入已有定论的知识、理论、技术，内容以"必需、够用"为度，"岗课赛证"融通建设，使教材既符合多数院校教学现状，又适度引领教学改革。

4. 优化编写体例

以学生为中心，以突出技术技能培养为导向，设置"学习目标""案例""知识链接""自测题"等模块，图文并茂，使教材贴近情境式学习、基于案例的学习，促进学生的临床评判性思维能力、岗位胜任力培养。

5. 实践纸数融合

将纸质教材与二维码技术相结合，按章节设置二维码，通过微信扫码获取拓展知识、微课、技术操作视频、图片等数字教学资源，促进"以学生为中心"的自主学习，实现以纸质教材为核心、配套数字教学资源的融媒体教材建设。为便于教师、学生使用，PPT课件统一做成压缩包，用微信"扫一扫"扫描封底激活码，即可导出PPT课件、激活教材正文二维码。

6. 贯彻教材思政

深入贯彻课程思政教学要求，将思政潜移默化地融入教材中，培根铸魂、启智增慧，体现人文关怀，提高职业认同度，着力培养学生"敬佑生命、救死扶伤、甘于奉献、大爱无疆"的医者精神，引导学生始终把人民群众生命安全和身体健康放在首位。

本套教材供高职专科医学检验技术及相关专业用。希望广大师生多提宝贵意见，反馈使用信息，以逐步完善教材内容，提高教材质量，为新时代卫生健康职业教育事业发展和医学检验技术人才培养做出贡献！

前 言

随着科学技术的飞速发展，特别是随着计算机技术、生物传感技术、信息技术等现代科学技术的不断发展，临床实验室的设备和检测手段不断更新，推动了检验医学新技术及新项目的临床应用，进一步提高了检验效率，保证了检验质量。现代化的医学检验离不开各种检验仪器，从事临床医学检验专业的人员了解临床检验仪器的原理、基本结构、使用方法、维护和保养、故障处理及临床应用等显得非常重要。

为适应我国高等职业院校医学检验技术专业教育的快速发展，满足培养高素质技术技能型人才的需求，北京大学医学出版社启动全国高等职业教育医学检验技术专业规划教材的编写工作。本教材在编写前充分分析、调研岗位，使教材内容与行业岗位对接，探索通过教材引导教学与临床对接的路径。力求做好继承与创新，注重专业特色，适合高职教育特点，以必需、够用为度，重视培养岗位胜任力，强化人文与课程思政，提升人才培养综合质量。本教材共12章，以近年来临床实验室常用的基础检验仪器和专业仪器为主线，根据临床实验室的实际应用对仪器进行分类编排，不仅包括临床实验室常用的实验仪器，还介绍了近几年临床实验室使用的部分新设备，阐述新知识、新进展。

本教材在内容结构上体现知识、能力、素质三个层次，课程内容丰富、知识体系完整、编写简明扼要。本教材为纸质加数字内容的融合教材，同步提供学习目标、知识链接、要点提示、自测题等，并匹配相应的数字化内容，如知识拓展、思维导图、多媒体课件、自测题答案等，便于学生理解与自学。

本教材得到北京大学医学出版社及7所参编院校的大力支持，由11位编者辛勤编写而成。在编写过程中借鉴并参考了国内外有关教材和文献，同时得到了检验专业同行的大力支持，在此表示衷心感谢！

由于编者的经验和水平有限，加之检验仪器日新月异，疏漏与不足之处在所难免，恳请广大读者批评指正，使该教材得到不断改进和完善。

谢荣华　李庆华

目 录

第一章　概论　1
　第一节　临床检验仪器在检验医学中的作用与重要性 • 1
　　一、临床检验仪器在检验医学中的作用 • 1
　　二、临床检验仪器对检验工作的重要性 • 2
　第二节　临床检验仪器的分类与特点 • 3
　　一、临床检验仪器的分类 • 3
　　二、临床检验仪器的特点 • 4
　第三节　临床检验仪器的基本结构与常用性能指标 • 5
　　一、临床检验仪器的基本结构 • 5
　　二、临床检验仪器的常用性能指标 • 7
　第四节　临床检验仪器的管理 • 10
　　一、临床检验仪器管理的有关法规、条例与标准 • 10
　　二、临床检验仪器的选用标准 • 11
　　三、临床检验仪器的验收程序 • 12
　　四、临床检验仪器的维护 • 13
　第五节　临床检验仪器的进展与发展趋势 • 15
　　一、临床检验仪器的进展 • 15
　　二、临床检验仪器的发展趋势 • 15

第二章　临床检验基本设备　18
　第一节　显微镜 • 18
　　一、光学显微镜 • 19
　　二、电子显微镜 • 25
　　三、数码显微摄影与应用 • 26
　第二节　移液器 • 27
　　一、移液器的工作原理 • 27
　　二、移液器的基本结构 • 28
　　三、移液器的性能要求 • 28
　　四、移液器的使用方法及其注意事项 • 29

五、移液器的维护与常见故障处理 • 31

第三节　离心机 • 33

一、离心机的工作原理 • 33

二、离心机的分类 • 34

三、离心机的基本结构 • 35

四、离心机的主要技术参数 • 36

五、常用的离心方法 • 36

六、离心机的使用、维护与常见故障处理 • 38

七、离心机的临床应用 • 39

第四节　紫外-可见分光光度计 • 40

一、紫外-可见分光光度计的工作原理 • 40

二、紫外-可见分光光度计的基本结构 • 41

三、紫外-可见分光光度计的操作 • 42

四、紫外-可见分光光度计的性能指标与评价 • 43

五、紫外-可见分光光度计日常维护与常见故障处理 • 45

六、紫外-可见分光光度计的临床应用 • 46

第五节　生物安全柜 • 46

一、生物安全柜的工作原理 • 46

二、生物安全柜的分级 • 46

三、生物安全柜的结构 • 51

四、生物安全柜的使用、维护与常见故障处理 • 52

五、生物安全柜的临床应用 • 53

第三章　临床血液检验常用仪器　56

第一节　血细胞分析仪 • 56

一、血细胞分析仪的工作原理 • 57

二、血细胞分析仪的基本结构 • 63

三、血细胞分析仪的检测流程 • 65

四、血细胞分析仪的性能指标 • 65

五、血细胞分析仪的使用 • 67

六、血细胞分析仪的维护与常见故障处理 • 67

七、血细胞分析仪的临床应用 • 68

第二节　血液凝固分析仪 • 69

一、血液凝固分析仪的分类与特点 • 70

二、血液凝固分析仪的工作原理 • 71

三、血液凝固分析仪的基本结构 • 73

四、血液凝固分析仪的性能指标与性能评价 • 74

五、血液凝固分析仪的使用 • 75

六、血液凝固分析仪的维护与常见故障处理 • 76

七、血液凝固分析仪的临床应用 • 77

第三节 红细胞沉降率测定仪 • 77

一、红细胞沉降率测定仪的工作原理 • 77

二、红细胞沉降率测定仪的基本结构 • 78

三、红细胞沉降率测定仪的性能指标 • 78

四、红细胞沉降率测定仪的使用 • 79

五、红细胞沉降率测定仪的维护与常见故障处理 • 79

六、红细胞沉降率测定仪的临床应用 • 79

第四章 临床尿液检验常用仪器　　83

第一节 尿液化学分析仪 • 83

一、尿液化学分析仪的分类 • 83

二、尿液化学分析仪的工作原理 • 85

三、尿液化学分析仪的结构及功能 • 86

四、尿液化学分析仪的安装与调校 • 88

五、尿液化学分析仪的操作流程及注意事项 • 89

六、尿液化学分析仪的维护与保养 • 90

七、尿液化学分析仪的主要技术指标及性能参数 • 90

八、尿液化学分析仪的常见故障及处理 • 91

九、尿液化学分析仪的临床应用 • 92

第二节 尿液有形成分自动分析仪 • 92

一、流式细胞技术原理的尿液有形成分分析仪 • 93

二、影像式尿液有形成分分析仪 • 97

三、尿液有形成分分析工作站 • 98

四、尿液有形成分自动分析仪的安装及使用 • 99

五、尿液有形成分自动分析仪的维护与保养 • 100

六、尿液有形成分自动分析仪的主要技术指标及性能参数 • 100

七、尿液有形成分自动分析仪的常见故障及处理 • 101

八、尿液有形成分分析仪的临床应用评价 • 102

第五章 临床粪便检验常用仪器　　104

第一节 概述 • 104

第二节 全自动粪便分析仪 • 106

一、全自动粪便分析仪的工作原理 • 106

二、全自动粪便分析仪的基本结构 • 106

三、全自动粪便分析仪的使用方法 • 109

四、全自动粪便分析仪的维护与保养 • 110

五、全自动粪便分析仪的故障处理 • 110

六、全自动粪便分析仪的临床应用与前景 • 111

第六章 临床生殖系统分泌物检验常用仪器　113

第一节 临床精子分析仪 • 113

一、精子分析仪的工作原理 • 113

二、精子分析仪的基本结构 • 114

三、精子分析仪的使用及注意事项 • 115

四、精子分析仪的性能评价、主要技术指标与测量参数 • 116

五、精子分析仪的维护、保养及常见故障处理 • 117

六、精子分析仪的临床应用 • 118

第二节 全自动阴道分泌物分析仪 • 118

一、全自动阴道分泌物分析仪的检测原理 • 118

二、全自动阴道分泌物分析仪的基本结构 • 119

三、全自动阴道分泌物分析仪的使用及注意事项 • 119

四、全自动阴道分泌物分析仪的清洁、维护与常见故障处理 • 120

第七章 临床生物化学检验常用仪器　122

第一节 自动生化分析仪 • 122

一、自动生化分析仪的类型和特点 • 122

二、分立式自动生化分析仪的工作原理 • 123

三、分立式自动生化分析仪的基本结构 • 124

四、分立式自动生化分析仪的工作过程 • 125

五、自动生化分析仪的参数与性能指标 • 126

六、自动生化分析仪的使用、维护与常见故障处理 • 128

七、自动生化分析仪的临床应用 • 129

第二节 电解质分析仪 • 130

一、电解质分析仪的工作原理 • 130

二、电解质分析仪的分类 • 130

三、电解质分析仪的基本结构 • 131

四、电解质分析仪的使用方法 • 131

五、电解质分析仪的维护、保养与常见故障处理 • 132

六、电解质分析仪的临床应用 • 134

第三节 血气分析仪 • 134
一、血气分析仪的工作原理 • 134
二、血气分析仪的基本结构 • 135
三、血气分析仪的使用方法 • 138
四、血气分析仪的维护与保养 • 138
五、血气分析仪的临床应用 • 139

第四节 原子吸收光谱仪 • 140
一、原子吸收光谱仪的分类与特点 • 140
二、原子吸收光谱仪的工作原理 • 140
三、原子吸收光谱仪的基本结构 • 141
四、原子吸收光谱仪的性能指标 • 144
五、原子吸收光谱仪的使用与维护 • 145
六、原子吸收光谱仪的临床应用 • 145

第五节 色谱仪 • 146
一、色谱仪的工作原理 • 146
二、色谱仪的分类与特点 • 147
三、气相色谱仪 • 147
四、高效液相色谱仪 • 149
五、色谱仪的日常维护与常见故障处理 • 152
六、色谱仪的临床应用 • 154

第六节 质谱仪 • 154
一、质谱仪的工作原理 • 154
二、质谱仪的基本结构 • 155
三、质谱仪的分类 • 156
四、质谱仪的性能指标 • 157
五、质谱仪的使用、日常维护及常见故障处理 • 157
六、质谱仪的临床应用 • 158

第七节 电泳仪 • 158
一、电泳仪的工作原理 • 159
二、电泳仪的基本结构 • 159
三、电泳仪的主要技术指标 • 160
四、电泳仪的操作流程 • 160
五、电泳仪的维护与常见故障处理 • 161
六、电泳仪的临床应用 • 161

第八章 临床免疫检验常用仪器　　164

第一节　酶免疫分析仪 • 164
一、酶免疫分析仪的工作原理 • 165
二、酶免疫分析仪的分型 • 166
三、酶免疫分析仪的基本结构 • 166
四、酶免疫分析仪的性能评价 • 166
五、酶免疫分析仪的使用、维护与常见故障处理 • 167
六、酶免疫分析仪的临床应用 • 168

第二节　发光免疫分析仪 • 168
一、化学发光免疫分析仪的工作原理 • 168
二、化学发光免疫分析仪的分类及特点 • 170
三、化学发光免疫分析仪的基本结构 • 171
四、化学发光免疫分析仪的性能评价 • 171
五、化学发光免疫分析仪的使用、维护与常见故障处理 • 172
六、化学发光免疫分析仪的临床应用 • 173

第三节　免疫比浊分析仪 • 173
一、免疫比浊分析仪的工作原理 • 173
二、免疫比浊分析仪的基本结构 • 175
三、免疫比浊分析仪的性能评价 • 175
四、免疫比浊分析仪的使用、维护与常见故障处理 • 175
五、免疫比浊分析仪的临床应用 • 176

第四节　放射免疫分析仪 • 177
一、放射免疫分析仪的工作原理 • 177
二、放射免疫分析仪的分类及特点 • 177
三、放射免疫分析仪的基本结构 • 177
四、放射免疫分析仪的性能评价 • 177
五、放射免疫分析仪的使用、维护与常见故障处理 • 178
六、放射免疫分析仪的临床应用 • 179

第九章 临床微生物检验常用仪器　　181

第一节　概述 • 181
第二节　自动血培养系统 • 182
一、自动血培养系统的工作原理 • 182
二、自动血培养系统的基本结构与功能 • 183
三、自动血培养系统的性能 • 184
四、自动血培养系统的操作流程、维护与常见故障处理 • 185

　　　　　五、自动血培养系统的临床应用及注意事项 • 186
　第三节　微生物自动鉴定及药敏分析系统 • 187
　　　　　一、微生物自动鉴定及药敏分析系统的工作原理 • 187
　　　　　二、微生物自动鉴定及药敏分析系统的基本结构与功能 • 188
　　　　　三、微生物自动鉴定及药敏分析系统的性能与评价 • 189
　　　　　四、微生物自动鉴定及药敏分析系统的操作流程、维护与常见故障
　　　　　　　处理 • 189
　　　　　五、微生物自动鉴定及药敏分析系统的临床应用及注意事项 • 190

第十章　临床细胞分子生物学检验常用仪器　　193

　第一节　流式细胞仪 • 193
　　　　　一、流式细胞仪的类型 • 193
　　　　　二、流式细胞仪的工作原理与结构 • 194
　　　　　三、流式细胞仪的性能指标 • 196
　　　　　四、流式细胞仪的使用方法 • 197
　　　　　五、流式细胞仪的维护与常见故障处理 • 198
　　　　　六、流式细胞仪的临床应用 • 198
　第二节　PCR 核酸扩增仪 • 199
　　　　　一、PCR 核酸扩增仪的工作原理 • 199
　　　　　二、PCR 核酸扩增仪的分类和结构 • 201
　　　　　三、PCR 核酸扩增仪的性能指标 • 202
　　　　　四、PCR 核酸扩增仪的使用、维护与常见故障处理 • 203
　　　　　五、PCR 核酸扩增仪的临床应用 • 204
　第三节　全自动 DNA 测序仪 • 205
　　　　　一、全自动 DNA 测序仪的工作原理 • 205
　　　　　二、全自动 DNA 测序仪的结构与功能 • 208
　　　　　三、全自动 DNA 测序仪的常见故障与维护 • 210
　　　　　四、全自动 DNA 测序仪的临床应用 • 211
　第四节　蛋白质自动测序仪 • 211
　　　　　一、蛋白质自动测序仪的工作原理 • 212
　　　　　二、蛋白质自动测序仪的基本结构 • 212
　　　　　三、蛋白质自动测序仪的性能指标 • 213
　　　　　四、蛋白质自动测序仪的使用、维护与常规故障处理 • 213
　　　　　五、蛋白质自动测序仪的主要应用 • 215
　第五节　生物芯片 • 215
　　　　　一、生物芯片的工作原理及分类 • 215

二、生物芯片的技术流程 • 216

三、生物芯片的应用 • 218

第十一章 临床即时检验仪器 — 220

第一节 即时检验的概念与特点 • 220

一、即时检验的概念 • 220

二、即时检验的特点 • 221

第二节 即时检验技术的基本原理 • 221

一、干化学检测技术 • 222

二、免疫学检测技术 • 223

三、红外分光光度技术 • 223

四、生物传感器技术 • 224

五、微流控芯片技术 • 224

六、其他 POCT 技术 • 224

第三节 即时检测仪器的分类 • 224

第四节 即时检验技术的临床应用 • 225

一、在糖尿病诊治方面的应用 • 225

二、在心血管疾病方面的应用 • 225

三、在感染性疾病方面的应用 • 225

四、在发热性疾病方面的应用 • 225

五、在儿科诊疗中的应用 • 225

六、在 ICU 病房内的应用 • 225

七、在循证医学中的应用 • 226

第五节 临床常用的几种即时检验仪器 • 226

一、快速检测血糖仪 • 226

二、快速血气分析仪 • 227

第六节 即时检验存在的问题与发展前景 • 228

一、即时检验存在的问题与对策 • 228

二、即时检验的发展前景 • 229

第十二章 临床实验室自动化系统 — 231

第一节 临床实验室自动化系统的发展简史 • 231

第二节 临床实验室自动化系统的基本概念与分类 • 232

一、实验室自动化系统的基本概念 • 232

二、实验室自动化系统的分类 • 232

第三节　临床实验室自动化系统的基本组成及功能 • 233
　　一、标本传送系统 • 233
　　二、标本前处理系统 • 234
　　三、分析检测系统 • 235
　　四、分析后输出系统 • 235
　　五、分析测试过程控制系统 • 235
第四节　计算机信息系统在实验室全自动化系统中的作用 • 235
　　一、实验室信息系统在实验室自动化系统中的作用 • 235
　　二、条形码在实验室自动化系统中的作用 • 236
　　三、软件对实验室全自动化系统的自动监控和审核 • 237
第五节　临床实验室自动化系统的使用与维护 • 237
　　一、实验室自动化系统的使用 • 237
　　二、实验室自动化系统的维护 • 238
第六节　实现临床实验室自动化的意义 • 239

主要参考文献　　241

中英文专业词汇索引　　242

第一章 概 论

第一章数字资源

学习目标

1. 掌握 临床检验仪器基本结构与常用性能指标。
2. 熟悉 临床检验仪器的分类、特点,以及仪器管理的相关规定。
3. 了解 临床检验仪器的选购、维护与保养;临床检验仪器的进展及发展趋势。
4. 能对常用临床检验仪器进行正确选择、评价;正确使用和保养常用临床检验仪器。

第一节 临床检验仪器在检验医学中的作用与重要性

临床检验仪器是用于疾病预防、诊断、治疗监测和科学研究的精密仪器。临床实验室是随着临床医学及其相关学科的发展建立起来的一类专业实验室,它的发展与各类仪器密不可分,检验人员每天都要利用各种仪器设备对来自人体的样本进行检验分析,没有相关的检验分析仪器,临床实验室就无法开展工作。

一、临床检验仪器在检验医学中的作用

随着计算机技术、生物传感技术、信息技术等现代科学技术的不断发展,临床实验室的设备和检测手段的不断更新推动了检验医学新技术及新项目的临床应用,进一步提高了检验效率,保证了检验质量,推动了检验医学的快速发展。

(一)检验水平得到提升

临床实验室引进了大量的大型自动化检验仪器,自动化检验仪器具备计算机、网络接口,以及条码识别等功能,与实验室信息系统和医院信息系统链接,完成标本传送、样本前处理、分析检测和分析后输出等,形成医学检验自动化流水线,以达到检验全过程中检验信息自动化管理。自动化检验仪器的应用不仅使检验项目增加,还提高了检测的敏感度和特异性,特别是随着细胞分子生物学技术的应用,医学传统的表型诊断被提高到了基因水平。

(二)检验效率得到提高

大量新型检验仪器进入临床实验室,逐步实现了检测分析的自动化、微量化、智能化,优化了工作流程,缩短了检验周期,降低了检验人员的劳动强度,提高了工作效率。例如,血常

规手工法一般需要 30 多分钟才完成检验，血液分析仪只需要几分钟就能完成，提高了检验效率。

（三）检验质量得到保证

自动化检验仪器在临床实验室的应用，使传统的手工检验方法逐渐被替代，提高了检验质量，减少了误差。与传统的手工法相比，其优势主要表现在：①自动化检验仪器有严格的质量控制程序，更易标准化、规范化、系统化，可显著减小随机误差，增加实验室间检验结果的可比性。②全自动分析仪器可同时进行数十项甚至上百项的常规和特殊检验项目的检测，为患者的诊断、鉴别诊断、疗效和预后判定提供了全面的重要依据，是临床医疗质量的重要保证。③自动化检验仪器多使用规范的商品化试剂盒，更有利于保证检验质量。

（四）生物安全得到保障

自动化检验仪器的检测通道是密封的，一些大型检验仪器流水线还具有样本自动分拣、自动离心、自动开盖和封膜等装置，避免了操作者与患者标本的直接接触，更加注重生物安全防护，使操作更加安全。

（五）推动了检验医学的发展

20 世纪 70 年代前，检验仪器以紫外可见光谱仪器为主，以后自动分析仪器种类大增，生化检验仪器基本实现了自动化，随后出现了自动免疫分析仪。20 世纪 90 年代以后，更多种类的检验仪器，如全自动荧光定量 PCR 仪、蛋白质自动测序仪、检验仪器分析流水线等开始应用于临床。因此，近 20 年来，检验医学是现代医学中发展最快的学科之一。可以说，任何一项先进的实验技术都有可能促成一种先进的实验仪器进入到医学实验室，使检验项目不断拓展，检验效率与检验结果的准确性大大提高，成为临床医学诊断疾病、监测病情、判断预后不可或缺的重要手段。

二、临床检验仪器对检验工作的重要性

（一）选择合适的检测项目和技术是实验室的重要工作

实验室工作经常遇到的问题是项目选择。诊断某一疾病可通过多个项目，而每一个项目往往又有多种检测方法。实验室开展一个新的项目时，首先由医生和实验室工作人员根据实际确定要开展的新项目，再由实验室决定用什么方法和仪器来测定这一项目。选择合适的项目和方法是实验室工作者的基本功。

在确定项目时，首先要考虑到临床需要，同时也要兼顾患者的情况和经济负担。项目选择原则：①利用项目评估指标，了解项目的特性及优缺点；②参考国内外项目应用资料，特别注意权威学术团体制订的指南、准则，如有国家标准更好；③考虑现有仪器是否适合该项目检测；④考虑临床需要。在项目确定以后，实验室将根据一系列方法学评估指标选择合适的检测方法。

（二）选择合适仪器能确保实验室水平和质量

分析仪器的发展体现了光学、精密机械、微电子、计算机技术，是防病治病、提高人民健康水平的重要手段。

仪器的选择是实验室工作人员的职责，更是管理层的重要工作。仪器选择包括类型选择

和型号的选择。首先要收集多方面资料，了解各种相似机器的特性和原理、应用范围、仪器的敏感性、特异性、重复性，运行速度应和实际工作相适应；其次从公司和其他用户处了解故障率、维修工程师的水平和最短维修期、机器价格、培训情况、试剂是否开放等。

选择仪器并不是实验室的日常工作，但是十分重要，拥有一台性能良好的仪器将能保证实验室工作顺利、故障率低、结果正确，从而顺利完成实验室工作任务。

（三）了解实验室和现代医学的最新发展动态，使实验室始终处于先进水平

近20年来，新技术和新仪器不断涌现。要保持实验室的先进水平、充分满足临床需要，就必须及时调整和更新实验室技术和仪器。只有充分了解世界医学，特别是实验医学的最新动态和趋势，才会做出正确调整和更新的决定。

1. 从技术角度看 实验医学发展的基本趋势是能测定的物质越来越多，由宏观到微观，由宏量到微量，更准确、更本质地反映生命科学的规律。实验室技术大体上经历了以下几个阶段：20世纪70年代前，主要是用生物化学技术检测体内含量较高的同工酶及体内的宏量物质等；70年代起，各种免疫技术开始应用于临床，许多过去难以测定的微量物质，如激素、肿瘤标志物、特种蛋白质已成为常规检测项目；90年代起，细胞分子生物学技术不断发展，基因及其产物、细胞因子、细胞表面标志物逐渐得到推广。

2. 从仪器角度看 随着生物物理技术、光电信号转化技术的发展，特别是计算机的运用，大量新型仪器进入了实验室，检测转变为自动化、微量化、多样化。20世纪70年代前，仪器主要以荧光和紫外色谱仪为主，操作机械化；70年代后，分析仪种类大增，首先是生化仪基本上实现了自动化，随后出现自动免疫仪、多台机器的联机，甚至出现从标本取样到标本贮存的全过程自动化。20世纪90年代以后，更多种类的仪器，如PCR仪开始应用于临床。仪器发展的另一个特征是以芯片为代表的微量化和多元化，每次检测只需要微量样本，可同时检测多个项目。

以上技术和仪器的发展仍在进行中，更丰富的检测项目，更快速、微量、自动化的技术，为临床提供更准确、更可靠的诊断依据，成为新一代实验室的发展方向。

因此，使医学院校检验技术专业的各层次学生以及临床实验室工作人员了解和掌握名目繁多的检验仪器的性能、质量，掌握各种常用检验仪器，特别是临床最新检验仪器的工作原理、分析结构、技术指标、使用方法、常见故障的排除，掌握临床检验仪器中的计算机技术等，关注其发展趋势及特点，使有限的仪器得到最大程度的综合应用，并在疾病的诊断和治疗中发挥最佳效能，为更好地从事临床检验工作打下坚实的基础，这已成为相当急迫、重要的工作，也是学习本课程的目的。

要点提示：临床检验仪器在检验工作中的重要性。

第二节 临床检验仪器的分类与特点

一、临床检验仪器的分类

临床检验仪器种类繁多，用途不一，如何科学合理地对临床检验仪器进行分类变得更为复杂。近年来，各医学基础学科的重大突破和迅速发展，微型计算机在临床实验室的普及，特别

是电子技术和计算机技术在检验仪器中的广泛应用,使临床检验仪器的种类越来越多,临床检验的方法和手段也发生了划时代的变化。综合考虑临床检验中的使用习惯和难以统一的问题,根据临床检验仪器在临床中的应用范围,涉及到的各种临床检验仪器大体分为以下几类。

(一)医学检验基本设备

医学检验基本设备包括显微镜、离心机、紫外-可见分光光度计、生物安全柜等。

(二)临床细胞分子生物学检验仪器

临床细胞分子生物学检验仪器包括流式细胞仪、PCR核酸扩增仪、全自动DNA测序仪和蛋白质自动测序仪等。

(三)临床检验常规仪器

1. 临床血液与体液检验仪器 包括血细胞分析仪、血液凝固分析仪、红细胞沉降率测定仪、尿液化学分析仪、尿液有形成分自动分析仪、全自动阴道分泌物分析仪、全自动粪便分析仪、临床精子分析仪等。

2. 临床生物化学检验仪器 包括自动生化分析仪、电解质分析仪、血气分析仪、原子吸收光谱仪、色谱仪、质谱仪、电泳仪等。

3. 临床免疫检验仪器 酶免疫分析仪、发光免疫分析仪、免疫比浊分析仪、放射免疫分析仪等。

4. 临床微生物检验仪器 自动血培养系统、微生物自动鉴定及药敏分析系统等。

(四)其他医学检验仪器

其他医学检验仪器包括临床即时检测仪器和临床实验室自动化系统。

目前,临床检验中还常联合使用不同类别的检验仪器,称为多机组合联用,以达到最佳的检验效果。

二、临床检验仪器的特点

临床检验仪器主要是集光、机、电于一体的仪器,使用部件种类繁多。工作人员通过目测或简单的理化反应来收集临床疾病信息。随着计算机技术的发展,仪器的自动化、智能化程度提高,仪器功能不断增强,各种自动检测、自动控制功能增加,临床检验仪器结构更加复杂。一般来说,临床检验仪器具有以下特点。

(一)涉及的技术领域广泛

临床检验仪器不仅涉及光学、机械、电子、计算机、材料学等工学学科,还涉及生物传感、生物化学、生物物理、免疫学等多项生物技术领域,是多学科技术相互渗透和结合的产物。

(二)结构复杂

高新技术的快速发展和应用,使得临床检验仪器基本实现光、机、电、算一体化和智能化。电子技术、计算机技术和光电器件的不断发展和功能的完善,更多新技术、新器件的推广应用,使仪器更加紧凑、结构更加复杂。

(三)技术先进

临床检验仪器始终跟踪各相关学科的前沿。电子技术的发展、计算机的应用、新材料和新器件的应用、新的检验分析技术等都在临床检验仪器中体现出来。

（四）精度高

临床检验仪器是用来测量某些组织、细胞的存在、组成、结构及特性，并给出定性或定量的分析结果，所以对精度要求非常高。临床检验仪器多属于精密性较高的仪器。

（五）对使用环境要求严格

临床检验仪器的自动化、智能化、高精度、高分辨率，以及其中某些关键器件的特殊性质，决定了检验仪器对使用环境要求严格。

（六）对使用人员素质要求高

检验工作者要有良好的职业道德，除了掌握检验专业技术和技能外，还要掌握各种现代化检验仪器的基本原理、基本结构、性能用途、日常维护和常见的故障处理方法，具有一定的电子、电工学基础和英语基础等。

要点提示：临床检验仪器的特点。

第三节　临床检验仪器的基本结构与常用性能指标

一、临床检验仪器的基本结构

临床检验仪器的品种繁多、结构复杂，各种仪器的工作原理、对检测标本的要求、显示功能、检测结果记录等均不相同，具体将在后文各部分详细讨论。但共同的工作目标使得大部分检验仪器主要部件的功能及技术要求有不少共同之处。下面会简要地介绍这些具有共性的主要部件，以便大家能更好地从整体掌握和认识各种仪器。

（一）取样（或加样）装置

取样装置（sampling equipment）又称加样装置，是将待检测的样品引入仪器的装置。对于检测仪器来说，取样装置就是进样器。不同的检测目的对样品的要求不同，所以进样器分为手动的、半自动的和全自动的。有些检测项目要求进样量能控制得十分准确，甚至是微量进样。例如，在色谱仪中，其进样器就是一个微量注射器（进样体积单位为 μl）。

有些流程用到的检测仪器，因为流程中的样品主要是气体或液体，取样装置十分复杂。对于气体样品，还须考虑检测系统是正压还是负压，如果是负压，必须加设抽吸装置，才能将样品抽吸到仪器中进行检测。

仪器对取样装置的材料要求也很高，既要能经受住高压、高温或化学腐蚀等恶劣条件的考验，还要保证不会与样品中的任何成分发生化学反应或携带污染，以免样品失真。最新开发的加样系统可实现超微量加样，结合高精可靠的光学测光技术及全数码化技术实现超微量检测。

（二）预处理系统

预处理系统（system of pretreatment）是将样品先进行一系列处理，以满足检测系统对样品的各种状态要求的装置。预处理的内容包括样品的温度、血标本的抗凝、离心，甚至分子存在的状态要求等，有时还需要进一步除去水分、机械杂质、化学杂质等。预处理系统一般包括冷却器或恒温器、过滤器、净化器和保持仪器选择性的某种物理方法、化学方法、生物学方法的处理装置，如气化转化、呈色反应、裂解、抗原-抗体反应、酶促反应等。预处理系统的任务就是要求进入检验仪器的是一份有代表性、洁净、符合检验技术要求、没有任何干扰成分的样品。

（三）分离装置

分离装置（separating equipment）是将样品各个组分加以机械分离或物理区分的装置。这里所指的"分离"，既包括样品本身各化学组分的分离，也包括能量的分离，如色谱仪中的色谱柱、电子探针中的电子光学系统、光学式检验仪器中的分光系统。质谱仪利用电场或磁场的变化使带一定电荷的、不同质量数的离子因沿不同的轨迹运动而被分离，既含有组分分离又含有能量分离的因素。对分离装置的要求主要是分辨率，各组分检测仪器分辨率的高低主要取决于分离装置。

（四）检测器

检测器（detector）是检测仪器的核心部分。工作时，根据样品中待检测组分的含量发出相应的信号，这种信号多数是以电参数输出，如光电比色计中的光电池、分光光度计和核辐射探测器中的光电倍增管（photomultiplier tube，PMT）、电导式检测仪中的电导池、热导式检测仪中的热导池等。一台检测仪器的技术性能，特别是单组分检测仪器的技术性能，在很大程度上取决于检测器。

（五）信号处理系统

信号处理系统（signal processing system）是信号从检测器发出到显示出来过程中的一系列中间环节。从检测器输出的信号是多种多样的，一般有电流的变化、电压的变化、电阻的变化、电感的变化、频率的变化、压力的变化和温度的变化，特别是电参数的变化最为普遍。只要测量出这些变化便可间接地确定待检测样品中组分含量的变化。通常把测量这些变化的装置称为测量装置。

在检测仪器中，成分和含量变化所引起的各种物理量的变化通常很小，往往要经过放大器加以放大后才能显示出来。输出的信号通常是非线性的，所以，还须加以线性化，才能使输出信号的变化值与待检测组分浓度的变化呈比例关系。

某些多组分的检测仪器，显示某种组分含量的不是输出信号的瞬间值，而是在一定时间内信号的累积数值，因此要在系统中设置信号积分的装置。从测量装置输出的信号大多是模拟信号，为了提高显示精度并和计算机联用，需要采用数字信号显示。所以，系统中还必须设置模数转换装置。

上述这些都属于信号处理系统，对它们的要求是确保信号不失真地传输给显示装置。

（六）显示装置

显示装置（display equipment）的功能就是把检测结果显示出来，一般有模拟显示和数字显示两种。模拟显示是在刻度盘上由指针模拟信号的变化连续地指出结果，或者由记录笔描绘出信号的变化曲线。这种显示装置多采用电压表、电流表或带自动记录的电子电位差计等。这种传统的显示方法直观性好，可以同时比较，并可表示时间差距，但其精度较差，读数误差较大。数字显示是将信号处理后直接用数字显示检测数值，是目前大力发展的一种显示方式。显示装置除电表、数码管外，还有感光胶片、示波管、显像管等（即波形显示和图像显示）。

对于显示装置的要求是能精确显示出检测器发出的信号，响应速度快，能及时显示检测数据。

（七）补偿装置

补偿装置（compensatory equipment）的作用是消除或降低客观条件或样品的状态对检测的影响，特别是样品的温度、环境的压力、温度的波动对检测结果的影响。补偿装置多是在信号处理系统中引入一个与上述条件波动呈正比的负反馈来实现。某些检测仪器，如电导式的检测仪器的补偿装置必不可少，否则仪器的精度和可靠程度会降低。有些检测仪器精度不高的主要原因就是补偿不好。

（八）辅助装置

辅助装置（assistant equipment）是为了确保仪器测量的精度、保证操作条件而设置的附加装置，如恒温器、稳压电源、电磁隔绝装置、稳压阀等。根据不同的情况决定辅助装置的具体名称和数量。

目前，大多数检验仪器的辅助装置都采用中央处理器（CPU）系统，各工作单位独立的CPU之间也采用无噪声干扰的网络连接及传送，大大提高了其速度、准确性和稳定性。

（九）样品前处理系统

样品前处理系统（pre-analytical modular，PAM）的工作任务是将标本分类、离心、分装、编排、运送、存储等。根据大量调查发现，目前使用全自动生化分析仪的实验室，工作量的分配大致是：样品前处理占30%，样品分析约为40%，信息处理为20%，其他工作约为10%。样品的前处理占用了大量的工作时间。为了提高医疗服务的效率，满足不同层次临床实验室的需求，实现全实验室自动化（total laboratory automation，TLA），许多仪器生产商于20世纪90年代中、后期开始研制样品前处理系统，不仅用于生化分析的样品处理，还可用于免疫血清、血液常规分析和尿液分析等各种样品的分类和运送。样品前处理系统采用模块或其他的技术方式，执行特定的功能，如条形码识别、样品分类、离心、脱盖、在线分注、非在线分注、进样、样品闭塞模块及存储等，其中进样和样品存储是核心功能。

样品前处理系统的发明是医学领域临床试验方面的技术革命，使实验室的自动化进入了一个新的历史时期——全实验室自动化。由于完美的模块系统设计可节省放置空间，并且可以根据需要进行系统组合，在工作需求增加时又可以自由扩充并支持升级，一体化的模块系统设计使得操作更简单、更方便，节省了许多开支，减轻了劳动强度，是实验室发展的必然趋势。

二、临床检验仪器的常用性能指标

任何一台检验仪器的性能指标不完全相同，选择仪器时应考察以下几个性能指标：误差、灵敏度、噪声、分辨率、重复性、精确度、可靠性、最小检测量、测量范围和示值范围、线性范围、响应时间、频率响应范围等。

（一）误差

误差（error）是当对某物理量进行检测时，所测得的数值与真值之间的差异。误差的大小反映了测量值对真实值的偏离程度。任何检测手段无论精度多高，其真实误差总是客观存在的，永远不会等于零。当多次重复检测同一参数时，各次的测定值并不相同，这是误差不确定性的反映。真实值就是一个量所具有的真实数值，由于真实值通常是未知的，所以真误差也是未知的。真实值是一个理想概念，实际应用中通常用实际值来替代真实值。实际值是根据测量误差的要求，用更高一级的标准器具测量所得之值。

误差通常有两种表示方法：第一种是绝对误差（absolute error），它是测得值 χ 与被检测量真实值 χ_0 之差。绝对误差具有量纲。绝对误差只能说明检测结果偏离实际值的情况，即能反映出误差的大小和方向，但不能反映检测的准确程度。若绝对误差用 Δ 表示，则

$$\Delta = \chi - \chi_0$$

第二种是相对误差（relative error），它是绝对误差 Δ 与被测量真实值 χ_0 之比。相对误差只有大小和符号，无量纲，但它能反映检测工作的精细程度。若相对误差用 δ 表示，则

$$\delta = \frac{\Delta}{\chi_0}$$

误差按性质可分为系统误差、随机误差与过失误差。

系统误差是指在确定的测试条件下，数值（大小和符号）保持恒定或在条件改变时按一定规律变化的误差，又称确定性误差。系统误差的大小和方向在检测过程中保持不变或按某种规律变化，可以预测并可进行调节和修正。系统误差常用来表示检测的正确度。系统误差越小，则正确度越高。

随机误差是指在相同测试条件下多次测量同一量值时，绝对值和符号都以不可预知的方式变化的误差，又称偶然误差。随机误差是由一些独立因素的微量变化的综合影响造成的，大多数随机误差服从正态分布。随机误差的存在使每次测量值偏大或偏小是不定的，但它并非毫无规律，它的规律性是在大量观测数据中才表现出来的统计规律。随机误差反映了检验结果的精密度，随机误差越小，测量精密度越高。

系统误差和随机误差的综合影响决定测量结果的准确度，准确度越高，表示准确度和精密度越高，即系统误差和随机误差越小。

过失误差指在一定的测量条件下，疏忽或错误导致测量值明显偏离实际值所造成的误差，又称为坏值，应予以剔除。

（二）灵敏度

灵敏度（sensitivity）是检验仪器在稳态下输出量变化与输入量变化之比，即检验仪器对单位浓度或质量的被检物质通过检测器时所产生的响应信号值变化大小的反应能力。系统随着灵敏度的提高，容易受到噪声和外界干扰，影响检测的稳定性而使读数不可靠。

（三）精确度

精确度（accuracy）简称精度，是对检测可靠度或检测结果可靠度的一种评价，是指检测值偏离真实值的程度。精度是一个定性的概念，其高低用误差来衡量，误差大则精度低，误差小则精度高。通常把精度区分为准确度和精密度。准确度是指检测仪器实际测量对理想测量的符合程度，是仪器系统误差大小的反映，是评价仪器精度的最基本的参数。精密度是在一定的条件下进行多次检测时，所得检测结果彼此之间的符合程度，反映检测结果对被检测量的分辨灵敏程度，由检测量误差的分布区间大小来评价，是检测结果中随机误差分散程度大小的反映。准确度和精密度是检测仪器两个不同的精度指标，前者表示仪器的实际检测曲线偏离理想检测曲线的程度，后者则表示仪器实际检测曲线对其平均值的分散程度，即工作的可靠程度。

（四）重复性

重复性（repeatability）是在同一检测方法和检测条件（检验仪器、检测者、环境条件）下，在一个不太长的时间间隔内，连续多次检测同一参数，所得到的数据的分散程度。重复性

与精度密切相关，重复性能反映一台检验仪器固有误差的精度。对于某一参数的检测结果，若重复性好，则表示该检验仪器精度稳定。显然，重复性应该在精度范围内，即用来确定精度的误差必然包括重复性的误差。做重复性试验的样品一定要稳定，它的组成应尽可能相似于实际检测的患者样本，样品中的分析物含量应在该项目的医学决定水平处，尽可能地做3个以上水平的重复性试验。

（五）可靠性

可靠性（reliability）是仪器在规定的时期内并在保持其运行指标不超限的情况下执行其功能的能力。可靠性是反映仪器是否耐用的一项综合指标。可靠性指标有：平均无故障时间（mean time between failures，MTBF）、故障率或失效率、可信任概率。

平均无故障时间：在标准工作条件下不间断地工作，直到发生故障而失去工作能力的时间称为无故障时间。如果取若干次（或若干台仪器）无故障时间求其平均值，则为平均无故障时间，它表示相邻两次故障间隔时间的平均值。

故障率或失效率：平均无故障时间的倒数。某检验仪器的失效率为 0.03%/kh，即若有 1 万台检验仪器工作 1000 小时后，在这段时间里只可能有 3 台会出现故障。

可信任概率：由于元件参数的渐变而使检验仪器仪表误差在给定时间内仍然保持在技术条件规定限度以内的概率。显然，可信任概率值越大，检验仪器的可靠性越高，检验仪器的成本也越高。

（六）噪声

检测仪器在没有加入被检验物品（即输入为零）时，仪器输出信号的波动或变化范围即为噪声（noise）。引起噪声的原因很多，有外界干扰因素，如电网波动、周围电场和磁场的影响、环境条件（如温度、湿度、压强）的变化等；也有仪器内部的因素，如仪器内部的温度变化、元器件不稳定或提高仪器的灵敏度等。噪声的表现形式有抖动、起伏、漂移三种。抖动即仪器指针以零点为中心做无规则的运动；起伏即指针沿某一中心做大的往返波动；漂移为当输入信号不变时，输出信号发生改变，此时指针沿单方向慢慢移动。噪声的几种表现均会影响检测结果的准确性，应力求避免。

（七）分辨率

分辨率（resolution）是仪器设备能感觉、识别或探测的输入量（或能产生、能响应的输出量）的最小值。例如，光学系统的分辨率就是光学系统可以分清的两物点间的最小间距。分辨率是仪器设备的一个重要技术指标，它与精度紧密相关，要提高检验仪器的检测精度，必须相应地提高其分辨率。

（八）最小检测量

最小检测量（minimum detectable quantity）是检测仪器能确切反映的最小物质含量。最小检测量也可以用含量所转换的物理量来表示。如含量转换成电阻的变化，此时最小检测量可以说成是能确切反映的最小电阻量的变化量。

仪器的灵敏度越大，在同样的噪声水平时其最小检测量越小。同一台仪器对不同物质的灵敏度不尽相同，因此同一台仪器对不同物质的最小检测量也不一样。在比较仪器的性能时，必须取相同的样品。

(九)测量范围和示值范围

测量范围(measuring range):在允许误差极限内仪器所能测出的被检测值的范围。检测仪器指示的被检测量值为示值。由检验仪器所显示或指示的最小值到最大值的范围称为示值范围(range of indication)。示值范围即所谓的仪器量程,量程大则仪器检测性能好。

(十)线性范围

线性范围(linear range)是输入与输出呈正比的范围,即反映曲线呈直线的那一段所对应的物质含量范围。在此范围内,灵敏度保持定值。线性范围越宽,则其量程越大,并且能保证一定的测量精度。

一台仪器的线性范围,主要由其应用的原理决定。在检验仪器中,大部分所应用的原理都是非线性的,其线性度也是相对的。当所要求的检测精度比较低时,在一定的范围内,可将非线性误差较小的近似看作线性的,这会给检测带来极大的方便。

(十一)响应时间

响应时间(response time)是从被检测量发生变化到仪器给出正确示值所经历的时间。一般来说响应时间越短越好,如果检测量是液体,则它与被测溶液离子到达电极表面的速率、被测溶液离子的浓度、介质的离子强度等因素有关。如果作为自动控制信号源,则响应时间这个性能就显得特别重要。因为仪器反应越快,控制才能越及时。

响应时间有两种表示方法:一是仪器反映出到达变动量的63%时所需要的时间,又称时间常数;二是仪器反映出到达指示值90%所经历的时间。

例如,假定被检测量从40%变到45%,则响应时间从检测初始量开始变化时计时。

按第一种方法计算,响应时间为指示值从40%到达40% + (45% − 40%) × 63% = 43.15%时所经历的时间。

按第二种方法计算,响应时间为指示值从40%到达40% + (45% − 40%) × 90% = 44.5%时所经历的时间。

目前,检测仪器多采用后一种计算方法。

(十二)频率响应范围

频率响应范围(range of frequency response)是为了获得足够精度的输出响应,检验仪器所允许的输入信号的频率范围。频率响应特性决定了被检测量的频率范围,频率响应高,则被检测的物质频率范围就宽。

> **要点提示**:临床检验仪器的基本结构及常用性能指标。

第四节 临床检验仪器的管理

一、临床检验仪器管理的有关法规、条例与标准

临床检验仪器是医疗器械的重要组成部分。为确保这些设备在使用过程中,无论对使用者还是被检测者都是安全的,并能获得有价值的结果,各国都非常重视医疗器械的管理,纷纷建

立了医疗器械监督管理体系、医疗器械法规体系、医疗器械标准体系、医疗器械认证体系这四大体系。

美国于1938年开始对医疗器械进行统一管理，将医疗器械纳入美国食品药品监督管理局（FDA）管理范围，1999年发布的《体外诊断医疗器械指令》规定，所有的医疗器械需要有"CE"标志才能在欧盟市场流通。1947年2月，国际标准化组织（International Organization for Standardization，ISO）成立，通过认证管理促进仪器的标准化及其有关活动。我国医疗器械产品监管开始于1996年。2004年5月至今，执行国家食品药品监督管理局《医疗器械监督管理条例》。条例规定，国家对医疗器械实行分类管理：第一类（Ⅰ类）是指通过常规管理足以保证其安全性、有效性的医疗器械；第二类（Ⅱ类）是指对其安全性、有效性应当加以控制的医疗器械；第三类（Ⅲ类）是指植入人体，用于支持、维持生命，对人体具有潜在危险，对其安全性、有效性必须严格控制的医疗器械。临床检验仪器归属于Ⅱ类或Ⅲ类；生产第一类医疗器械，由市级人民政府药品监督管理部门审查批准；生产第二类医疗器械，由省、自治区、直辖市人民政府药品监督管理部门审查批准；生产第三类医疗器械，由国务院药品监督管理部门审查批准，并同步颁发产品生产注册证书。经营企业须具有与其经营的医疗器械产品相适应的技术培训、维修等售后服务能力，并获得相应的医疗器械经营企业许可证；医疗机构不得使用未经注册、无合格证明、过期、失效或者淘汰的医疗器械。医疗机构对一次性使用的医疗器械不得重复使用；医疗器械广告应当经省级以上人民政府药品监督管理部门审查批准，未经批准的，不得刊登、播放、散发和张贴。

二、临床检验仪器的选用标准

随着社会的进步和科学技术的发展，临床检验仪器日新月异，因此对检验仪器质量的评估越来越严格，选用的标准也越来越全面。选用临床检验仪器的标准应着眼于"全面质量"。全面质量是指对仪器精密程度和性价比的总体评价，或者说是通过使用户满意的调查而获得的总体评价。它涉及各个方面，从不同的角度出发，选用的标准也不同。一般可从以下几个方面加以考虑。

（一）功能要求

仪器的应用范围广、检测速度快、检测参数多、兼容性好，可实现网络通信，用户操作程序界面简单明了、操作简便、快捷。

（二）性能要求

仪器精度等级高、稳定性好、重复性好、灵敏度高、误差和噪声小、线性范围宽、响应时间短等。最好选择有标准化系统、可溯源的机型。

（三）售后要求

1．国内有配套试剂盒供应。
2．仪器的装配合理，材料先进，采用标准件及同类产品通用零部件的程度高。
3．售后维修服务好。

（四）用户要求

1．适应性　选择的仪器要和所在单位规模相适应，特别是仪器的速度和档次，如大型医院、中心医院样本量非常大，首先考虑的是仪器速度和服务效率问题，其次才是仪器成本问题；而大多数中小型医院，特别是临床样本量有限的医院，首先要考虑的是成本回收问题。

2．前瞻性 要考虑医院的潜力和发展速度，至少要考虑近3年的发展需求，如仪器测试速度要保留一定的潜力，按比当前工作能力多20%进行预算。

3．其他需求 要考虑其他需求，如特大型医院和教学附属医院实验室仪器的选择一定要考虑科研需求。

4．财力状况 要考虑单位的财力状况，切忌以过高的标准选择仪器而造成浪费。

5．技术参数 在检验仪器采购前要进行充分的筛选和论证工作，仪器招标文书中的主要技术参数一定要具体。

总之，选择临床检验仪器的工作十分重要。在实际工作中，上述各项指标是否都需要，以及相对重要程度如何，一定要结合临床具体检测的需求以及单位的具体情况进行考虑。

三、临床检验仪器的验收程序

临床检验仪器在交货后与使用前必须完成的一项工作就是仪器的点收、安装和调试，此过程统称为产品的验收。

（一）点收

点收是管理者对所购设备按照订货合同的有关规定，核对品名、清点数量、检查外包装的完好状况后，接收设备。目的是对产品外观和数（重）量进行验收。点收工作主要目的是检查仪器是否按计划要求购入，检查仪器的包装、外观的完好程度，核对零配件、备件、说明书等是否齐全。

1．点收前的准备 为了保证仪器的数量、质量和技术指标符合合同的要求，在签订合同后、仪器到达前的这段时间里，必须做好充分的物质准备和技术准备工作，以待仪器到达后能迅速地进行点收并投入使用。

（1）人员组织：由物资设备部门的点收人员、采购人员和使用部门的有关人员承担。进口货物需通知海关、商检等有关部门派人员参加。

（2）掌握有关知识：参与点收、接机的技术人员，必须熟悉了解该仪器的各项技术指标、性能、操作规程，以及对仪器的实验测试方法，掌握仪器的操作步骤，了解其系统结构组成，各个重要部位和部件的技术性能、设计原理、质量保证书、安装和使用说明书、维修手册等技术资料。

（3）准备好相关条件：准备好足够的堆放场地，切实保证到货后及时妥善入库，堆放整齐、保管得当。

2．点收的内容和程序

（1）现场点收：根据合同先核对其标识、合同号、收货单位名称、品名、净重、毛重、体积、箱数及设备外包装等与收货单中记载的批次、件数是否相符。注意查看外包装有无油污、水渍、破损、重钉、修补等情况，必要时进行拍照留存。

（2）开箱实验：主要是检查到货仪器的品名、规格、数（重）量及外观质量等。箱内或包件内的数量，应以发票、装箱单、明细单为依据。开箱时应避免用重力敲击或以铁器插入箱内。保护好包装用物及箱内裹护物的完整性，以备后用。

（3）相关材料验收：①索证。仪器档案必须具备注册证、合格证、销售证、经销商的相关资质证明。②仪器的操作手册、说明书。③维护及使用记录，这是仪器使用状态的证明。④校准和质量控制程序及记录，这是仪器准确性和精度的证明，在有关的医疗纠纷中有相当大的作用。⑤计量仪器的强检记录。计量点收应以国家计量部门鉴定合格，使用时要进行校准，并详细记录。

(4) 品质点收：严格按照合同规定的技术要求和标准进行。合同没有具体规定的，一般依据生产国标准规定实验，生产国没有标准或者不提供标准，可按国际上通用标准或我国标准实验；进行抽样实验时，要注意抽取样品的代表性，并预留必要的商检机构复验和国外复验用的样品。

(5) 技术点收：以一定的技术指标，贯穿安装、调试、运转及使用的整个过程，习惯称之为质量验收。主要目的是保证仪器有良好的技术状态。

(6) 其他点收：带有软件包的仪器，要注意对仪器软件的点收；成套医疗仪器的点收中，不能只注重主机设备而忽视了辅助设备和配件的点收；有耗材的仪器需要注意配套试剂或耗材的来源等。

(二) 安装与调试

安装、调试是将仪器在临时安排的现场或使用场所，按照设备对环境条件的要求先进行安装，再按照仪器规定的性能指标逐项进行检验，完全达到目的后，将设备接收下来，目的是对产品质量和性能进行验收。

1. 安装与调试的准备

(1) 工作环境的准备：①满足仪器所要求的工作环境条件，首先必须根据仪器对工作环境的技术要求，最大限度地满足仪器所要求的工作环境条件，如场地、防尘、防潮、防毒、震动强度、特殊温度、湿度、微波干扰、基础受压力、磁场强度、远离放射源等，还必须考虑到仪器工作所需的水、电源、真空、制冷、密封、气路系统的完备设施和排污处理与废物处理设备，以及检测仪器、实验台等辅助配套设备。②检查仪器的电源、电压、插座等是否符合我国的制式，否则必须更换配置，甚至保留索赔权利。

(2) 相关信息的收集：做好与其他单位的信息交流，尽可能到已有同类型或相似设备的单位进行调研学习，熟悉设备、资料。

2. 安装与调试的内容和程序

(1) 熟悉随机技术文件中对安装与调试的要求。

(2) 在安装、调试过程中，认真完成点收日志、鉴定的原始记录，确保资料及档案的完整性。

(3) 逐一鉴定仪器的技术指标，既要检查宏观功能，也要检查仪器内部的某些参数；既要查硬件，也要查验软件。

(4) 上机操作时，要在厂家技术人员指导下进行，并制作好操作程序流程图。

(5) 新仪器应连续开机通电24小时，用以验证仪器的可靠性。

(6) 写出详细的软件使用指南。一台现代化大型设备，可开发利用的软件资源很多，在技术点收时应努力开发，此时的点收人员应是各学科专长的人才，便于日后专人使用时发挥设备优势。

3. 仪器的校准

(1) 尽量选用与仪器配套的校准品，由于校准品存在着基质效应，不同系统应使用不同的校准品。

(2) 所有分析仪均有其推荐的校准品。

(3) 不同项目可采用不同的校准方法，包括定期校准、更换试剂时校准、每天校准等。

四、临床检验仪器的维护

检验仪器维护工作的目的是减少或避免偶然性故障的发生、延缓必然性故障的发生，并确保其性能的稳定性和可靠性。仪器的维护是一项持续性的长期工作，因此必须根据各仪器的特点、结构和使用过程，并针对容易出现故障的环节，制订出具体的维护保养措施，由专人负责执行。

（一）一般性维护工作

一般性维护工作是指那些具有共性的、几乎所有仪器都需要注意的问题，主要有以下几点。

1. 正确使用 操作人员应认真阅读仪器操作说明书，熟悉仪器性能，严格遵照操作规程，掌握正确的使用方法，使仪器始终保持良好的运行状态。同时，要重视配套设备和设施，如电路、气路、水路系统等的使用和维护，避免仪器在工作状态下发生断电、断气、断水的情况。

2. 仪器的接地 接地除对仪器的性能、可靠性有影响外，还关系到使用者的人身安全，因此所有检验仪器必须接可靠的地线。

3. 电源电压 多数检验仪器属精密分析仪器，良好的稳压电源对检验仪器的精度和稳定性极为重要。为确保仪器处于良好的运行状态，必须配用交流稳压电源，要求高的仪器最好单独配备稳压电源。另外，为防止仪器、计算机在工作中突然停电而造成损坏或数据丢失，可配用高可靠性的不间断（UPS）电源，这样既可改善电源性能，又能在非正常停电时做到安全关机。同时应注意，插头中的电线连接应良好，使用时切忌把插孔位置搞错，导致仪器损坏。所有仪器在关机停用时，要关掉总机电源，并拔掉电源插头，确保安全。

4. 仪器工作环境 检验仪器对环境的要求都很高，否则会直接影响仪器的性能、可靠性、测量结果的准确性以及仪器寿命，因此在使用过程中应注意以下几方面。

（1）防尘：仪器中的各种光学元件及一些开关、触点等，应保持清洁。由于光学元件的精度很高，因此对清洁方法、清洁液等都有特殊要求，在做清洁之前须仔细阅读仪器的维护说明，不宜草率行事，以免擦伤、损坏其光学表面。

（2）防潮：仪器中的光学元件、光电元件、电子元件等受潮后，易霉变、损坏造成故障，还会使仪器的绝缘性能变差，产生不安全因素。应定期进行检查，及时更换干燥剂，长期不用时应定期开机通电以驱赶潮气，达到防潮的目的，必要时配备去湿机。

（3）防热：检验仪器一般要求工作和存放环境有适当的温度，保持在 20 ~ 25 ℃最为合适。另外，还要求远离热源并避免阳光直接照射。

（4）防震：震动不仅会影响仪器的性能和检测结果，还会造成精密元件的损坏，因此，要求将仪器安放在坚实稳固的实验台或减震台上，并远离震源。

（5）防蚀：仪器在使用过程和存放时，应避免接触酸、碱等腐蚀性气体或液体，严禁用有腐蚀性的化学清洁剂擦拭仪器，以免各种元件受侵蚀而损坏。

5. 定期校验 检验仪器是分析人员用于测试和检验样品的主要工具，它所提供的数据已成为疾病诊断、危险分析、治疗效果评价和健康状况监测的重要依据，应力求结果的准确可靠。任何检验仪器的误差，通常会随着时间而增加，所以我们必须了解所用检验仪器的准确度。因此，须定期按相关规定进行检查、校正，同样，在仪器经过维修后，也应检查合格后方可重新使用，以保证测量结果的准确性和可靠性。

6. 做好记录 仪器在使用过程中，一定要做好工作记录，内容包括仪器状态、开机时间、维修时间、维修人员、维修内容及其他值得记录的内容。一方面可为将来的统计工作提供数据，另一方面也可掌握某些需要定期更换的零部件的使用情况，有助于辨别是正常损耗还是故障。

（二）特殊性维护工作

由于各种检验仪器有其各自的特点，这里只介绍一些典型的有代表性的维护工作。

1. 光电转换元件与光学元件 如光电源、光电管、光电倍增管等，在存放和工作时均应避光，因为它们受强光照射易老化，使用寿命缩短，灵敏度降低，情况严重时甚至会被损坏。

同时，应定期用小毛刷清扫光路系统上的灰尘，用蘸有无水乙醇的纱布擦拭滤光片等光学元件。

2．定标电池　如果检验仪器中有定标电池，最好每半年检查一次，如电压不符合要求则予以更换，否则会影响测量结果的准确度。

3．电极　各种测量膜电极使用时要经常冲洗，并定期进行清洁，长期不使用时，应将电极取下浸泡保存，以防止电极干裂、性能变差。

4．检流计　在仪器中作为检测指示器使用较多，极怕受震，因而每次检测后，尤其是在仪器搬动过程中，应使其呈短路状态。

5．机械传动装置　仪器中机械传动装置的活动摩擦面应定期清洗，加润滑油，以延缓磨损或减小阻力。

6．管路系统　检验仪器中的管路比较多，构成管路系统的元件也较多，分为气路和液路，但它们都要保持密封、畅通，因此应定期冲洗，保证管路的通畅，并视污染程度定期更换管路。

此外，检验仪器维护还有其他许多特殊内容，通常这些内容在仪器的使用说明书中有详细的交代，所有使用人员都应仔细阅读使用说明书中的有关内容，以进行正确的维护。

> **要点提示**：临床检验仪器的选用标准；临床检验仪器的维护。

第五节　临床检验仪器的进展与发展趋势

一、临床检验仪器的进展

临床检验仪器的发展更新主要表现在：①基于微电子技术和计算机技术的应用实现了检验仪器向自动化、智能化、一机多能化方向发展；②通过计算机控制器和数字模型进行数据采集、运算、统计、分析、处理，大大提高了检验仪器数据的处理能力；③模块联用技术的应用使检验仪器向检测分析速度超高速化、分析试样超微量化、仪器功能多样化的方向发展。因此，未来临床实验室的发展离不开检验仪器的不断更新。只有及时调整和更新实验室的技术和仪器，才能保持实验室的先进水平，充分满足临床医学的需要。

二、临床检验仪器的发展趋势

未来检验仪器的发展趋势主要体现在以下几方面。

（一）多用户共享高科技仪器成果

计算机技术和通信技术相结合而发展的计算机网络，已渗透到临床实验室中，促使形成多用户共享高精度、高速度、多功能、高可靠性的检验仪器。

（二）适应市场，两极化发展

随着微电子技术和电极技术的进一步发展，临床检验仪器正朝着集大型机的处理能力和小型机的应变能力于一身、人性化、超小型、多功能、低价格、更新换代快、床边和家庭型的方向迈进。

(三)模块化组合设计,功能扩展

模块式设计形成一个高质量、多功能的检验系统,实现一机多用,多机联用。一套联用仪器可进行常规、生化、药物监测、普通免疫、特种蛋白质等多种检验项目,同时还可以按需要增添各种部件,扩展其功能。

(四)仪器设计人性化,自动化水平和智能化程度高

①从送入标本、条码输入、完成检测,到数据存储输出、连接网络,原本由人工完成的工作过程将完全由检验仪器分析系统一次完成,速度更快,减少了人为误差,缩短了出报告的时间。②专家系统技术更趋于完善,使检验仪器具有更高级的智能。仪器实施全过程质量监控、定期自动校检、排除人为因素和非标准干扰、自我诊断和控制、自行判断决策等高智能功能,使检验仪器的操作使用更加方便。

(五)仪器小型化

更多功能、更加全面、小型便携式的检验仪器将不断涌现。仪器体积更小,操作更简单,方便床边检验和现场检验,患者经简单培训后可以自行测试,对于尽早诊断、疗程监控有实际意义。如即时血糖检测仪已进入家庭,可随时监测血糖状态。

(六)现代分子生物学技术的应用

该技术正逐渐运用到检验设备的研发中,影响着检验仪器的发展。许多疾病将出现新的诊断指标,将给疾病的筛查、诊断带来革命。生物诊断芯片的种类和技术在检验医学中的应用也会越来越广泛。生物传感器和芯片的应用将使检验仪器小型化、灵活多用,相应的检验仪器正在不断出现和发展。

知识链接

临床检验仪器的前景

高新技术的发展和应用,将进一步推动光学仪器实现光、机、电、算一体化和智能化。现今的智能化仪器更确切地应称为"微机化"仪器。而更高程度的智能化是信息技术的最高层次,应包括理解、推理、判断与分析等一系列功能,是数值、逻辑与知识的结合分析结果,智能化的标志是知识的表达与应用。电子技术、计算机技术和光电器件的不断发展和功能的完善,为仪器向更高档次的智能化发展创造了条件。

临床实验室技术逐渐改变了传统的检验方法,新的检验技术为疾病的诊断分析提供了更为快捷、更为精确的方法,临床实验室仪器的设计更加注重人性化、低成本和利于环保。目前,全球的临床检验仪器产品在技术上正朝向数字化、网络化、微型化方向发展。检验仪器设备向自动化、智能化、标准化、个性化以及小型便携化方向发展。

自测题

一、选择题

1. 样品前处理系统的核心功能是

  A．条形码识别   B．离心
  C．脱盖   D．进样和样品存储
  E．分类
2．为验证仪器的可靠性，新仪器应连续开机通电
  A．2 小时   B．6 小时
  C．8 小时   D．12 小时
  E．24 小时
3．检验仪器对环境的要求都很高，因此在使用过程中应注意的为
  A．防虫   B．防潮
  C．防热   D．防震
  E．防尘
4．临床检验仪器的选用标准一般不考虑
  A．功能要求   B．性能要求
  C．售后要求   D．个人需求
  E．用户要求
5．误差按性质可分为
  A．绝对误差   B．相对误差
  C．系统误差   D．随机误差
  E．系统误差、随机误差、过失误差

二、问答题
1．临床检验仪器具有哪些特点？
2．临床检验仪器如何进行维护？

（冯莹莹）

第二章 临床检验基本设备

第二章数字资源

学习目标

1. 掌握 临床常用光学显微镜、移液器、离心机、生物安全柜、紫外-可见分光光度计的工作原理及基本结构。
2. 熟悉 临床常用光学显微镜、移液器、离心机、生物安全柜、紫外-可见分光光度计的主要性能指标、使用方法及日常维护。
3. 了解 临床常用光学显微镜、移液器、离心机、生物安全柜、紫外-可见分光光度计的常见故障及处理方法。
4. 具备独自操作临床实验室常用光学显微镜、移液器、离心机、生物安全柜、紫外-可见分光光度计的技能,以及日常维护与常见故障分析的能力。
5. 能利用所学知识解决医学检验基本设备在临床实际运用过程中的常见问题。

随着医学检验仪器自动化、智能化、流水线的程度越来越高,现代化的临床检验仪器设备,如生化分析仪、免疫分析仪、血液分析仪、尿液分析仪等已成为目前临床实验室对患者样本进行检测的主要工具。但一些常规检测和生物医学研究实验室仍然会使用一些基本设备,如显微镜、移液器、离心机、分光光度计和生物安全柜等。在临床检验工作中,熟悉和掌握这些设备的工作原理、基本构造及功能,正确掌握它们的使用方法,不仅可以提高检验技术人员的工作能力,还可以保证检验结果的准确性、可靠性,以及实验室的正常运行。

第一节 显微镜

显微镜(microscope)是能将肉眼无法分辨的细微结构高倍放大成肉眼可辨物像的精密仪器或设备,具有高放大率和分辨率,是研究微观世界的有力工具。根据成像原理可将显微镜分为光学显微镜和电子显微镜。光学显微镜广泛应用于临床基础检验、微生物检验、免疫学检验等,主要用于各种细胞、微生物、有形成分的观察鉴别。

> **知识链接**
>
> **显微镜发展史**
>
> 16世纪末,荷兰科学家汉斯·利珀希和眼镜商亚斯·詹森制造出了最早的显微镜,意大利科学家伽利略第一次用显微镜观察昆虫;1674年,荷兰亚麻织品商人列文虎克发明了世界上第一台光学显微镜,并利用这台显微镜第一次观察到了细菌和红细胞,开启了人类使用仪器来研究微观世界的新纪元,为微生物学、检验医学的发展奠定了基础。1931年,恩斯特·鲁斯卡研制出了电子显微镜,将人类观察微小事物的分辨率提高到百万分之一毫米的水平。

一、光学显微镜

(一) 光学显微镜的原理和结构

1. 光学显微镜的工作原理 光学显微镜(optical microscope,light microscope)是利用光学原理,将肉眼不能分辨的微小样品放大成像,并显示其细微形态结构信息的光学仪器,其光学成像原理见图 2-1。其成像系统由两组透镜组成,即物镜和目镜。物镜为靠近观察物、焦距较短、成实像的透镜;目镜为靠近眼睛、焦距较长、成虚像的透镜。被观察的物体位于物镜焦点的前方靠近焦点处,被物镜做第一级放大后被目镜做第二级放大,位于人眼的明视距离处,通过人眼观察到物体放大的像。

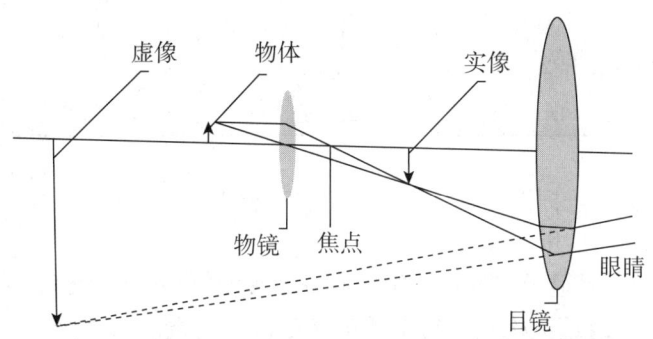

图 2-1 光学显微镜成像原理示意图

2. 光学显微镜的基本结构 光学显微镜由光学系统和机械系统两部分组成(图2-2),各类光学显微镜为了将所观察到的结果真实记录下来,可配置显微摄影装置。

(1) 光学系统:是显微镜的主体,由物镜、目镜、聚光器、光源及其他附属装置组成,其中,物镜、目镜组成成像系统,聚光器、光源等组成照明系统。

1) 物镜(objective lens):是光学系统的核心,直接影响成像质量及光学性能,是衡量一台显微镜质量的首要标准。一台光学显微镜可配置3个及以上不同放大倍数的物镜,一个物镜由相隔一定距离并被固定的几个透镜组合集成在金属筒内构成,安装在物镜转换器上,通过转换可和目镜组成不同放大率的成像系统。物镜要求齐焦合轴。

物镜种类很多,有多种分类方法。根据放大倍数以及数值孔径不同可分为极低倍、低倍、中倍和高倍物镜;根据是否浸入液体媒介分为干式和浸液物镜;根据镜筒长度分为筒长有限远物镜和筒长无限远物镜;根据对像差与场曲的校正功能不同可分为消色差物镜、复消色差物

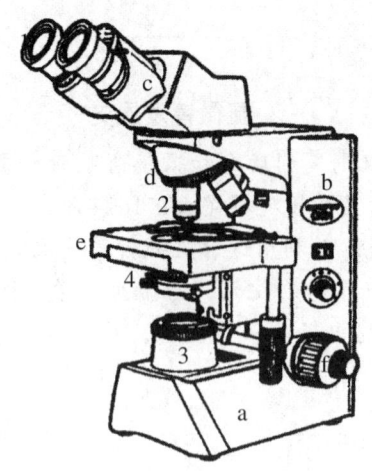

图 2-2　普通光学显微镜基本结构示意图
光学系统：1. 目镜；2. 物镜；3. 光学装置；4. 聚光器组件
机械系统：a. 镜座；b. 镜臂；c. 镜筒；d. 物镜转换器；e. 载物台；f. 调焦装置

镜、平场消色差物镜和平场复消色差物镜等，详见表 2-1；根据功能不同可分为相差物镜、微分干涉相差显微镜（DICM）物镜、霍夫曼调制相衬（HMC）物镜、偏光物镜、荧光物镜、全内反射荧光显微镜（TIRFM）专用物镜、多功能物镜等。

表 2-1　物镜种类及像差校正程度

物镜	标识字样	校正色差	校正球差	矫正场曲
消色差物镜	Ach	红、蓝	黄、绿	否
复消色差物镜	Apo	红、绿、蓝	红、蓝	否
平场消色差物镜	Plan	红、蓝	黄、绿	是
平场复消色差物镜	Plan Apo	红、绿、蓝	红、蓝	是

物镜主要技术参数一般标识在物镜筒上，主要有放大倍数、数值孔径、盖玻片厚度、镜筒长度。浸液物镜还注明所使用的浸液。

2）目镜（ocular）：是显微镜的重要组成部分，其实质是一放大镜，也直接影响物体成像的质量。目镜由 2～3 组透镜构成，每个透镜又由位于上端的目透镜（起放大作用）和下端的聚透镜/场透镜（使映像亮度均匀）两部分组成。在上、下透镜之间装有视场光阑，决定视野大小，标本通过物镜后在光阑面位置成实像，可在光阑面放置测微尺和指针，用以测量或指示所观察的图像。目镜主要技术参数有放大倍数、最小视场直径等，常见的放大倍数有 5 倍、10 倍、15 倍等。

根据构造形式对目镜进行分类，常用目镜类型见表 2-2。

表 2-2　目镜分类及主要用途

目镜名称	构造形式	主要用途
惠更斯（Huygens）目镜	由两块平凸透镜间隔一定距离构成，凸面朝向物镜一侧，平面朝向眼睛一侧，其焦点位于两片透镜之间	使用最广泛，适用于配合中、低倍物镜，用作观察或摄影
冉斯登（Ramsden）目镜	由两块平凸透镜间隔一定距离构成，凸面相对，其物方焦面位于目镜前方，可在光阑面上放置测微尺	用于观察和摄影、放大

续表

目镜名称	构造形式	主要用途
补偿目镜	惠更斯目镜的改进型,将接目镜的单块平凸透镜改为三胶合透镜	宜与复消色差物镜、半复消色差物镜配合使用,以抵消这些物镜的残余色像差
平场目镜	像散和场曲控制较好,视野平坦,视场较大	宜与平场物镜和消色差物镜配合使用
无畸变(orthoscopic)目镜	采用四片组结构,由一块三胶合透镜和一块平凸透镜组成,其中,三胶合透镜中间的一块为负透镜	可消除畸变,适用于高倍率的观测

3)照明系统:被显微镜观察的大多数样本自身并不发光,故需要对样本进行充分且适当的照明才能进行观察。显微镜的照明方式按光源光束是否透过标本可分为透射式照明、落射式照明,以及暗视场照明。透射式照明适用于透明或半透明的被检物体,用于大部分生物显微镜;落射式照明用于非透明被检物体,多用于落射式荧光显微镜;暗视场照明是照明光线不进入物镜,而依靠被检物体本身散射和衍射光线投射物镜成像,以此增加反差而便于观察。

照明系统主要包括光源、滤光片、聚光器和载玻片等部件。

光源包括自然光源和电光源两类。自然光源配备反光镜采光,受外界光源的影响较大;电光源常用卤素灯或发光二极管(light emitting diode,LED),可做到随时照明及亮度可调。

滤光片用于选择入射光的光谱成分和强度,普通滤光片常用有色玻璃制成,用于普通显微镜中背景色彩的调整、显微摄影时色温的调节、荧光显微镜中激发光的阻挡等。

聚光器由数个透镜组合成,位于光源和样品间,可汇聚光束,使光束均匀并增强照明亮度。其离光源的距离和光线通过孔径大小均可调节,应确保聚光镜的数值孔径(NA)大于或等于物镜的NA,以获得理想的成像效果。聚光器种类较多,不同种类的显微镜有配套的聚光器。

载玻片是光路的一部分,其光学性能会影响成像质量,其表面应平坦、无气泡、无划痕、无色,透明度好,厚度符合规定。

(2)机械系统:其作用是支撑、固定、调节光学系统和被观察的样本,确保成像质量。

1)镜座和镜臂:常组成一个稳固的整体,作为显微镜的主体支架部分。镜座维持显微镜的平稳性,镜臂是其他机械装置附着的基础。

2)镜筒:用来连接目镜和物镜转换器,保证光路畅通、稳定。镜筒有单目、双目、三目3种。单目镜筒下端直接连接物镜,斜筒式单目镜筒内安装一个反射棱镜,被检物体通过物镜到达镜筒的光线被棱镜以45°反射进入目镜;双目镜筒由左右两个目镜镜筒构成,下端装有一组分光反射透镜,能看到相同的像,调节合适后两个像可重合;三目镜筒有双目镜筒和一个直式镜筒,直式镜筒连接相应设备可用于显微摄影。

3)物镜转换器:为显微镜机械系统中最精密的部分,是一连接于镜筒下端的旋转圆盘,装有多个物镜,通过转动可切换至不同放大倍数的物镜,以保证物镜交换使用时"齐焦"与"合轴"的机械精度。

4)载物台:放置标本,通过调节装置使标本在视场内平面移动,可改变观察视野。标准载物台由固定台座、活动台面、可移动玻片夹组成,有横向和纵向坐标刻度,以确定视野位置,方便重复观察。

5)调焦装置:调节物镜与标本之间的距离,保证物像清晰。调焦装置有升降镜筒和升降载物台两种方式,调焦旋钮包括粗调焦和细调焦两种。

(二)光学显微镜的性能参数

在显微镜的临床实际运用过程中,获得清晰而明亮的理想图像需要显微镜的各项性能参数达到一定的标准。光学显微镜的性能参数包括数值孔径、分辨率、放大率等,它们之间既相互联系又相互制约,在实际使用时必须根据镜检的目的和实际情况来协调各参数之间的关系,其中以保证分辨率为准,最终使显微镜各项性能达到最佳状态,得到最满意的镜检效果。

1. 数值孔径(numerical aperture,NA) 又称镜口率,是评价显微镜性能的重要参数之一。NA是样品与物镜间介质折射率(n)与物镜孔径角(α)半数正弦值的乘积,范围在0.05~1.40。它主要反映物镜和聚光镜性能,用来限制可以成像的光束截面和通量,决定和影响着其他性能参数。NA与景深呈反比,与放大率、分辨率呈正比,NA的平方与图像亮度呈正比。NA变大后,视场宽度与工作距离会变小。浸油物镜以油代替空气来增大介质折射率,达到增大物镜NA的目的。

2. 放大率(magnification,M) 又称放大倍数,是指经多次放大后最终所成物像与原物体大小的比值,是显微镜的重要参数之一。放大率与物镜放大率、目镜放大率及增设的棱镜放大率呈正比。也可用位置放大率来估算:镜筒越长,物镜、目镜焦距越短,放大率越大。在实际应用中,显微镜配有放大倍数不同的物镜和目镜,放大率常用目镜放大率与物镜放大率的乘积来表示,如目镜为10×,物镜为100×,则放大率为1000。

3. 分辨率(resolution) 是显微镜最重要的性能参数之一,指显微镜分辨物体微细结构的能力,用两个物点间的最小可分辨距离(δ)表示,计算公式为:$\delta = 0.61\lambda/NA$(λ为光波波长)。由此可得出,光波波长越短、物镜NA越大,则δ越小,分辨率越高,微细结构观察得越清晰。显微镜的放大率和分辨率相匹配,才能做到有效放大并清晰地观察物像。普通光学显微镜的最高有效放大率约为1000倍。

4. 视场(field of view) 又称视野,是指通过目镜所能看到的物像空间范围,其大小取决于目镜光阑大小和物镜倍数。目镜光阑变小、物镜放大率变大均会获得较小视场,反之视场较大。

5. 景深(depth of field,DF) 显微镜清晰聚焦后,位于焦点平面前后一定范围内的平面都能形成清晰的物像,平面之间的最大距离称为景深。景深和总放大倍数、数值孔径呈反比。

6. 工作距离(work distance,WD) 指可清晰观察物体时,物体与物镜表面间的距离。它和物镜的NA呈反比,物镜的焦距越长,放大倍数越低,其工作距离越长。

7. 像差(aberration) 物点发出的光线经过透镜后,不能完全按照高斯光学成像原理成一理想的点像,而导致形状等方面的差别,称为像差。单色光成像时可表现为球差(spherical aberration)、彗差(broom aberration)、像散(astigmatism)、场曲(curvature of field)、畸变(distortion)。像差及改进方法见表2-3。

表2-3 像差及改进方法

像差类型	成像原因	成像特点	改进方法
球差	透镜中心区域和边缘区域对光线的汇聚能力的差异	中间亮,边缘逐渐模糊的弥散斑	采用适当形状的正、负透镜组合或双交镜组
彗差	球面透镜各光区成像的放大率不一致及焦点不同	顶端小而亮,尾部逐渐变宽且亮度减弱模糊,如彗星状光斑	采用不同曲率透镜的组合或缩小孔径
像散	物点离主光轴较远,所发出的光束经透镜折射后汇聚在于画面垂直方向的前后两个位置上	弥散斑或与光轴平行、垂直的亮线	用正、负透镜适当组合可消除

续表

像差类型	成像原因	成像特点	改进方法
场曲	较大的平面物体成像,像面呈一个曲面而不是平面的现象	全部像面构成一个曲面	采用两组适当折射率的透镜组合
畸变	光学系统对共轭面不同高度的物体有不同的垂直放大率	形状失真,但不影响成像清晰度	改变镜片外形

8．色差 复合光经过透镜成像时,各种单色光的折射率不同、光程差异所导致成像颜色的差异,即为色差。复合光成像时存在轴向色差和垂轴色差。

(三)常用光学显微镜的种类及应用

光学显微镜的种类繁多,依据主要用途可分为生物显微镜和金相显微镜两大类。前者主要用于生物医学方面,观察对象多为透明或半透明物体;后者主要用于材料学、制造业等方面,观察对象为非透明物体。下面主要介绍常用的生物学显微镜。

1．普通生物显微镜(图2-2) 是实验室的基础设备。以自然光或电光源为光源,且位于标本的下方,采用透射式照明,在明视场中进行观察。常用于血液、体液的细胞形态、有形成分观察,病原微生物的涂片观察等。其最大有效放大倍数为1000倍,分辨率为0.2 μm。双目显微镜因利用双眼同时观察、成像自然、不易疲劳而应用广泛,其目镜间距可调,设有屈光度调节,最终看到的是大小、亮度、清晰度一致,重合的物像。

2．荧光显微镜(图2-3) 以紫外线为光源照射标本,观察标本中的荧光物质受激发后产生的荧光图像。一般利用荧光素标记的抗体(抗原)与细胞表面或内部相应的抗原(抗体)发生特异性结合,通过荧光显微镜观察荧光素在组织和细胞内外的分布和强度,从而对特异性成分进行定性、定位分析。因灵敏度高、成像清晰而得到广泛应用。特点:①光源为高压汞灯,可发出紫外线;②滤光片有两组,位于光源和标本间的选择滤光片可让紫外线通过,位于标本与目镜间的阻隔滤光片阻断多余的紫外线通过;③多采用落射式照明。

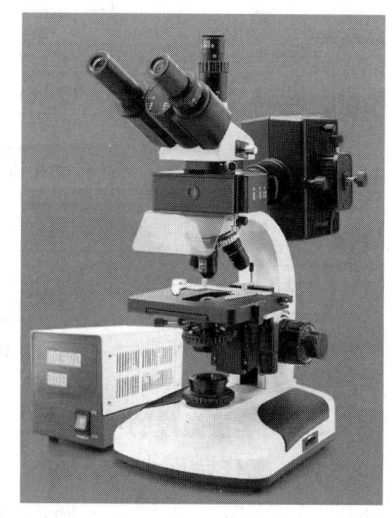

图2-3 荧光显微镜

3．倒置显微镜 其结构和普通生物显微镜相比是颠倒的,照明系统位于载物台及标本上方,物镜位于载物台器皿下方。常用于培养瓶或培养皿中微生物、细胞、组织培养等的观察,又称生物培养显微镜。放大率一般不超过40倍,工作距离较长。

4．相差显微镜 又称相衬显微镜,是利用光的衍射和干涉现象,将光线通过透明标本所产生的相位差转换成肉眼可辨的振幅差,使标本可被观察。主要用于观察活细胞、未染色的标本。特点:①光源和聚光镜间的环形光阑,使透过聚光镜的光束形成空心光锥;②在物镜中加了一个相位板,有推迟直射光或衍射的相位、降低直射光强度、突出干涉效果的作用。

5．暗视场显微镜 光线照射到直径小于入射光波长的胶体粒子时会发生光的散射,从入射光的垂直方向可以观察到散射光,即丁达尔现象。暗视场显微镜是根据丁达尔现象原理设计的显微镜。特点:采用暗视场法照明,观察的图像仅是物体的轮廓,可观察到0.1 μm的微粒。主要用来观察活细胞或细菌的形态和运动情况。

6．微分干涉相差显微镜(DICM) 因其是Nomarski在相差显微镜原理基础上发明的,故又称 Nomarski 相差显微镜。DICM 利用偏振光，通过偏振器、DIC 棱镜、DIC 滑行器和检偏器共同作用，最后呈现三维立体投影影像。与相差显微镜相比，其标本可略厚一点，折射率差别更大，故影像的立体感更强。使用 DICM 可令细胞结构，特别是一些较大的细胞器，如核、线粒体等立体感特别强，适合于显微操作。目前，基因注入、核移植、转基因等的显微操作常在 DICM 下进行。

（四）光学显微镜的使用、维护与常见故障处理

显微镜是制作精密的光、机、电一体化设备，正确地使用和维护，有助于发挥它的功能，延长其使用寿命。

1. 光学显微镜的使用 光学显微镜种类繁多，具体每种仪器设备在结构上又不同，在此仅介绍普通光学显微镜的基本使用流程，详见图 2-4。

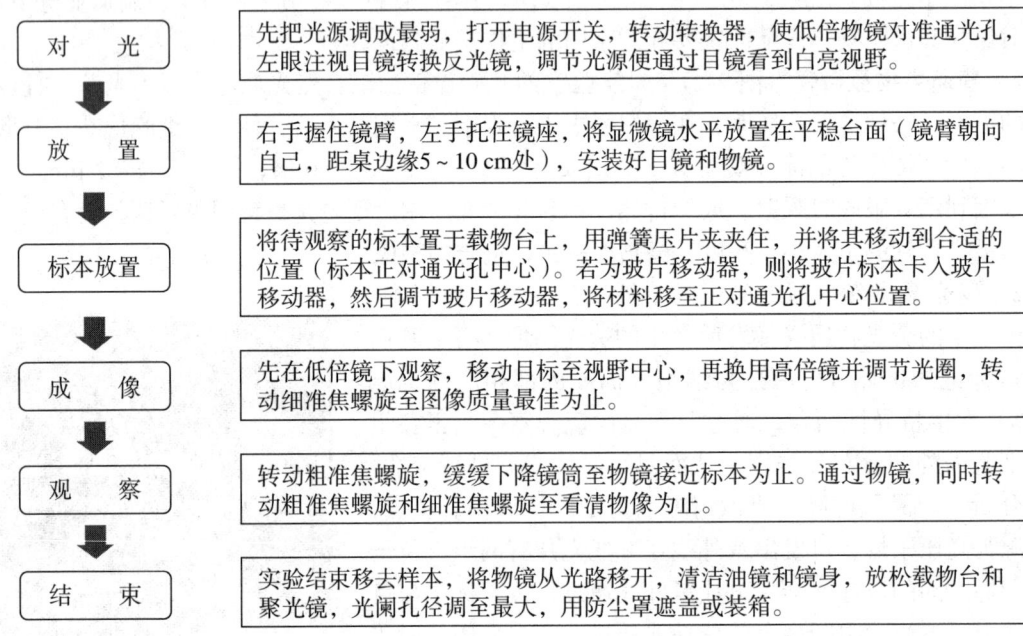

图 2-4 普通光学显微镜的操作流程

2. 光学显微镜的维护

（1）工作台面水平、平整、稳固；无阳光直射，温度为 5～40℃，相对湿度 <80%，电压波动 <10%，无尘、无腐蚀性气体，防潮、防震、防晒、防霉、防锈；特殊类型显微镜应配备稳压设备。

（2）移动显微镜应轻拿轻放，避免剧烈震动和倾斜。

（3）只能通过转动物镜转换器来转换物镜；用高倍物镜时，慎用粗准焦螺旋调焦。

（4）使用时，用力要轻，转动要慢，不得超出其限制范围；用毕要使其回到自然松弛状态。

（5）显微镜的光学元件只可用擦镜纸滴加无水乙醇等无腐蚀性溶剂擦拭，机械部件可用布擦拭。

（6）注意标本观察结束后应立即将其取下，不要长期放在载物台上。

3. 光学显微镜常见故障处理 见表 2-4。

表2-4 光学显微镜常见的故障、原因及处理

故障现象	故障原因	处理方法
视场亮度不均	物镜、目镜、聚光镜等变脏，物镜未处光路正中，视场光阑未对中或过小等	清洁光路，调节物镜和光阑
成像质量差	油镜未浸油或油内有气泡，聚光镜位置或光阑孔径不合适，镜片表面生雾、生霉或镀膜破坏	检查浸油，清洁光路或更换镜头，调节聚光镜和光阑
视野中有污物	玻片或光路中的镜片中有灰尘或污物	检查玻片或光路中的镜片中有无灰尘或污物，并处理
载物台或镜筒自动下滑	调焦结构张力过松	握紧一侧粗准焦螺旋，顺时针转动另外一个加紧
细准焦螺旋失灵	超出最大限位仍用力所致	拆开并将齿轮放回啮合位置，更换限位螺丝

要点提示：光学显微镜成像原理及基本结构。

二、电子显微镜

电子显微镜（electron microscope，EM）根据电子光学原理，用电子束和电子透镜代替光束和光学透镜，使被检样品的细微结构在非常高的放大率和分辨率的情况下成像。其基本结构包括：电子光学系统、真空系统、供电系统、机械系统和观察显示系统。①电子光学系统：由照明系统和成像系统组成，是电镜的主体，主要作用是成像和放大。②真空系统：主要由真空泵和真空柱组成，用来维持高度真空状态，保证电子束的直线传播和强度的稳定。③供电系统：包括高压电源、真空系统供电电源、透镜电源、辅助电源及安全保护系统的电源等。④机械系统：包括电镜座、标本室、磁屏蔽外壳、镜筒、制冷系统及控制工作台等。⑤观察显示系统：由荧光屏和照相室组成，将电子成像转换为肉眼可见的影像显示出来。其放大率可达20万~100万倍，远大于光学显微镜。根据成像原理不同可分为透射电子显微镜、扫描电子显微镜和扫描隧道显微镜三种。

（一）透射电子显微镜

透射电子显微镜是一种以波长极短的电子束作为照明源，用电磁透镜聚焦成像的高分辨率、高放大倍数的电子光学仪器。其原理是以电子束透过样品并与其原子核发生碰撞产生散射，电子束所发生的不均匀变化经过聚集与放大投射到荧光屏或底片后产生物像。透射电镜是最成熟、应用最广泛的电镜，分辨率可达0.1~0.3 nm，主要用于观察组织和细胞内的亚显微结构、蛋白质、核酸等大分子的形态结构及病毒形态结构等。不足：电子束穿透力不强，样品需制成50~100 nm的超薄切片，操作也相对复杂。

（二）扫描电子显微镜

用极细的电子束扫描样品表面，电子与物质相互作用而激发出各种物理信号，其中的二次电子、背散射电子的强度与样品表面结构相关，对其进行采集、转换后显示，便可得到样品微观形貌的扫描图像。特点：分辨率可达0.3 nm，视野大、景深大、样品制备容易、可反映样品表面的立体结构。主要用于组织、细胞表面的立体形态观察。不足：分辨率较透射电镜低，样品内部的信息获得困难。

(三)扫描隧道显微镜

利用量子理论中的隧道效应和三维扫描原理,通过隧道电流的探测,获得物质表面结构图像信息。它和扫描电子显微镜的区别在于其利用探针尖端精确操纵原子,获得不同的电流量。优点:无须光源和透镜,体积小,分辨率极高(横向 0.1~0.2 nm,纵向 0.001 nm),可观察固态、液态、气态物质;真空、大气、水中、常温下均可工作,扫描速度快,不破坏样品,无须特别制样,可在生理状态下对生物大分子和表面的结构进行原子布阵研究。不足:只能观测导电表面的结构,无法进行化学成分分析。

三、数码显微摄影与应用

数码显微摄影利用数码显微摄影装置,将显微镜视野中所观察到的物体细微结构真实记录下来,以供进一步分析研究之用。数码显微摄影以电子存储设备为载体,通过电荷耦合器件(charge coupled devices,CCD)芯片将光信号转换成相应模拟量的电信号,后者经模拟数字转换器进行模拟及数字信号转换后,再经数字压缩记录到内存卡或闪速存储卡等存储器中,形成数字影像文件。因此,数码显微摄影是一门重要的、常规的摄影技术,是再现显微镜视野中物像的最好方法,因其迅速而准确、真实而科学,现广泛应用于科研、教学、质检等领域。

(一)数码显微摄影的成像原理

数码显微摄影利用电荷耦合器件,将镜头所形成的影像(甚至每个非常细小的局部)的光线亮度信号转化为计算机可以识别的、可用数字进行描述的电子信号,最后通过计算机或其他专用设备,再把这些数字信号还原成光信号,从而使影像再现出来。

(二)数码显微摄影的基本构件

基本构件包括数码相机、显微镜、计算机系统、电视机、输出打印机和图像分析软件包等。其中的核心构件是数码相机和显微镜,常用到显微照相机和照相显微镜。无论是哪一种数码显微摄影装置,在进行摄影前都必须注意光源、聚光镜中心、聚光孔径光阑的调整,以达到符合数码显微摄影的要求。

(三)数码显微摄影的优势

数码显微摄影技术从根本上克服了传统显微摄影技术中取景观察不便、图像传送难、效率低、速度慢等缺点。其显著优点在于:①精确性。由于采用了先进的数字技术,数码摄影所产生的实时影像或照片,其精度远高于传统的普通照片。②实时性。数码显微摄影系统可通过 USB 电缆与计算机连接,或者通过音频/视频电缆与电视机连接,故显微镜下所观察到影像,无须制作成照片,可通过计算机或电视机实时展现出来,以供科研及实验分析。③易于保存、复制、分类和检索。数码摄影所生成的影像,作为数字信号可以储存于计算机、光盘或其他移动磁盘内。④强大的图像编辑处理和分析测定能力。由于数码显微摄影实现了与计算机的连接,故可利用相应图像处理软件(photoshop、photolab、ACDSee)对图像进行编辑和分析。⑤其他特殊功能。如声音记录功能、LCD 彩色显示屏取景监视、光学变焦、影像处理、自动白平衡、数字红外摄影和微距/全景拍摄模式等功能。

(四)数码显微摄影的应用

数码显微摄影因其无可比拟的优势,作为一门应用摄影技术,在医疗、科研和教学中起着非常重要的作用。在临床病理工作中,利用数码显微摄影技术对常规病理切片、大体标本和科研病理切片进行处理后所得图片清晰、逼真，层次突出，对比度好，色彩自然，鲜明地记录了病理标本的病变特征，使数码显微摄影成为病理资料储存、积累和管理的重要手段之一。在高校病原学、生物学、药学等课程的实验教学中，如实验材料为细菌、动物和（或）植物细胞等微小活体时，运用数码显微摄影可得到实验对象的连续资料，进而实现对实验对象不间断分析与研究，能使学生在课堂上更直观、生动、清晰地了解实验对象，数码显微摄影从而成为调动学生学习兴趣、提高教学效率的一种手段。

第二节　移液器

移液器是在一定量程范围内，将液体从原容器内移取到另一容器内的一类计量工具，又称移液枪。在转移小容量液体时，移液器可以替代玻璃吸管，分配更为精确、方便。随着科学技术的不断更新和临床常规应用的不断增多，移液器的种类越来越多。移液器有不同的分类方法，根据工作原理可将其分为空气置换移液器与正向置换移液器；根据能同时安装吸头的数量可将其分为单通道移液器和多通道移液器；根据刻度是否可调节可将其分为固定式移液器和可调节式移液器；根据调节刻度方式可将其分为手动式移液器和电动式移液器；根据特殊用途可将其分为全消毒移液器、大容量移液器、瓶口移液器、连续注射移液器等。微量移液器因规格不同，所配套使用的微量移液器吸头也不同，不同生产厂家生产的形状也略有不同，但工作原理和操作方法基本一致。

一、移液器的工作原理

目前，临床常用移液器的设计依据是胡克定律：在一定限度内弹簧伸展的长度与弹力呈正比，即移液器内的液体体积与移液器内的弹簧弹力呈正比。移液器加样的物理学原理有两种：使用空气垫加样和无空气垫的活塞正移动（positive displacement）加样。这两种不同原理的移液器有其不同的特定应用范围。

（一）空气垫加样

空气垫加样又称活塞冲程加样，基于空气垫加样原理而设计的移液器称为空气置换移液器（又称空气垫移液器）。其中，空气垫的作用是将吸至塑料吸头内的液体样品与移液器内的活塞分隔开来，空气垫通过移液器内活塞的弹簧伸缩运动而移动，进而带动吸头中的液体吸入或放出。空气置换移液器常规应用于固定或可调体积液体的加样，其加样体积为 $0.2\ \mu l \sim 10\ ml$。活塞移动的体积必须大于所希望吸取的液体体积（2%～4%）。空气置换移液器的使用容易受物理因素，如移液器吸头的形状、材料特性以及与加样器的吻合程度等的影响；温度、气压和空气湿度等会影响其加样的准确度。

（二）活塞正移动加样

基于活塞正移动为原理而设计的移液器称为正向置换移液器（又称活塞正移动移液器）。它可以在空气置换移液器难以应用的情况下使用，如移取具有高蒸汽压、高黏稠度以及密度大于 $2.0\ kg/L$ 的液体。正向置换移液器的吸头与空气置换移液器的吸头有所不同，其内含一个可与移液器活塞耦合的活塞，这种吸头由生产正向置换移液器的厂家配套生产，不能使用普通的吸头或不同厂家的吸头。

二、移液器的基本结构

移液器在临床实验室中由于基本结构简单、使用方便等原因而得到广泛应用。其基本结构主要有体积显示窗、控制按钮、吸头推卸按钮、套筒、弹性吸液嘴和吸头等几个部分，详见图 2-5。

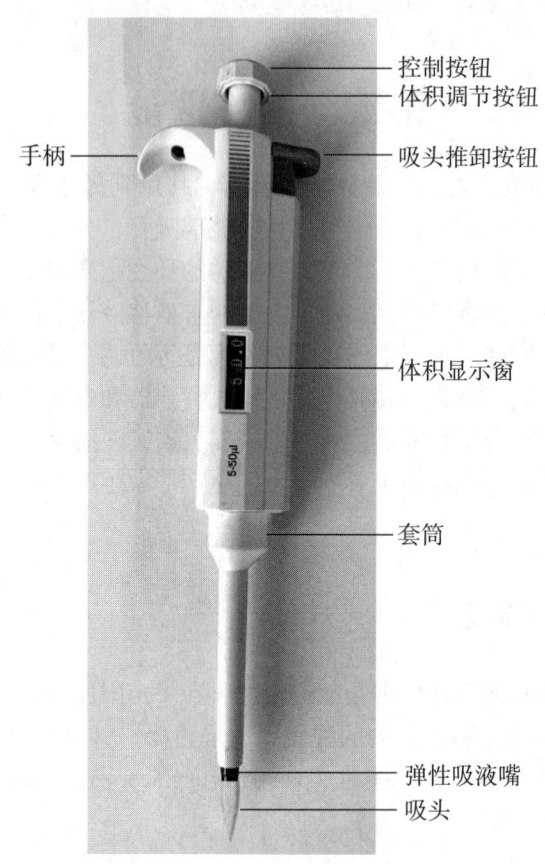

图 2-5　常见移液器基本结构示意图

三、移液器的性能要求

移液器移取的液体体积是否精确，直接关系到检测结果的准确性和可靠性，因此，移液器的性能要求十分重要。

（一）计量性能要求

移液器在首次检定、后续检定以及使用过程中的检定，皆应满足计量性能要求。移液器在标准温度（20 ℃ ±5 ℃），且室温变化不得大于 1 ℃ /h 的条件下，所标称容量体积的容量允许误差和测量重复性应符合《中华人民共和国国家计量检定规程 - 移液器》（JJG 646—2006）的要求。

（二）通用技术要求

1. 外观要求　移液器主体上应标有产品名称、生产厂家名称或商标、标称容量、型号规格和出厂编号；塑料件外壳表面应平整光滑，不得出现明显的缩痕、废边、裂纹、气泡、变形等现象；金属件表面镀层应无脱落、锈蚀和起层。

2. 控制按钮 按动移液器的活塞时，其控制按钮上、下移动应灵活，分档界限明显，正确使用时不得出现卡住现象。

3. 调节部分 可调式移液器的体积调节指示部分在可调节范围内转动要灵活，数字指示要正确、清晰和完整。

4. 密合性 移液器在使用或校准前应做密合性检查（可减小量值误差）：在 0.04 MPa 的压力条件下，5 秒内不得出现漏气现象。

5. 吸液嘴 应采用聚丙烯或性能相似的材料，内壁应光滑，排液后不允许有明显的液体遗留；不能弯曲；不同规格型号的移液器应使用配套的吸液嘴。

（三）微量移液器的检测

1. 气密性检测

（1）目视法：将吸取液体后的移液器垂直静置 15 秒，观察吸液嘴尖头是否有液体缓慢流出，若无液体流出，说明气密性好；若有流出，则说明有漏气现象。

（2）压力泵法：使用专用压力泵，若出现漏气，则可能原因为吸液嘴不匹配、吸液嘴未装紧或移液器内部气密性不好等。

2. 准确性检测

（1）分光光度法：将移液器调至目标体积，然后移取已知的标准染料溶液，加入到一定体积的蒸馏水中，测定溶液的稀释度（334 nm 或 340 nm），重复操作几次后求均值来判断移液器的准确度。此法适用于量程小于 1 μl 的微量移液器。

（2）称重法：通过对水称重，转换成体积（体积＝质量/密度）来鉴定移液器的准确性。实验室必备条件是分析天平（高灵敏度、定期校准）、双蒸水和称量容器；水（20 ℃时密度为 0.09982）、移液器、吸液嘴必须具有相同的温度。但是一般实验室的环境（水的温度、称量天平精度、开放式空间等）达不到要求，偏差在所难免。若需进一步校准，必须在专业实验室或者由国家计量部门进行校准。此法适用于量程大于 1 μl 的移液器。

（四）移液器的校准

移液器的移取体积不准确、使用方法不得当，长期使用后移液器弹簧变形、弹力减小、器件磨损等，均可导致移液器移取液体容量出现误差，为保证其准确性，需要定期对其进行校准并建立档案。一般在购买后进行校验一次（供应商已校验者除外），使用期间每年校验一次，在修复或调整后必须进行一次校验，最大量程在 10 μl 以内的移液器校验可送有资质的单位进行。

校验前应将待校验移液器和校准介质（如工作台、天平、双蒸水等）放置于相同操作间至少 4 小时，以确保温度相同，水温变化恒定在 ±0.5 ℃。校验应在无通风的独立房间进行，环境温度在 20～25 ℃，相对湿度在 55%～75%。一般实验室由于其自身条件限制，所进行的常规检测并不能完全取代专业校准工作。现在一些大型移液器制造商均采用全球统一的移液器标准操作规范，利用专业软件校正系统，通过计算机对分析天平进行在线控制、测量、数据采集、计算、结果评价等环节由软件控制完成，所有人为操作都被计算机记录并随报告打印出来，采用计算机对数据进行评估认证，从而完全排除人为操作所造成的误差；同时指定当地代理商提供专业校准和维修服务。

四、移液器的使用方法及其注意事项

移液器的准确量取是临床常规实验和科研实验结果可靠的基本保证，因此正确的使用方法尤为重要。

（一）使用方法

1. 选择合适的移液器 移取标准溶液（如水、缓冲液、稀释的盐溶液和酸碱溶液）时多使用空气置换移液器；移取具有高挥发性、高黏稠度以及密度大于 2.0 g/cm³ 的液体，或者采用分子生物学技术检验加样时使用正向置换移液器。移取的液体体积必须在所选择的移液器特定量程范围内并接近其最大量程，以保证量取液体的准确性。如移取 15 μl 的液体，最好选择最大量程为 20 μl 的移液器，选择 50 μl 及其以上量程的移液器都不够准确。

2. 设定移液体积 调节移液器的移液体积调节旋钮进行移液量的设定。逆时针方向转动旋钮为增加移液量，顺时针方向转动旋钮为减少移液量。调节移液量时，应视体积大小而定调节方法。从大体积调为小体积时顺时针旋转旋钮即可；从小体积调为大体积时，可先逆时针旋转刻度至超过设定体积的刻度，再回调至设定体积，以保证移取的最佳精确度。

3. 装配吸液嘴 应选择与移液器量程相匹配的吸液嘴（Tip 头），不同类型的移液器装配吸液嘴时可不同。使用单通道移液器时，将可调式移液器的嘴锥对准吸液嘴管口，轻轻用力然后微微转动卡紧。使用多通道移液器时，将移液器的第一排对准第一个管嘴，倾斜插入，前后稍微摇动拧紧。吸液嘴插入后略超过 O-形环，并可以看到连接部分形成清晰的密封圈即可。

4. 润洗吸液嘴 装配吸液嘴后、正式移液之前，首先保证移液器、吸头和待移取液体处于同一温度；然后用待移取液体润洗吸液嘴 2~3 次，尤其是黏稠的液体或密度与水不同的液体（润洗 4~6 次）。用可调式移液器移液时应垂直握住移液器，按下或松开移液操作杆时必须循序渐进，决不允许让操作杆急速弹回。润洗的目的是让吸液嘴内壁形成一道同质液膜，确保移液工作的精度和准确度，使全部移液过程具有高重复性；吸取挥发性液体时还具消除负压作用。

5. 移液 移取液体时，将吸头尖端垂直浸入液面以下 1~4 mm 深度（严禁将吸液嘴全部插入溶液中），缓慢平稳松开操作杆，待吸液嘴吸入溶液后静置 2~3 秒，并斜贴在容器壁上淌走吸头外壁多余的液体。然后将吸液嘴移至待盛放的容器内，按照下列方法移取液体，确保吸液嘴内无残留液体。

目前移取液体有两种方法。①前进移液法：按下移液操作杆至第一停点位置，然后缓慢松开按钮回原点；接着将移液操作杆按至第一停点位置排出液体，稍停片刻继续将移液操作杆按至第二停点位置排出残余液体，最后缓慢松开移液操作杆。②反向移液法：其原理是先吸入多余设置体积的液体，移取时不用吹出残余的液体。具体操作时先按下按钮至第二停点位置，慢慢松开移液操作杆回原点，排出液体时将移液操作杆按至第一停点位置，排出设置好体积的液体，继续保持按住移液操作杆位于第一停点位置，取下有残留液体的吸头而弃之。反向移液法一般用于移取黏稠液体、生物活性液体、易起泡液体或极微量液体。

6. 移液器的放置 移液器使用完毕后，用拇指按住吸液嘴推杆向下压，安全退出吸液嘴后将其容量调到标识的最大值（使弹簧处于松弛状态以保护弹簧），然后将移液器悬挂在专用的移液器架上；长期不用时应置于专用盒内。

（二）注意事项

1. 移液器在使用调节过程中，转动旋钮不可太快，也不能超出其最大或最小量程，否则易导致计量不准确，并且易卡住内部机械装置而损坏移液器。

2. 吸液嘴在装配过程中，用移液器反复强烈撞击吸头反而会拧不紧，长期如此操作，会导致移液器中的零部件松散，严重时会导致调节刻度的旋钮卡住。

3. 移液器吸液嘴里有液体时，切勿将移液器水平放置或倒置，以免液体倒流而腐蚀活塞弹簧。

4. 对移液器进行高温消毒时，应首先查阅所使用的移液器是否适合高温消毒后再进行处理。

五、移液器的维护与常见故障处理

移液器使用方便、准确性高，为使其性能（准确度和精度）保持最佳，应根据使用情况进行定期维护，特别在移取腐蚀性溶液后，应对移液器进行定期清洁。操作人员对于一些常见的故障应熟悉其原因并掌握常规处理方法，可有效延长移液器的使用寿命。

（一）移液器的常规维护

移液器应根据使用频率进行定期维护，但至少每隔3个月维护一次，检查移液器是否有灰尘和污物，尤其注意其嘴锥部位。长期维护时需要清洁移液器内部，必须由经培训合格的人员拆卸。

1. 移液器的清洁 包括内部和外部的清洁。内部的清洁：需要先拆卸移液器下半部分，拆卸下来的部件用肥皂水、洗洁精或60%异丙醇溶液擦洗后，用双蒸水冲洗，自然晾干，再在活塞表面用棉签涂上一层薄薄的起润滑作用的硅树脂；密封圈一般无须清洗。外部的清洁：其方法除了不需要拆卸之外，其他与内部清洁方法一样。

2. 移液器的消毒

（1）常规高温高压灭菌：先将移液器内、外部件清洁干净，再用灭菌袋、锡纸或牛皮纸等包装灭菌部件或整支移液器，121 ℃、100 kPa灭菌20分钟，整支移液器消毒前应将中心连接处旋松一圈，保证蒸汽可在消毒过程中进入移液器内部；消毒后置室温下完全晾干，给活塞涂上一层薄硅树脂后进行组装，整支移液器在完全冷却后再重新旋紧中心连接处。

（2）紫外线照射灭菌：整支移液器或其零部件均可暴露于紫外线照射下进行表面消毒。

3. 移液器上污染核酸的去除 有些移液器配有专门的清洗液用来清除移液器上残留的核酸。将移液器下半部分拆卸下来的内、外套筒，在95 ℃清洗液中浸泡30分钟，再用双蒸水将套筒冲洗干净，60 ℃下烘干或完全晾干，最后在活塞表面涂上润滑剂（硅树脂）并组装部件。

（二）移取不同性质液体的移液器操作要求与保养方法

为确保液体移取的准确性和精密性，应根据具体使用情况采用相应的清洗及保养方法，详见表2-5。

表2-5　移取不同性质液体移液器的清洗和保养方法

液体性质	操作要求	清洗和保养方法
水溶液/缓冲液	用蒸馏水校准移液器	打开移液器，用双蒸水冲洗污染部分后，可在干燥箱中干燥（低于60 ℃），活塞上涂抹少量润滑油
无机酸/碱	对于经常移取高浓度酸或碱溶液的移液器，建议定期用双蒸水清洗移液器下半支，并推荐使用带有滤芯的移液器	移液器使用的塑料材料和陶制活塞大都是耐酸、耐碱材质（氢氟酸除外），但酸/碱液的蒸气可能会进入移液器的下部，影响其性能。清洗和保养方法同"水溶液"部分
具有潜在传染性液体	为了避免污染，应使用正向置换方法移取，或者使用带滤芯的移液器	对污染部分进行121 ℃、20分钟高压灭菌，或者将移液器下半部分浸入实验室常规消毒剂中，随后用双蒸水清洗，用"水溶液"部分的方法进行干燥

续表

液体性质	操作要求	清洗和保养方法
细胞培养物	为保证无菌,应使用带滤芯的移液器	参照"具有潜在传染性液体"的清洁和保养方法
有机溶剂	密度与水不同,需要调节移液器。由于蒸汽压高和湿润行为的变化,应快速移液,移液结束后拆开移液器,让液体挥发	通常对于蒸气压高的液体,任其自然挥发即可,或者将下半部分浸入消毒剂中(确保浸入液面不要超过密封圈弹簧位置,以免受到液体腐蚀),用双蒸水清洗并用"水溶液"部分的干燥方法将其干燥
放射性溶液	同"具有潜在传染性液体"部分	拆开移液器,将污染部分浸入复合液或专用清洗液后用双蒸水清洗,并用"水溶液"部分的干燥方法将其干燥
核酸	同"具有潜在传染性液体"部分	在甘氨酸(氨基乙酸)/盐酸缓冲液(pH 2.0)中煮沸10分钟后用双蒸水清洗干净,并用"水溶液"部分的干燥方法将其干燥,同时给活塞涂抹少量润滑油
蛋白质溶液	同"具有潜在传染性液体"部分	拆开移液器,用去污剂清洗,清洗和干燥方法同"水溶液"部分

(三)移液器常见故障及其处理

移液器的使用频率较高,操作人员在进行具体的实验分析时,除了应掌握移液器的正确使用方法及一些操作细节之外,还应熟悉常见的故障及其应对办法,详见表2-6。如果是常规不能解决的问题,则应找专业维修人员维修。

表2-6 移液器的常见故障及其应对办法

故障现象	故障原因	应对办法
吸液嘴内壁挂液	1. 塑料内壁的不均匀浸润 2. 吸液嘴浸润性不好	1. 更换新吸液嘴 2. 使用移液器匹配的原产吸液嘴
移液性能规格超出给定范围	1. 吸液嘴不匹配 2. 非标准测试条件或校准改变 3. 移液器未定期保养	1. 使用原产吸液嘴测试 2. 根据ISO 8665标准进行测试,必要时再校正 3. 进行常规维护并再测试 4. 更换安全圆锥过滤器
移液器渗漏	1. 吸液嘴不匹配 2. 吸液嘴安装不正确 3. 嘴锥污染或磨损 4. 活塞密封润滑剂不足或磨损 5. 仪器损坏	1. 使用匹配的吸液嘴 2. 稳妥安装新吸液嘴 3. 清洗或更换嘴锥 4. 清洗并给垫圈重上润滑油或更换垫圈 5. 进行维修
控制按钮卡住或无法固定	1. 液体已通过吸液嘴并在移液器内边干燥 2. 安全圆锥过滤器污染 3. 润滑剂不足	1. 清洗活塞/密封处和嘴锥处,并上油 2. 更换安全圆锥过滤器 3. 上润滑剂
移液器堵塞,吸液量太少	液体渗进移液器并已干燥	清洗并润滑活塞和嘴锥
吸液嘴推出卡住或无法固定	嘴锥或止推环污染	清洗嘴锥和止推环

要点提示:移液器的工作原理及基本结构。

第三节 离心机

离心机（centrifuge）是利用离心力分离液体与固体颗粒或液体与液体的混合物中各组分的仪器。离心机是生命科学研究的基本设备，在生命科学，特别是生物化学和分子生物学研究领域，随着分子生物学研究对分离设备日益增多的需要而有了很大的发展。在引入了微处理器控制系统后，各种转速级别的离心机已经可以分离纯化目前已知的各种生物体组分（细胞、亚细胞器、病毒、激素、生物大分子等）及化学反应后的沉淀物等。

> **知识链接**
>
> **分析超速离心机**
>
> 分析超速离心机是用监测系统对试样沉降力进行测量和分析的超速离心机，可以认为是制备离心机和光学检测系统的结合。目前在科研和生物制药研究领域的应用日趋广泛。分析超速离心机可以测定样品的纯度、分析各分子或颗粒的结构和分子量、分析聚合体形成以及分子间相互作用等信息。其优点是能在沉降过程中对样品进行实时监测，并能够特别精确地测定样品的流体动力学和热力学参数，从而鉴定样品的物理化学性质。

一、离心机的工作原理

当悬浮液静置不动时，重力场的作用可使得其中悬浮的颗粒逐渐下沉，下沉的速度与微粒的大小、形态、密度、重力场的强度及液体的黏度有关。如红细胞颗粒，直径为数微米，可以在通常重力作用下观察到它们的沉降过程。

此外，物质在介质中沉降时还伴随有扩散现象。对小于几微米的微粒如病毒或蛋白质等，它们在溶液中呈胶体或半胶体状态，仅利用重力是不可能观察到沉降过程的，因为颗粒越小沉降越慢，而扩散现象则越严重。所以需要利用离心机产生强大的离心力，迫使液体中的微粒克服扩散加快沉降速度，把样品中具有不同沉降系数和浮力密度的物质分离开（图2-6）。

在离心的过程中，颗粒是在介质中运动的，颗粒做切线运动时由于介质的摩擦阻力，使其在离心管中做如图2-7中虚线所示的曲线运动（介质的阻力越大，颗粒的沉降速度越小、沉

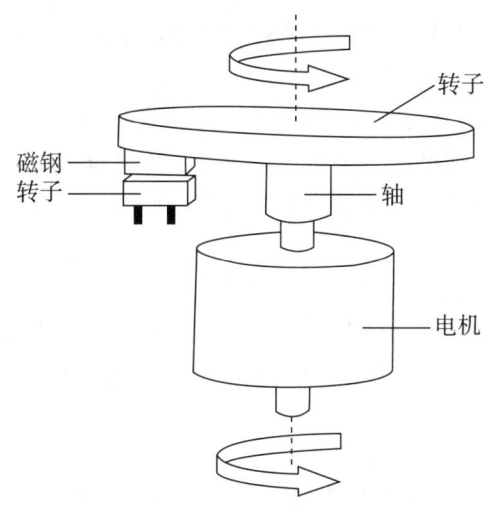

图2-6 离心机运转示意图

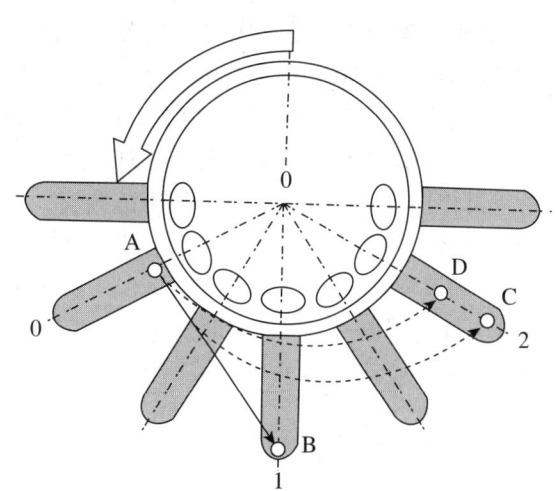

图2-7 离心沉降示意图

降的距离也越短)。旋转速度越大，颗粒的沉降也就越快。颗粒的沉降速度取决于离心机的转速，以及颗粒的质量、大小和密度。

(一)相对离心力

相对离心力(relative centrifugal force，RCF)是指在离心力场中，作用于颗粒的离心力相当于地球重力的倍数，单位是重力加速度(g)。由于各种离心机转子的半径或离心管至旋转轴中心的距离不同，离心力也不同，因此在文献中常用"相对离心力"或"数字$\times g$"表示离心力，例如$35000\times g$表示相对离心力为35000。只要RCF不变，一个样品可以在不同的离心机上获得相同的结果。一般情况下，低速离心时相对离心力常以转速"r/min"来表示，高速离心时则以"g"表示。相对离心力的表达式为：$RCF = 1.118\times 10^{-5}n^2r$。其中，$r$为离心转子的半径距离，以cm为单位；$n$为转子每分钟的转数，以r/min为单位。

(二)沉降速度

沉降速度指在强大离心力作用下，单位时间内物质运动的距离。

(三)沉降时间

在离心机的某一转速下把溶液中某一种溶质全部沉降分离出来所需的时间即沉降时间。

(四)沉降系数

沉降系数指颗粒在单位离心力场作用下的沉降速度，其单位为秒。沉降系数与样品颗粒的分子量、分子密度、组成、形状等有关，样品颗粒的质量或密度越大，它所表现出的沉降系数也越大。

二、离心机的分类

通常国际上对离心机的分类有三种方法：按转速可分为低速、高速、超速等离心机；按用途可分为制备型、分析型及制备分析两用型；按结构可分为台式、多管微量式、细胞涂片式、血液洗涤式、高速冷冻式、大容量低速冷冻式、台式低速自动平衡离心机等。

(一)常用离心机

临床上习惯按转速对离心机进行分类。

1. 低速离心机 是临床实验室常规使用的一类离心机。其最大转速在10000 r/min以内，相对离心力在$15000\times g$以内，容量为几十毫升至几升，分离形式是固液沉降分离。

2. 高速离心机 最大转速为20000～25000 r/min，最大相对离心力为$89000\times g$，最大容量可达3 L，分离形式是固液沉降分离。由转动装置、速度控制装置、调速器、定时器、离心套管等部件构成。此外，还装设了冷冻装置，以防止高速离心过程中温度升高而使酶等生物分子变性失活，因此又称高速冷冻离心机。

3. 超速离心机 转速可达50000～80000 r/min，相对离心力最大可达$510000\times g$，离心容量由几十毫升至2 L。分离形式是差速沉降分离和密度梯度区带分离，离心管平衡允许的误差要小于0.1 g。为了防止样品液溅出，附有离心管帽；为了防止温度升高，装有冷冻装置。

(二)特殊应用离心机

离心技术与临床实验室相接轨，由以往广泛型逐渐走向专业性很强的单一型专用离心机，对所分离的不同物质规定了一定的转速、相对离心力及时间，使离心操作向规范化、标准化、科学化及专业化方向发展。

1. 免疫血液离心机　采用先进的技术工艺,装有减震器,有自动平衡功能,离心时目测即可达到平衡,不需衡量。

2. 细胞涂片离心机　最大转速为 2000 r/min,采用水平杯式转子,样品经梯度离心分离出杂质,利用离心力将细胞从液体悬浮物中分离出来,甩到载玻片上。染液由自动喷雾器的转盘喷到每一张涂片上,用离心的方法除去过剩的染液。细胞、细菌分布均匀,无重叠,染色效果好。

3. 尿沉渣分离离心机　与尿液工作站相配套,设定了特定专用水平转子。最高转速 4000 r/min,相对离心力可达 $2810 \times g$。实际工作中取尿样 10 ml 于专用离心管中,离心转速设置在 1500 r/min,相对离心力为 $400 \times g$,离心时间一般为 5 分钟。

4. 微量毛细管离心机　是一种实验室专用离心机,操作程序为自动化控制。最高转速可达 12000 r/min,相对离心力最大可达 $14800 \times g$。最大容量一次可离心 24 根毛细管。

三、离心机的基本结构

离心机主要由转动装置、速度控制器、调速装置、离心套管、温度控制与制冷系统、安全保护装置、真空系统、定时器等部件组成(图2-8)。

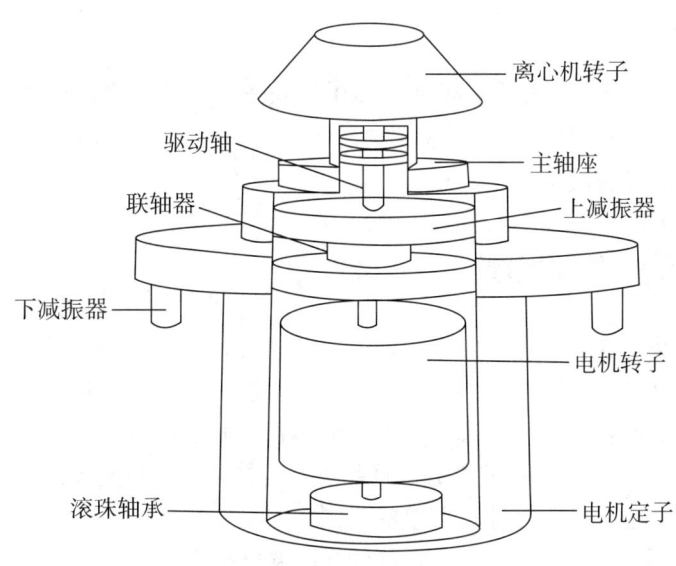

图 2-8　离心机驱动系统结构图

(一)转动装置

离心机的转动装置主要由电动机、转头轴、转头,以及它们之间连接的部分构成。其中,电动机是离心机的主件,多为串激式。

(二)速度控制器

速度控制器是由标准电压、速度调节器、电流调节器、功率放大器、电动机、速度传感器等部分构成。通常采用的速度传感器有测速发电机传感器、光电速度传感器、电磁速度传感器等。

(三)调速装置

调速装置(用于电动机)有多种,如多抽头变阻器、瓷盘可变电阻器等多种形式。在电源与电动机之间串联一个多抽头变阻器或瓷盘可变电阻器，可改变电动机的电流和电压，通过旋转或触摸面板自动控制系统，达到转速调节。

（四）离心套管

离心套管主要由塑料和不锈钢制成。塑料离心管透明（或半透明），常用性能较好的材料，如聚丙烯（PP）。其硬度小，可用穿刺法取出梯度层，但易变形，抗有机溶剂腐蚀性差，使用寿命短。塑料离心管都有管盖，离心前必须严格盖严，倒置不漏液。不锈钢离心管强度大，不变形，能抗热、抗冻、抗化学腐蚀。

（五）温度控制与制冷系统

一般高速（超速）离心机都配有温度控制与制冷系统。温度控制是在转头室装置一热电偶或由安装在转头下面的红外线射量感受器直接并连续监测离心腔的温度。制冷系统由压缩机、冷凝器、毛细管和蒸发器四个部分组成。为了降低噪声，冷凝器通常采用水冷却系统。用接触式热敏电阻作为控温仪的感温元件，在测量仪表上可选择温度和读出其温度控制值。

（六）安全保护装置

一般高速（超速）离心机都配有安全保护装置，通常包括主电源过电流保护装置、驱动回路超速保护装置、冷冻机超负荷保护装置和操作安全保护装置四个部分。

（七）真空系统

超速离心机的转速很高，当转速超过 4×10^4 r/min 时，空气摩擦产生的高热就成了严重问题。因此，在超速离心机工作时，需要将离心腔密封并抽成真空，以克服空气的摩擦阻力，保证离心机达到所需要的转速。

四、离心机的主要技术参数

1. **最大转速** 离心转头可达到的最大转速，单位为 r/min。
2. **最大离心力** 离心机可产生的最大相对离心力场 RCF，单位是 g。
3. **最大容量** 离心机一次可分离样品的最大体积，通常表示为 $m \times n$。m 为一次可容纳的最多离心管数；n 为一个离心管可容纳分离样品的最大体积，单位是 ml。
4. **调速范围** 离心机转头转速可调整的范围。
5. **温度控制范围** 离心机工作时可控制的样品温度范围。
6. **工作电压** 一般指离心机电极工作所需的电压。
7. **电源功率** 通常指离心机电机的额定功率。

五、常用的离心方法

一般低速离心时，若分离的样品颗粒的质量和密度与溶液相差较大，选择合适的离心转速和离心时间，就能达到较好的分离效果。若样品中存在两种以上质量和密度不同的样品颗粒，根据分离样品的要求，可采用不同的离心方法。常用的离心方法大致可分为差速离心法、密度梯度离心法、分析型超速离心法三类。

（一）差速离心法

差速离心法（differential velocity centrifugation method）是利用不同的粒子在离心力场中沉

降的差别，在同一离心条件下，通过不断增加相对离心力，使一个非均匀混合液内大小、形状不同的粒子分步沉淀的离心方法。主要用于一般及特殊样品的分离，例如分离细胞器和病毒的分离。操作过程一般是在离心后用倾倒的办法把上清液与沉淀分开，然后将上清液加高转速离心，分离出第二部分沉淀，如此反复加高转速，逐级分离出所需要的物质。差速离心法的原理见图 2-9。

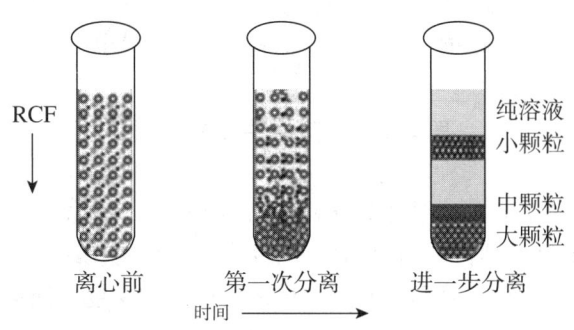

图 2-9 差速离心法示意图

对分离纯度要求较高的样品应用此法，很容易造成被分离物的大量丢失、变性以及造成污染，尤其是对于一些沉降系数相差不太大的组分要获得完全的分离提纯比较困难。所以该离心方法常用于要求不严格样本的初步分离和大批量标本的处理，例如分离已破碎的细胞各组分等。

该方法的优点：操作方法简单，离心后用倾倒法即可将上清液与沉淀分开；可使用容量较大的角式转子；分离时间短、重复性高；样品处理量大。缺点：分辨率有限、分离效果差，不能一次得到纯颗粒；另外，壁效应严重，容易使颗粒变形、聚集而失活。

（二）密度梯度离心法

密度梯度离心法（density gradient centrifugation method）又称区带离心法。样品在一定惰性梯度介质中进行离心沉淀或沉降平衡，在一定离心力作用下把颗粒分配到梯度液中某些特定位置上，形成不同区带的分离方法。按不同的离心分离的原理又可分为速率区带离心法和等密度区带离心法。

1. 速率区带离心法 是根据被分离的粒子在梯度液中沉降速度的不同，离心后分别处于不同的密度梯度层内形成几条分开的样品区带，达到彼此分离的目的。梯度液在离心过程中及离心完毕后，取样时起着支持介质和稳定剂的作用，避免因机械振动而引起已分层的粒子再混合，常用的梯度液有 Ficoll、Percoll 及蔗糖。如临床实验室常用 Percoll 作分离溶液，用于静脉血中单个核细胞的分离。

此离心法须严格控制离心时间，既能使各种粒子在介质梯度中形成区带，又要把时间控制在任一粒子达到沉淀前。若离心时间过长，所有的样品会全部都到达离心管底部；若离心时间不足，则样品还没有分离。此法是一种不完全的沉降，沉降受物质本身大小的影响较大，因此一般在物质大小相异而密度相同的情况下应用。速率区带离心法原理见图 2-10。

2. 等密度区带离心法 当不同颗粒存在浮力密度差时，在离心力场中，颗粒或向下沉降，或向上浮起，一直沿梯度移动到它们密度恰好相等的位置上（即等密度点）形成区带，故称为等密度区带离心法。

颗粒的有效分离取决于其浮力密度差，与颗粒的大小和形状无关，但后两者决定着达到平衡的速率、时间和区带的宽度。颗粒的浮力密度与其原来的密度、水化程度及梯度溶质的通透性或溶质与颗粒的结合等因素有关。因此，要求介质梯度应有一定的陡度，要有足够的离心时间形成梯度颗粒的再分配，进一步离心也不会有影响。常用的介质有：氯化铯、硫酸铯、溴化

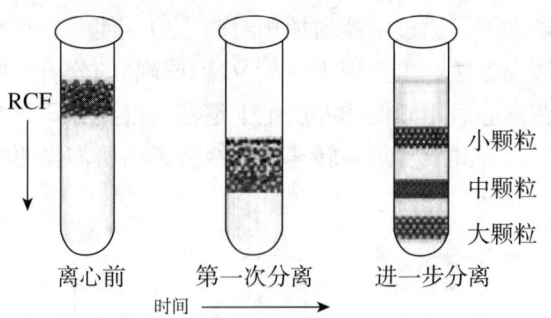

图 2-10 速率区带离心法示意图

铯、三碘苯衍生物等。操作中，一般将被分离样品均匀分布于梯度液中，离心后，粒子会移至与它本身密度相同的地方形成区带，收集好所需区带即为纯化的组分。其梯度形成需要梯度液的沉降与扩散相平衡，需要经长时间离心后方可形成稳定的梯度，所以等密度离心法主要用于科研及实验室特殊样品组分的分离和纯化（图 2-11）。

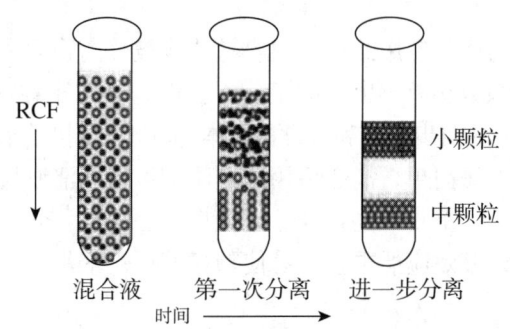

图 2-11 等密度区带离心法示意图

（三）分析型超速离心法

分析型超速离心法主要是为了研究生物大分子的沉降特性和结构，而不是专门收集某一特定组分。因此它使用了特殊的转子和检测手段，以便连续监测物质在一个离心场中的沉降过程，从而对样品中的生物大分子进行直接的定性与定量分析。

六、离心机的使用、维护与常见故障处理

（一）离心机的使用

离心机因其转速高、产生的离心力大，使用不当或缺乏定期的检修和保养，都可能发生严重事故，因此使用时必须严格遵守操作规程。首先，打开电源开关，离心机自检后，开启门盖，选用合适的转头，平衡离心管和其内容物，并对称放置，以便使负载均匀地分布在转头的周围。然后，设定好转速、时间等参数后，按下启动按钮开始离心。离心过程中应随时观察离心机上的仪表是否正常工作，如有异常应立即停机检查，及时排除故障。未找出原因前不得继续运转。离心结束后，开启门盖，取出离心管后，关闭电源开关。

（二）离心机的维护与保养

1. 日维护与保养 检查转子锁定螺栓是否松动；用温水（55 ℃左右）及中性洗涤剂清洗

转子,用蒸馏水冲洗,软布擦干后用电吹风吹干、上蜡、干燥保存。

2. 月维护与保养 用温水及中性洗涤剂清洁转子、离心机内腔等;使用70%乙醇消毒液对转子进行消毒。

3. 年度维护与保养 与经销商联系检查离心机马达、转子、门盖、腔室、速度表、定时器、速度控制系统等部件,保证各部位的正常运转。

(三)离心机的常见故障处理

离心机的一些常见故障、产生原因及简易处理方法见表2-7。

表2-7 离心机常见故障及处理

常见故障	故障原因	处理方法
电机不转	1. 主电源指示灯不亮:保险丝熔断或电源线、插头插座接触不良 2. 主电源指示灯亮而电机不能启动:波段开关、瓷盘变阻器损坏或其连接线断脱;磁场线圈的连接线断脱或线圈内部短路	1. 重新接线或更换插头插座 2. 更换损坏元件或重新焊接线
电机达不到额定转速	1. 轴承损坏或转动受阻,轴承内缺油或轴承内有污垢引起摩擦阻力增大 2. 整流子表面有一层氧化物,甚至烧成凹凸不平或电刷与整流子外沿不吻合使转速下降 3. 用万用表检查转子线圈中有某匝线圈短路或断路	1. 清洗及加润滑油,或者更换轴承 2. 清理整流子及电刷,使其接触良好,或者更换 3. 重新绕制线圈
转头的损坏	转头可因金属疲劳、超速、过应力、化学腐蚀、选择不当、使用中转头不平衡及温度失控等原因而导致离心管破裂、样品渗漏、转头损坏	正确选用合适的离心管和离心转头,在转头的安全系数及保证期内使用
冷冻机不能启动及制冷效果差	1. 电源不通,保险丝熔断,或电源线、插头插座接触不良 2. 电压过低,安全装置动作使冷冻机不能启动。可能是电网电压低,或配电板配线过多 3. 通风性能不好,散热器效果差,或散热器盖满灰尘,影响制冷效果	1. 重新接线,或更换插头插座 2. 恢复电网电压,或减少配电板的配线 3. 改善散热器的通风或清理
机体震动剧烈,响声异常	1. 离心管重量不平衡,放置不对称 2. 转头孔内有异物,负荷不平衡 3. 转轴上端固定螺帽松动,转轴摩擦或弯曲	1. 正确操作 2. 清除孔内异物 3. 拧紧转轴上端螺帽,或更换转轴

七、离心机的临床应用

(一)常用离心机的临床应用

1. 低速离心机 是临床实验室常规使用的一类离心机。主要用作血浆、血清的分离及脑脊液、胸腔积液、腹水、尿液等有形成分的分离。

2. 高速离心机 主要用于临床实验室分子生物学中的DNA、RNA的分离和基础实验室对各种生物细胞、无机物溶液、悬浮液及胶体溶液的分离、浓缩、提纯样品等。可进行微生物菌体、细胞碎片、大细胞器、硫酸铵沉淀和免疫沉淀物等的分离纯化工作,但不能有效地沉降病毒、小细胞器(如核糖体)或单个分子。

3. 超速离心机 主要用于科研，它能使过去仅在电子显微镜观察到的亚细胞器得到分级分离，还可以分离病毒、核酸、蛋白质和多糖等。

（二）专用离心机的临床应用

1. 免疫血液离心机 在临床血液实验室可用于白细胞抗原检测的淋巴细胞的分离、洗涤及细胞染色体制作的细胞分离；血小板的分离、凝血酶的处理离心；抗人球蛋白实验；洗涤红细胞及血浆的分离等。

2. 微量毛细管离心机 专用于血细胞比容实验，微量血细胞比容值的测定及放射性核素微量标志物的测定等。

3. 尿沉渣分离离心机 临床实验室专用于尿液常规有形成分的分析，通常与尿液工作站及尿沉渣流式细胞分析仪配套使用。

4. 细胞涂片离心机 主要用于临床和基础实验室中分泌物、脑脊液、胸腔积液、腹水等标本的脱落细胞的检查。

> **要点提示：** 离心机的工作原理及基本结构。

第四节 紫外-可见分光光度计

紫外-可见分光光度计（ultraviolet-visible spectrophotometer）是医学检验和临床医学常用的一种分析仪器。其灵敏度高，仪器设备和操作简单，分析速度快，选择性好，应用广泛。

一、紫外-可见分光光度计的工作原理

紫外-可见分光光度计的工作基于朗伯-比尔（Lambert-Beer）定律，由光源发出连续辐射光，经单色器按波长大小色散为单色光。单色光照射到吸收池，一部分被样品溶液吸收，即物质在一定浓度的吸光度与它的吸收介质的厚度呈正比；未被吸收的光经检测器的光电管将光强度变化转为电信号变化，并经信号显示系统调制放大后，显示或打印出吸光度，完成测试。其应用波长为190～1100 nm（图2-12）。

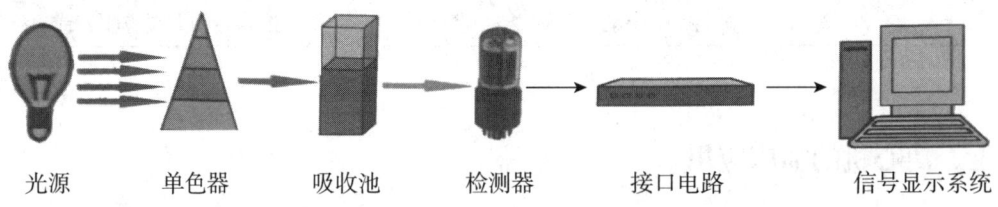

光源　　单色器　　吸收池　　检测器　　接口电路　　信号显示系统

图2-12 紫外-可见分光光度计原理及结构示意图

> **知识链接**
>
> **朗伯-比尔定律**
>
> 布格(Bouguer)和朗伯(Lambert)先后在1729年和1760年阐明了物质对光的吸收程度与吸收层厚度之间的关系;比尔(Beer)于1852年又提出光的吸收程度与吸光物质浓度之间也有类似关系。两者结合起来就得到了朗伯-比尔定律,即当一束单色光垂直通过某一均匀的、非散射的吸光物质溶液时,其吸光度(A)与溶液液层厚度(b)和浓度(c)的乘积呈正比。它不仅适用于溶液,也适用于均匀的气体、固体状态,是各类光吸收的基本定律,也是各类分光光度法进行定量分析的依据。

二、紫外-可见分光光度计的基本结构

紫外-可见分光光度计的型号繁多,但它们的基本结构相似,都是由光源、单色器、吸收池、检测器和信号显示系统五大部分组成。

(一)光源

光源是提供符合要求的入射光的装置,有热辐射光源和气体放电光源两类。热辐射光源用于可见光区,一般为钨灯和卤钨灯,波长是350~1000 nm。气体放电光源用于紫外光区,一般为氢灯和氘灯,发射的连续波长是180~360 nm。在相同的条件下,氘灯的发射强度比氢灯约大4倍。通常在紫外-可见分光光度计中装置有紫外及可见两种光源,只需切换光源,就可以用来测定紫外或可见吸收光谱。

(二)单色器

单色器是将光源发出的连续光谱分解成单色光,并能准确取出所需要的某一波长光的设置,它是分光光度计的心脏部分。单色器的主要组成:①入射狭缝,用来调节入射单色光的纯度和强度,限制杂散光进入;②准直镜(凹面放射镜),使入射光束变为平行光束;③色散元件(棱镜或光栅),使不同波长的入射光色散开来;④聚焦透镜或聚焦凹面反光镜,使不同波长的光聚焦在焦面的不同位置;⑤出射狭缝。其中,色散元件是单色器的主要部件,最常用的色散元件是棱镜和光栅。

棱镜单色器是利用不同波长的光在棱镜内折射率不同将复合光色散为单色光。棱镜单色器的色散率随波长变化,得到的光谱呈非均匀排列,传递光的效率较低。棱镜色散作用的大小与棱镜制作材料及几何形状有关。常用的棱镜用玻璃或石英制成。玻璃棱镜波长为350~2000 nm,但玻璃吸收紫外线,所以不适用于紫外线区,可见分光光度计可以采用玻璃棱镜。石英棱镜波长为185~4000 nm,紫外-可见分光光度计采用石英棱镜,它适用于紫外、可见光整个光谱区。

目前生产的紫外-可见分光光度计大多采用光栅单色器,是因为光栅单色器的分辨率在整个光谱范围内是均匀的,而且可用的波长范围宽,使用起来更方便。光栅可定义为一系列等宽、等距离的平行狭缝。光栅的色散原理以光的衍射现象和干涉现象为基础。常用的光栅单色器为反射光栅单色器。以 Czerny-Turner 光栅单色器(简称C-T型光栅单色器)为例(图2-13),主要由入射狭缝、准直镜、色散元件(光栅)、物镜、出射狭缝组成。呈现典型的"M"形状。这种光栅单色器是一种采用两块球面镜作为准直镜和成像物镜的系统,具有较好的成像质量。

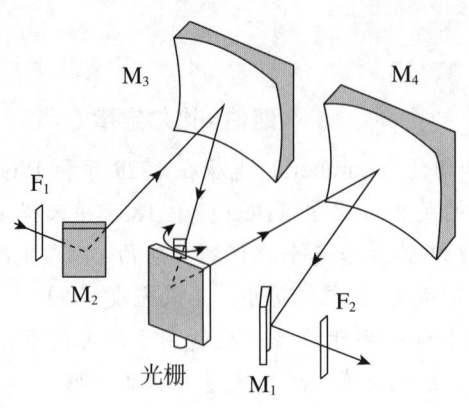

图 2-13　C-T 型光栅单色器

（三）吸收池

吸收池是用于盛装待测液并决定待测溶液透光液层厚度的器皿，又称比色皿。吸收池一般为长方体，规格有 0.5 cm、1.0 cm、2.0 cm、5.0 cm 等。其底及两侧为毛玻璃，另两面为光学透光面，为减少光的反射损失，吸收池的光学面必须完全垂直于光束方向。根据光学透光面的材质，吸收池有玻璃吸收池和石英吸收池两种，玻璃吸收池用于可见光光区测定，石英吸收池可用于紫外光区，也可用于可见光区。空白吸收池和样品吸收池应配对。

（四）检测器

检测器是将光信号转变为电信号的装置，又称接收器。测量吸光度时并非直接测量透过吸收池的光强度，而是将光强度转换成电流信号进行测试。常用的检测器有以下几种。①光电池：有硒光电池和硅光电池，硒光电池只能用于可见光区，硅光电池能同时适用于紫外光区和可见光区，光电池价格便宜，但长时间曝光易疲劳，灵敏度也不高。②光电管：是由一个丝状阳极和一个光敏阴极组成的真空（或充少量惰性气体）二极管。与光电池比较，其灵敏度高、光敏范围宽、响应速度快、不易疲劳。③光电倍增管：实际是一种加了多极倍增的光电管，灵敏度高、响应光速度快，是检测微弱光最常见的光电元件。④光电二极管阵列：光电二极管阵列检测器为光学多道检测器，是在晶体硅上紧密排列一系列光电二极管，每一个二极管相当于一个单色器的出口狭缝，两个二极管中心距离的波长单位称为采样间隔。因此，在二极管阵列分光光度计中，二极管数目越多，分辨率越高。⑤电荷耦合器件（CCD）：是一种以电荷量表示光量大小，用耦合方式传输电荷量的新型固体多道光学检测器件。CCD 具有自动扫描、动态范围大、光谱响应范围宽、体积小、功耗低、寿命长和可靠性高等一系列优点。目前这类检测器已在光谱分析的许多领域获得了应用。

（五）信号显示系统

信号显示系统是将检测器输出的信号放大，并显示出来的装置。信号显示系统有多种，随着电子技术的发展，这些信号显示和记录系统将越来越先进。旧型的分光光度计多采用检流计、微安表作显示装置，直接读出吸光度或透光率；新型的分光光度计则多采用数字电压表等显示，并用记录仪直接绘制出吸收或透射曲线，并配有计算机数据处理器。

三、紫外-可见分光光度计的操作

紫外-可见分光光度计种类繁多，因仪器构造各有不同，所以操作步骤存在一定差异。普通紫外-可见分光光度计的操作简单，使用前只需认真阅读相应仪器操作手册即可。基本操作流程：①开机预热；②调零设置；③测定样品；④复位关机。但是高端扫描的紫外-可见分光光度计操作步骤相对复杂。其基本操作流程见图2-14。

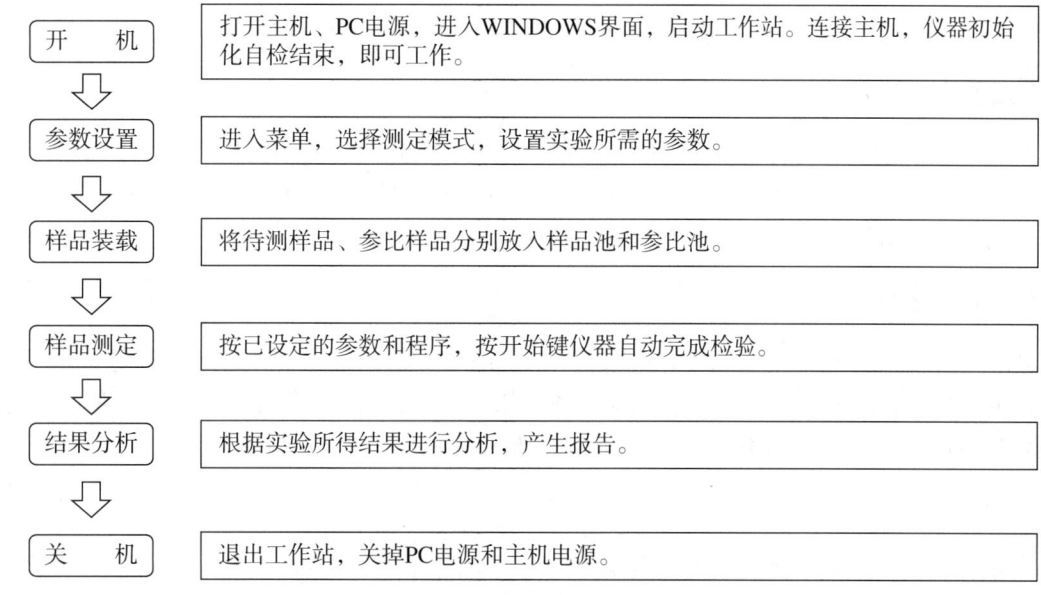

图 2-14　紫外-可见分光光度计操作流程图

四、紫外-可见分光光度计的性能指标与评价

紫外-可见分光光度计是利用物质对光的选择吸收现象，进行物质定性与定量分析的仪器，其测定结果的可靠性取决于仪器的性能指标。评价紫外-可见分光光度计的性能指标主要有以下几项。

（一）波长准确度和波长重复性

波长准确度和波长重复性是分光光度计的重要技术性能指标。产生波长误差的原因主要是仪器在运输或装机过程中，波长装置中各部件与出射狭缝间相对位置发生变化；或是工作室温度、湿度变化过大，记录系统的机械零件磨损、积尘而不能正常转动，记录纸受潮变形等。引起波长重复性不好的原因与引起波长误差的原因相似。波长误差对测量结果有很大的影响，因为任何分光光度计的定性、定量分析都是依靠波长的位置及一定波长下的吸光强度来完成的。波长校正应在整个波长范围的不同区域进行，不能只在个别点进行波长校正。

（二）光度准确度

光度准确度指标准样品在最大吸收峰处测量时获得的样品吸光度与其真实吸光度之间的偏差。偏差越小，准确度越高。检测光度准确度的方法主要有标准溶液法和滤光片法。

（三）光度重复性

光度重复性指在同样条件下对某一试样吸光度进行多次重复测量，求得各次测量值对平均值的偏差和偏差的平均值。当测量信号小，仪器噪声明显增大时，光度重复性变差。

(四)光度线性范围

光度线性范围指仪器光度测量系统对于照射到接收器上的辐射功率与系统的测定值之间符合线性关系的功率范围,即仪器的最佳工作范围。在此范围内测得的物质的吸光系数才是一个常数,这时候仪器的光度准确度最高。由于分光光度计测得的光度数据都是一个相对值。如果一个光度系统的响应在 0% ~ 100% 内是线性的,便可认为光度读数是正确的。

(五)单色器分辨率

单色器分辨率表示可分辨相邻两吸收带的最小波长间隔的能力。它是狭缝宽度和单色器色散率的函数,较小的狭缝可得到较大的分辨率,但辐射能量减弱,使信噪比(S/N)降低。因此,通常在可允许噪声水平条件下选择最小的狭缝宽度。

(六)光谱带宽

光谱带宽指从单色器射出的单色光最大强度的 1/2 处的谱带宽度。它与狭缝宽度、分光元件、准直镜的焦距有关,可认为是单色器的线色散率的倒数与狭缝宽度的乘积。光谱带宽可以用测量钠灯的发射谱线,如钠双线(589.0 nm、589.6 nm)宽度的方法来测量。

(七)杂散光

杂散光指所需波长单色光以外其余所有的光,是测量过程中主要误差来源,会严重影响检测准确度。测定杂散光一般采用截止滤光器,截止滤光器对边缘波长或某一波长的光可全部吸收,而对其他波长的光却有很高的透光率,因此测定某种截止滤光器在边缘波长或某一波长的透光率,即可表示杂散光的强度。

(八)噪声

噪声是叠加在待测量分析信号中不需要的信号。它的存在实际上限制了光度测量的灵敏度和准确度。因此,信噪比是一项非常重要的参数。当狭缝宽度和扫描速度一定时,扫描 0%T 或 100%T 线,可观察到分光光度计的绝对噪声水平。增加仪器的响应时间可改善信噪比。

(九)基线稳定性

基线稳定性是指在不放置样品情况下扫描 100%T 或 0%T 线时读数偏离的程度,是仪器噪声水平的综合反映。一般取最大的峰缝之间的值作为绝对噪声水平。如果基线稳定度差,光度准确度就低。

(十)基线平直性

基线平直性是仪器的重要性能指标之一,指在不放置样品情况下,扫描 0%T 或 100%T 线时基线倾斜或弯曲程度。在高吸收时,0% 线的平直性对读数的影响大;在低吸收时,100% 线的平直性对读数的影响大。基线平直性不好,使样品吸收光谱中各吸收峰之间的比值发生变化,给定性分析造成困难。光学系统失调、两个光束不平衡是基线平直性不好的主要原因。仪器受震动、光源位置松动也会引起基线弯曲。

五、紫外-可见分光光度计日常维护与常见故障处理

(一)紫外-可见分光光度计的日常维护

紫外-可见分光光度计是由光、机、电等几部分组成的精密仪器,为保证仪器测定数据正确,应按操作规程使用与保养。

1. 仪器应置于适宜工作场所,环境温度15～35℃;室内相对湿度不大于80%;仪器应置于稳固的工作台上,不应该有强震动源;周围无强电磁干扰、有害气体及腐蚀性气体。
2. 每次使用后应检查样品室是否积存有溢出溶液,经常擦拭样品室,以防废液对部件或光路系统的腐蚀。
3. 仪器使用完毕后应盖好防尘罩,可在样品室及光源室内放置硅胶袋防潮,但开机时一定要取出。
4. 仪器液晶显示器和键盘日常使用和保存时应注意防止划伤、防水、防尘、防腐蚀。
5. 定期进行性能指标检测,发现问题及时与厂家或销售部门联系解决。
6. 长期不用仪器时,要注意环境的温度、湿度,定期更换硅胶,建议每隔1个月开机运行1小时。

(二)紫外-可见分光光度计的常见故障处理

紫外-可见分光光度计的常见故障及其处理方法见表2-8。

表2-8 紫外-可见分光光度计的常见故障及其处理方法

故障现象	故障原因	处理方法
自检时提示波长自检出错	自检过程中可能打开过样品室的盖子	关上样品室盖子,重新自检
扫描样品时显示一条直线	软件出现故障	退出操作系统,重新启动计算机,再次扫描
吸光值结果出现负值	1. 没做空白记忆 2. 样品的吸光值小于空白参比液	1. 做空白记忆 2. 调换参比液或用参比液配制样品溶液
不能调零(即0%T)	光门不能完全关闭;微电流放大器损坏	更换微电流放大器
不能调100%T	1. 光能量不够 2. 光源(钨灯或氘灯)损坏 3. 比色器架没有落位 4. 光门未完全打开或单色光偏离	1. 调整光源及单色器 2. 更换新的光源 3. 检查比色器架,摆正位置 4. 检修光门使单色光完全进入
测光精度不准	1. 仪器受震动等原因使波长移位 2. 比色器受污染 3. 样品浑浊,配制溶液不准确	1. 进行波长校正 2. 清洗比色器 3. 重新配制溶液
噪声指标异常	1. 预热时间不够 2. 光源灯泡使用时间超过寿命期 3. 环境震动过大,空气流速过大 4. 样品室不正 5. 电压低、强磁场	1. 需预热20分钟以上 2. 更换光源灯泡 3. 调换仪器运行环境 4. 对正样品室 5. 加稳压器消除干扰

六、紫外-可见分光光度计的临床应用

紫外-可见分光光度计是一类重要的分析仪器，在化学、生物学、物理学、医学、材料学及环境科学等科学研究领域都有广泛而重要的应用。在临床检验中的应用更是广泛，如测定溶液中物质的含量、用紫外光谱鉴定化合物及用于反应动力学研究等方面。在追求准确、快速、可靠的同时，小型化、智能化、网络化成为了现代紫外-可见分光光度计的新亮点。

要点提示：紫外-可见分光光度计的工作原理、基本结构及常见单色器。

第五节 生物安全柜

生物安全柜（biological safety cabinet，BSC）是能防止实验操作处理过程中，某些含有危险性或未知性的生物微粒发生气溶胶散逸的箱型空气净化负压安全装置，是防止实验室获得性感染的主要设备之一。

一、生物安全柜的工作原理

生物安全柜的工作原理主要是将柜内空气向外抽吸，使柜内保持负压状态，通过垂直气流来保护工作人员。外界空气经高效空气过滤器（high-efficiency particulate air filter，HEPA过滤器）过滤后进入安全柜内，以避免处理样品被污染；柜内的空气也需经过HEPA过滤器过滤后，再排放到大气中，以保护环境。

二、生物安全柜的分级

世界卫生组织（WHO）制定的《实验室生物安全手册》（第3版），根据感染性微生物的相对危害程度，制定了危险度等级的划分标准，该危险度等级的划分仅适用于实验室工作。根据此标准，感染性微生物的危险性分为4个等级。危险度1级（无或极低的个体和群体危险）指不太可能对人或动物致病的微生物；危险度2级（个体危险中等，群体危险低）指病原体能够对人或动物致病，但对实验室工作人员、社区、牲畜或环境不易导致严重危害，实验室暴露也许会引起严重感染，但对感染有有效的预防和治疗措施，并且疾病传播的危险有限；危险度3级（个体危险高，群体危险低）指病原体通常能引起人或动物的严重疾病，但一般不会发生感染个体向其他个体的传播，并且对感染有有效的预防和治疗措施，感染后可治愈；危险度4级（个体和群体的危险均高）指病原体通常能引起人或动物的严重疾病，并且很容易发生个体之间的直接或间接传播，对感染一般没有有效的预防和治疗措施，感染后不可治愈。

2006年，《中华人民共和国医药行业标准：生物安全柜》（YY 0569—2005）正式实施。该标准积极吸收采纳了欧盟标准化委员会于2000年颁布的欧洲标准（EN12469：2000）和美国国家标准学会于2002年认可的美国国家卫生基金会的第49号标准（NSF49）中的重要部分，并对其中部分内容做了修改和提高。YY 0569—2005标准的实施，结束了我国长期以来在生物安全柜领域缺乏统一标准的局面。根据此标准，生物安全柜被分为Ⅰ、Ⅱ、Ⅲ级，可适用于不同危险度等级媒质的操作。

（一）Ⅰ级生物安全柜

Ⅰ级生物安全柜是设计简单、最基本的一类生物安全柜。空气的流动为单向、非循环式，空气流经前窗进入柜内，通过工作台面后又被过滤，经排气口排出。微生物操作时产生的气溶胶混合外界空气进入安全柜，经过滤系统将粉尘颗粒或感染因子过滤，最后将干净无污染的气体排放到外界环境中（图2-15）。过滤系统通常包含预过滤器和HEPA过滤器。虽然Ⅰ级生物安全柜能够确保操作人员和环境免受生物危害，但是它不能确保实验室中使用的样品不会被实验室内的空气所污染，也不能完全排除样品间交叉感染的可能性。因此，Ⅰ级生物安全柜的使用范围极为有限，而且此类生物安全柜已经落后于现代生物安全水平的防护需要。

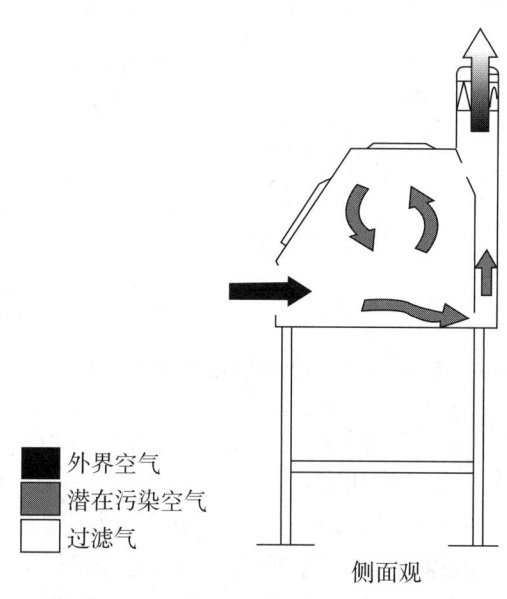

图2-15　Ⅰ级生物安全柜工作原理示意图

（二）Ⅱ级生物安全柜

Ⅱ级生物安全柜为临床中处理高浓度或大容量感染性材料时，使用最普遍、应用最广泛的一类生物安全柜。Ⅱ级生物安全柜在工作时，既能够保护操作人员和实验室环境免受危害，又能够保护实验样品在操作过程中免受污染。其设计的关键是操作窗口内侧的下沉气流和外部吸入气流交汇点的平衡。下沉气流或外部吸入气流过强，就会造成柜内含有微生物的空气逸出或未经过滤的气流污染操作平台。Ⅱ级生物安全柜可用于操作危险度等级为2级和3级的感染性微生物，在使用正压防护服的条件下，Ⅱ级生物安全柜也可用于操作危险度为4级的感染性微生物。

按照YY 0569—2005标准，一般将Ⅱ级生物安全柜划分为A1、A2、B1、B2四种类型。不同型号的Ⅱ级生物安全柜的主要区别在于：排气的比例以及气体经过空气高压再循环的比例不同。另外，不同的Ⅱ级生物安全柜具有不同的排气方式：有的安全柜将空气过滤后直接排到室内，有的通过连接到专用通风管道上的套管或通过建筑物的排风系统排到建筑物外面。

1. A1型　吸入安全柜进风格栅的平均空气流速不低于0.40 m/s。经HEPA过滤器过滤的下沉气流是由静压箱送出的垂直气流和吸入气流混合后的一部分，即柜内70%气体通过HEPA过滤器再循环至工作区；30%的气体通过排气口HEPA过滤器过滤排出。进入柜内的气流在工作台表面分为两部分，一部分通过前方的回风格栅，另一部分通过后方的回风格栅，把在工作台面上形成的所有气溶胶通过气流经过风道带入静压箱。该型生物安全柜允许经排出口 HEPA 过滤器过滤后的气流返回实验室，允许有正压的污染风道和静压箱（图 2-16）。因此，Ⅱ级 A1 型生物安全柜不能用于挥发性的有毒化学物质和挥发性放射性物质的实验。

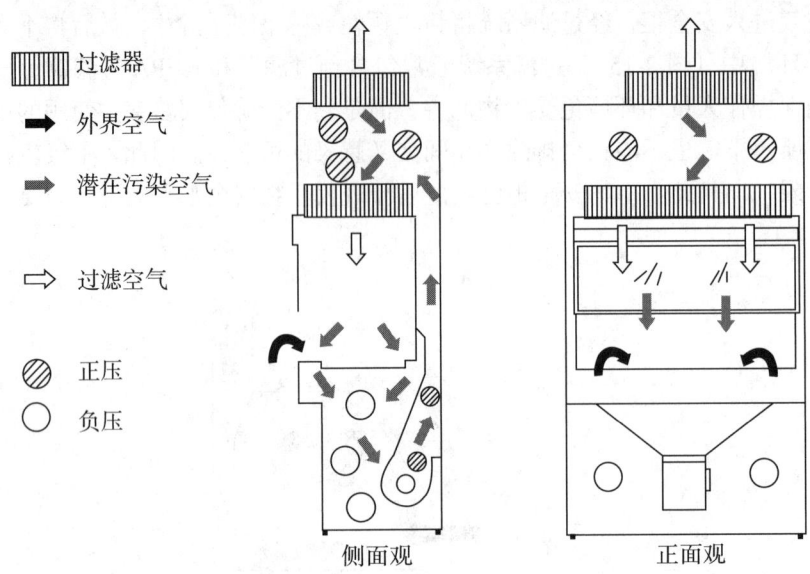

图 2-16　Ⅱ级 A1 型生物安全柜工作原理示意图

2．A2 型　吸入安全柜进风格栅的平均空气流速至少为 0.50 m/s。经 HEPA 过滤器过滤的下沉气流是由静压箱送出的垂直气流和吸入气流混合后的一部分；即柜内 70% 气体通过 HEPA 过滤器再循环至工作区，30% 的气体通过排气口 HEPA 过滤器过滤后经外排设备排到室外，不可进入生物安全柜再循环或返回实验室。所有污染风道和静压箱应保持负压或被负压包围（图 2-17）。因此，Ⅱ级 A2 型生物安全柜可用于少量挥发性有毒化学物质和挥发性放射性物质的实验。

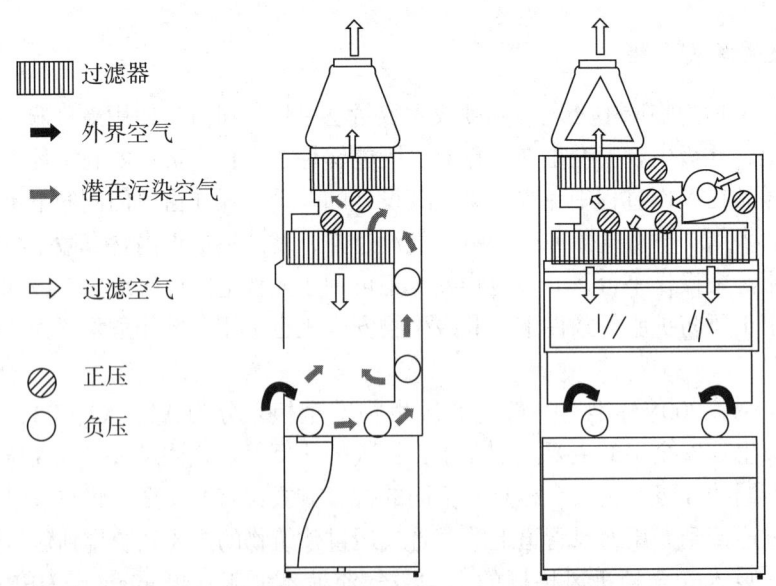

图 2-17　Ⅱ级 A2 型生物安全柜工作原理示意图

3．B1 型　吸入安全柜进风格栅的平均空气流速不小于 0.50 m/s。经 HEPA 过滤器过滤的下沉气流中绝大部分是未污染的吸入气流，即柜内气体 30% 是通过供气口 HEPA 过滤器再循环至工作区，70% 通过排气口 HEPA 过滤器过滤后，通过专用风道过滤后排入大气。所有污染风道和静压箱应保持负压或被负压包围。此型生物安全柜排气导管的风机连接紧急供应电源，其目的是在断电的情况下仍可保持负压，避免危险气体泄漏到实验室（图 2-18）。因此，Ⅱ 级 B1 型生物安全柜可用于挥发性有毒化学物质和挥发性放射性物质的实验。

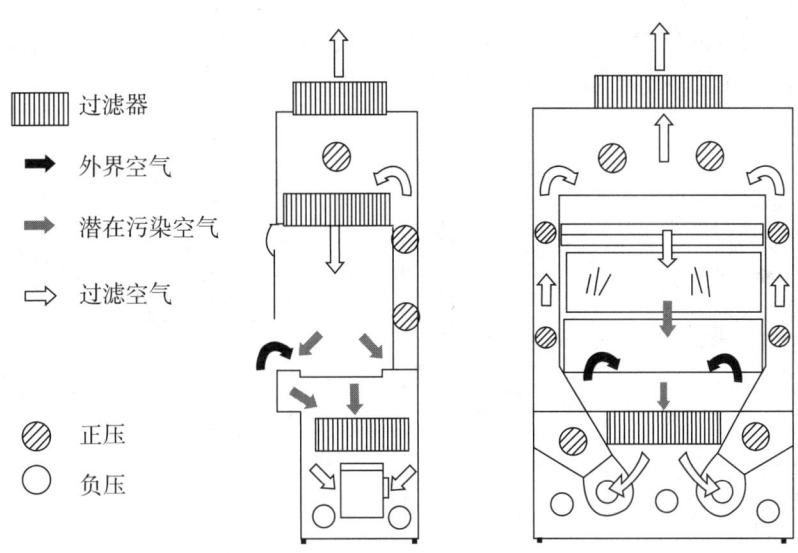

图 2-18　Ⅱ 级 B1 型生物安全柜工作原理示意图

4. B2 型（全排型）　吸入安全柜进风格栅的平均空气流速不小于 0.50 m/s。经 HEPA 过滤器过滤的下沉气流中全部来自于实验室内或室外，即安全柜内的排出气体不进入垂直气流的循环过程，而是经过 HEPA 过滤器过滤后，通过专用风道排入大气。所有污染风道和静压箱应保持负压或被负压包围。此型生物安全柜排气导管的风机连接紧急供应电源，其目的是在断电的情况下仍可保持负压，避免危险气体泄漏到实验室（图 2-19）。因此，Ⅱ 级 B2 型生物安

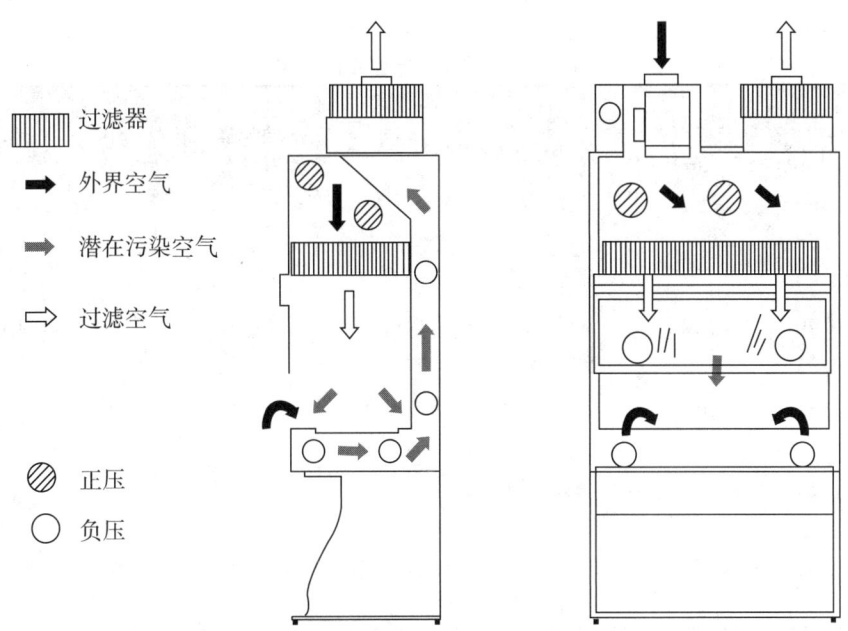

图 2-19　Ⅱ 级 B2 型生物安全柜工作原理示意图

全柜适用于处理感染性样品、挥发性有毒化学物质和挥发性放射性物质的实验。

(三) Ⅲ级生物安全柜

提供Ⅰ级、Ⅱ级生物安全柜无法提供的绝对安全保障。Ⅲ级生物安全柜是焊接金属构造，并采用完全密闭设计，实验操作通过前窗的手套进行。实验所需的物品通过安置在安全柜侧面的隔离通道送进柜内。在日常操作过程中，安全柜内部将一直保持至少120 Pa的负压状态。Ⅲ级生物安全柜的进入气流是经数个HEPA过滤器过滤后的无涡流单向流的洁净空气，为实验物品提供保护，并且防止样品交叉污染的情况出现（图2-20）。

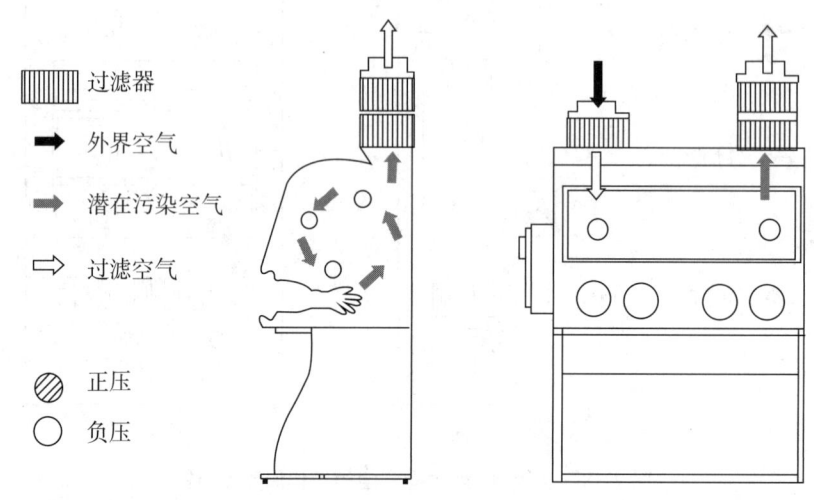

图2-20　Ⅲ级生物安全柜工作原理示意图

废气通常应经双层HEPA过滤器过滤或通过HEPA过滤器过滤和焚烧来处理。Ⅲ级生物安全柜可用于操作危险度等级为4级的微生物材料，也适用于在实验中需要添加有毒化学品的微生物操作，尤其适用于产生致命因子的生物实验。

各级生物安全柜的差异见表2-9。

表2-9　各级生物安全柜的差异

级别	气流流速 (m/s)	再循环气流比例	外排气流特点	非挥发性有毒化学物质及放射性物质操作	挥发性有毒化学物质及放射性物质操作	连接方式
Ⅰ级	0.38	0	100%气体经过滤后外排至实验室内或室外	可（微量）	否	密闭连接
Ⅱ级A1型	0.40~0.51	70%	30%气体经过滤后外排至实验室内或室外	可（微量）	否	可排到房间或设置局部排风罩
Ⅱ级A2型	0.51	70%	30%气体经过滤后外排至实验室外，气体循环通道、排气管及柜内工作区为负压	可	可（微量）	可设置局部排风罩或密闭连接
Ⅱ级B1型	0.51	30%	70%气体经过滤后通过专用风道排至室外	可	可（微量）	密闭连接

续表

级别	气流流速（m/s）	再循环气流比例	外排气流特点	非挥发性有毒化学物质及放射性物质操作	挥发性有毒化学物质及放射性物质操作	连接方式
Ⅱ级B2型	0.51	0	100%气体经过滤后通过专用风道排至室外	可	可（微量）	密闭连接
Ⅲ级	NA	0	100%气体经双层HEPA过滤器过滤或通过HEPA过滤器过滤和焚烧来处理	可	可（微量）	密闭连接

要点提示：生物安全柜的工作原理、分级。

三、生物安全柜的结构

生物安全柜一般由箱体和支架两部分组成。箱体部分主要包括以下结构。

（一）空气过滤系统

空气过滤系统是保证本设备性能最主要的系统，它由驱动风机、风道、循环空气过滤器和外排空气过滤器组成。其最主要的功能是不断地使洁净空气进入工作室，使工作区的下沉气流（垂直气流）流速不小于0.3 m/s，保证工作区内的洁净度达到100级。同时，使外排气流也被净化，防止污染环境。该系统的核心部件为HEPA过滤器，其采用特殊防火材料为框架，框内用波纹状的铝片分隔成栅状，里面填充乳化玻璃纤维亚微粒，其过滤效率可达到99.99%~100%。进风口的预过滤罩或预过滤器，使空气预过滤净化后再进入HEPA过滤器中，可延长HEPA过滤器的使用寿命。

（二）外排风箱系统

外排风箱系统由外排风箱壳体、风机和排风管道组成。外排风机提供排气的动力，将工作室内不洁净的空气抽出，并由外排过滤器净化而起到保护样品和柜内实验物品的作用。由于外排作用，工作室内为负压，防止工作区空气外逸，起到保护操作者的目的。

（三）滑动前窗驱动系统

滑动前窗驱动系统由前玻璃门、门电机、牵引机构、传动轴和限位开关等组成，主要作用是驱动或牵引各个门轴，使设备在运行过程中，前玻璃门处于正常位置。

（四）照明光源和紫外光源

照明光源和紫外光源位于玻璃门内侧，以保证工作室内有一定的亮度，用于工作室内的台面及空气的消毒。

（五）控制面板

控制面板上有电源、紫外灯、照明灯、风机开关、控制前玻璃门移动等装置，主要作用是设定及显示系统状态。

四、生物安全柜的使用、维护与常见故障处理

（一）生物安全柜的使用及注意事项

1. 生物安全柜的使用　生物安全柜种类繁多，不同仪器的具体操作略有不同，但其基本的操作流程大致相同，详见图2-21。

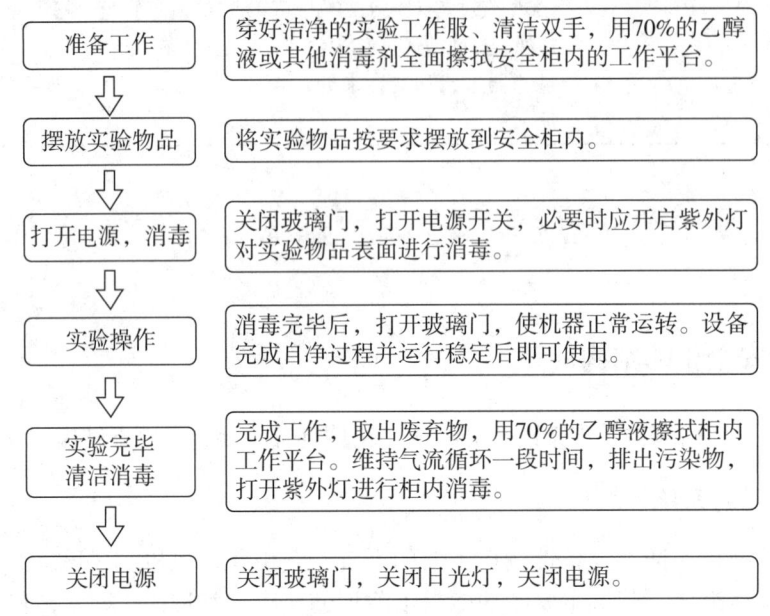

图2-21　生物安全柜基本操作流程图

2. 注意事项

（1）为了避免物品间的交叉污染，在整个工作过程中，所需要的物品应在工作开始前按一字排开放置在生物安全柜中，以便在工作完成前没有任何物品需要经过空气流隔层拿出或放入。特别注意：前排和后排的回风格栅上不能放置物品，以防止堵塞回风格栅，影响气流循环。

（2）在开始工作前及完成工作后，需维持气流循环一段时间，完成安全柜的自净过程，每次实验结束应对柜内进行清洁和消毒。

（3）操作过程中，尽量减少双臂进出次数。双臂进出安全柜时动作应该缓慢，避免影响正常的气流平衡。

（4）柜内物品移动应按低污染向高污染移动原则，柜内实验操作应按从清洁区到污染区的方向进行。操作前可用消毒剂浸湿的毛巾垫底，以便吸收可能溅出的液滴。

（5）尽量避免将离心机、振荡器等仪器安置在安全柜内，以免仪器震动时滤膜上的颗粒物质抖落，导致柜内洁净度下降；同时这些仪器散热排风口气流可能影响柜内的气流平衡。

（6）安全柜内不能使用明火，防止燃烧过程中产生的高温细小颗粒杂质带入滤膜而损伤滤膜。

（二）生物安全柜的维护

为了保障生物安全柜的安全性，应定期对安全柜进行维护和保养。

1. 每次使用前、后应对生物安全柜工作区进行清洁和消毒。
2. HEPA过滤器的使用寿命到期后，应由接受过生物安全柜专门培训的专业人员更换。
3. 根据《中华人民共和国医药行业标准：生物安全柜》（YY 0569—2005）的要求，有下

列情况之一者，应对生物安全柜进行安全检测：①安装完毕投入使用前；②每年一次的常规检测；③当生物安全柜移位后；④更换 HEPA 过滤器和内部部件维修后。安全检测包括以下几个方面。

（1）进气流流向和风速检测：进气流流向采用发烟法或丝线法在工作断面检测，检测位置包括工作窗口的四周边缘和中间区域；进气流风速采用风速计测量工作窗口断面风速。

（2）下沉气流风速和均匀度检测：采用风速仪均匀布点测量截面风速。

（3）工作区洁净度检测：采用尘埃粒子计数器在工作区检测。

（4）噪声检测：生物安全柜前面板水平中心向外 300 mm，且高于工作台面 380 mm 处用声级计测量噪声。

（5）光照度检测：沿工作台面长度方向中心线每隔 30 cm 设置一个测量点。

（6）箱体漏泄检测：给安全柜密封并增压到 500 Pa，30 分钟后，在测试区连接压力计或压力传感器系统，用压力衰减法或肥皂泡法进行检测。

（三）生物安全柜的常见故障处理

表 2-10 列出了一些使用中可能出现的故障、原因及建议处理方法，如果仍然不能解决，应与仪器生产厂家联系进行检查维修。

表2-10　生物安全柜常见故障原因及处理方法

故障名称	故障原因	处理方法
风机指示灯点亮但风机不运行	1. 线路故障 2. 风机过热 3. 前玻璃门关闭	1. 检查风机连接是否正常 2. 设备停止使用一段时间 3. 打开前玻璃门
照明光源或紫外灯无法点亮	1. 线路故障 2. 镇流器失效 3. 灯管坏	1. 检查线路 2. 更换镇流器 3. 更换灯管
蜂鸣器连接报警、报警灯常亮	1. 过滤器失效 2. 玻璃门不在安全位置 3. 传感器异常 4. 管道阻塞	1. 更换过滤器 2. 移动玻璃门到安全位置 3. 更换传感器 4. 疏通管道

五、生物安全柜的临床应用

生物安全柜广泛应用于微生物、生物工程及其他对操作环境有苛刻要求的场所。可为临床医疗、检验、制药、科研等领域提供无菌、无尘、安全的工作环境。我国《实验室生物安全通用要求》（GB 19489—2008）根据对所操作生物因子采取的防护措施，将实验室生物安全防护水平分为一级、二级、三级和四级。生物安全防护水平为一级的实验室，适用于操作在通常情况下不会引起人类或动物疾病的微生物；二级实验室适用于操作能够引起人类或动物疾病，但一般情况下对人和动物不构成严重危害、传播风险有限、实验室感染后很少引起严重疾病，并且具有有效治疗和预防措施的微生物；三级实验室适用于操作能引起严重疾病，比较容易直接或间接在人与人、动物与人、动物与动物之间传播的微生物；四级实验室适用于操作能引起人或动物非常严重疾病的微生物，以及我国尚未发现或者已经消灭的微生物。不同级别的实验室选用不同生物安全柜的原则见表 2-11。生物安全实验室送风、排风系统的设计应考虑所用生物安全柜、动物隔离器等设备的使用条件。

表2-11 实验室选用生物安全柜的原则

实验室生物安全防护水平	生物安全柜选用原则
一级	一般无须使用生物安全柜，或者使用Ⅰ级生物安全柜
二级	当可能产生微生物气溶胶或出现溅出的操作时，可使用Ⅰ级生物安全柜；当处理感染性材料时，应使用部分或全部排风的Ⅱ级生物安全柜；若涉及处理化学致癌剂、放射性物质和挥发性溶媒，则只能使用Ⅱ-B级全排风（B2型）生物安全柜
三级	应使用Ⅱ级或Ⅲ级生物安全柜；所有涉及感染材料的操作，应使用Ⅱ-B级全排风（B2型）或Ⅲ级生物安全柜
四级	应使用Ⅲ级全排风生物安全柜。当人员穿着正压防护服时，可使用Ⅱ-B级生物安全柜

知识链接

细胞毒素安全柜

细胞毒性类药物是指在生物学方面具有危害性影响的药品，可通过皮肤接触或吸入等方式造成包括生殖系统、泌尿系统、肝肾系统的毒害，还能致畸或损害生育功能，例如一些化学疗法药物及各类癌症治疗药物。与微生物污染不同的是，这些药物的粉尘污染无法被过氧化氢或甲醛等普通的消毒方式处理，所以必须考虑到药物分析制备相关工作人员的安全。细胞毒素安全柜就是专门为保护高毒性细胞毒素类药物的实验操作人员和设备维护人员的安全设计的。其主要特点是可以在风机运行时更换高效空气过滤器，这样可以保持负压，确保了工作人员的安全。

自测题

一、选择题

1. 分光光度计是临床检验实验室的常用仪器，主要用于
   A．比色分析　　　　　　　B．结构分析
   C．成分分析　　　　　　　D．发光分析
   E．荧光分析

2. 紫外-可见分光光度计的工作原理主要依据
   A．光的互补原理　　　　　B．光谱分析原理
   C．光的吸收定律　　　　　D．光的波粒二象性
   E．光散射原理

3. 下列不是紫外-可见分光光度计主要部件的是
   A．光源　　　　　　　　　B．单色器
   C．吸收池　　　　　　　　D．反光镜
   E．检测器

4. 棱镜或光栅可作为
   A．滤光元件　　　　　　　B．聚焦元件
   C．分光元件　　　　　　　D．感光元件
   E．截光元件

5. 根据防护程度的不同，通常将生物安全柜分成的等级是
   A. 2级　　　　　　　　　　　　B. 3级
   C. 4级　　　　　　　　　　　　D. 5级
   E. 6级
6. 下列有关Ⅱ级生物安全柜功能特点的叙述中，正确的是
   A. 用于保护操作人员、处理样品安全，而不保护环境安全
   B. 用于保护操作人员、环境安全，而不保护处理样品安全
   C. 用于保护操作人员、处理样品安全与环境安全
   D. 用于保护处理样品、环境安全，而不保护操作人员安全
   E. 用于保护处理样品安全，而不保护操作人员、环境安全
7. 生物安全等级3级（P3）的媒质是指
   A. 普通无害细菌、病毒等微生物
   B. 机会致病菌（条件致病性细菌）、病毒等微生物
   C. 一般性可致病细菌、病毒等微生物
   D. 烈性/致命细菌、病毒等微生物，但感染后可治愈
   E. 烈性/致命细菌、病毒等微生物，感染后不可治愈
8. 用高倍镜观察比用低倍镜观察到的细胞数目、大小和视野的明暗情况依次为
   A. 多、大、亮　　　　　　　　　B. 少、小、暗
   C. 多、小、暗　　　　　　　　　D. 少、大、暗
   E. 多、大、暗
9. 载物台上遮光器的作用是
   A. 调节光线的强弱　　　　　　　B. 使光线经过通光孔反射到镜筒内
   C. 遮住光线使其不反射到镜筒内　D. 使光线均匀地进入视野内
   E. 放大物像
10. 加样枪吸取血液标本时，应按到
    A. 0档　　　　　　　　　　　　B. 1档
    C. 2档　　　　　　　　　　　　D. 3档
    E. 4档

二、问答题

1. 简述普通光学显微镜的工作原理、结构组成。
2. 使用移液器量取液体时，具体操作方法是什么？
3. 低速离心机和高速离心机基本结构不同点有哪些？
4. 不同防护级别生物安全实验室对生物安全柜的要求有哪些？
5. 紫外-可见分光光度计单色器主要由什么构成？

（张咏梅）

第三章

临床血液检验常用仪器

> **学习目标**
>
> 1. 掌握 血细胞分析仪、血液凝固分析仪、红细胞沉降率测定仪的工作原理和基本结构。
> 2. 熟悉 血细胞分析仪的检测流程；血液凝固分析仪的性能评价；血细胞分析仪、血液凝固分析仪、红细胞沉降率测定仪的使用、维护与常见故障。
> 3. 了解 血细胞分析仪、血液凝固分析仪、红细胞沉降率测定仪的临床应用。
> 4. 能够熟练操作临床血液检验常用仪器，对常见故障作出正确的判断与初步排除，以及对仪器进行维护与保养。

血液是由多种成分组成的，呈红色的黏稠状液体，主要包含血浆、红细胞、白细胞和血小板。血液在维持人体生理正常活动中发挥重要作用，它向全身各个组织供应氧分，被称为"生命之河"。正常情况下，人体血细胞参数维持在一个稳定的水平，若各组分超出正常范围或血液流动性发生变化，都会引起机体生理和病理的改变。血液组分的变化可为临床医生在诊断疾病、判断治疗效果、判断预后等方面提供重要依据。临床血液检验仪器就是分析这些变化的仪器，主要包括血细胞分析仪、血液凝固分析仪和红细胞沉降率测定仪等。本章针对这些仪器的工作原理、基本结构、使用操作和常见故障与维护等方面进行介绍。

第一节 血细胞分析仪

血细胞分析仪（blood cell analyzer，BCA）是临床常规检验仪器，主要功能是对全血中的血细胞进行计数，包括白细胞计数、白细胞分类计数、红细胞计数和血小板计数，还兼具有血红蛋白测定等功能，并可根据检测数据计算出相应的、具有临床意义的其他细胞形态参数。血细胞分析仪按照检测原理可分为：电阻抗型、激光型、电容型、光电型、联合检测型等；按照白细胞检测功能可分为：两分群、三分群、五分类和五分类 - 网织红细胞分析仪；按照仪器自动化程度可分为：半自动血细胞分析仪、全自动血细胞分析仪（图 3-1）、血细胞分析仪流水线。

知识链接

血细胞分析仪的发展历史

手工进行血细胞计数是将血液稀释后，充入牛鲍计数板，然后用显微镜一边观察一边人工计数。这种方法不但效率低、劳动强度大，并且易受操作人员的影响，计数精度低。20 世纪 50 年代初，美国科学家库尔特发明了微粒子计数专利，并应用于血细胞计数中，研发了世界上第一台血细胞计数仪，从此开创了血细胞计数的新纪元，大大提升了计数速度和准确性。20 世纪 60 年代末开始，血细胞计数仪融合了血红蛋白检测系统，增加了血红蛋白检测功能，并可结合红细胞数量和体积，计算出平均红细胞血红蛋白含量、平均红细胞血红蛋白浓度等参数。20 世纪 80 年代，血细胞计数仪发展为血细胞分析仪，白细胞分析功能从"三分群"提升为"五分类"，真正实现了白细胞的分类计数。进入 21 世纪，血细胞分析仪流水线的应用，使血液分析仪器迈入新时代。随着科学技术的不断进步，血细胞分析仪将向多功能、高精度、全自动化、高智能化的方向发展。

图 3-1　全自动血细胞分析仪

一、血细胞分析仪的工作原理

（一）电阻抗法检测原理

在血细胞分析仪的样品杯中注入电解质溶液，其中放置有微孔检测器，检测器计数孔的内侧和外侧各设置了一只铂电极，电极两端加上了恒流电源。血细胞稀释液注入样品杯，由于血细胞是非导电颗粒，当血细胞悬液通过检测器小孔时，将明显增大电路的等效电阻。由于电路中电流保持不变，电阻的瞬时增大则带来了电压的增大，由此产生一个电压脉冲信号。血细胞的大小不同，所代表的等效电阻不同，产生的脉冲信号也不同，脉冲的幅度与细胞的体积呈正比，而脉冲的数量与血细胞的数量呈正比，通过分析脉冲信号，就可以得到血细胞的体积和数量信息，即电阻抗检测原理（principle of electrical impedance），也称为库尔特原理（图 3-2）。

1. 体积分布直方图　仪器根据收集到的细胞体积信息和数量信息，绘制出体积直方图。直方图以细胞体积（fl）为横坐标，以细胞的相对数量为纵坐标。通过将一定体积范围划分为很多个通道，一个通道的体积分布一般小于 2 fl，例如血小板为 2~30 fl，划分出 64 个通道。

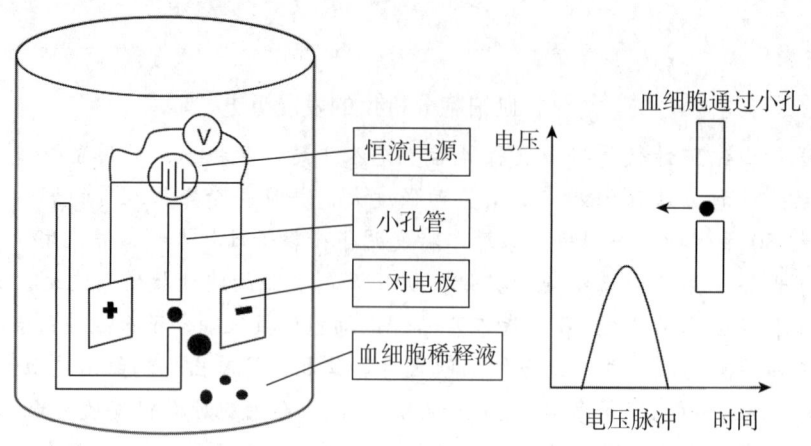

图 3-2 电阻抗法检测血细胞计数原理示意图

每个细胞的体积信号都会累计于对应的通道中。检测完毕，仪器便可绘制出某一特定细胞群的体积分布直方图。

2. 血细胞的分类计数 正常情况下，白细胞（WBC）体积在 35～450 fl，红细胞体积在 36～360 fl，血小板体积在 2～30 fl，根据电阻抗原理，不同血细胞所产生的脉冲幅度也不同。在计数时，需要利用幅度鉴别电路将不同血细胞筛选出来，这个鉴别电路称为阈值选择电路。

（1）红细胞计数：红细胞和血小板共用一个微孔检测器。全血标本经过稀释后进入检测器。由于正常外周血红细胞数量为白细胞的近 1000 倍，所以白细胞可忽略不计。仪器预设了特定的脉冲阈值电压甄别红细胞，脉冲信号高于阈值则判定为红细胞。计数器将大于 36 fl 的颗粒计为红细胞，可得到红细胞主群和右侧的小细胞群，小细胞群是一些多聚体细胞、白细胞、小孔残留物。

（2）血小板计数：血小板（PLT）的体积分布峰值在 2～15 fl，仪器一般将红细胞与血小板界限定在 35 fl 处。当脉冲信号低于阈值则判定为血小板。由于全血中可能会存在大血小板、血小板聚集、红细胞碎片，为了提高仪器分析的准确性，仪器数据处理系统会将阈值放在血小板和红细胞分布图交叉部分最低处来进行分类计数，并且两者的区分界限会根据细胞的实际大小而移动，这种处理技术称为浮动界标技术。

（3）白细胞计数：计数前，全血标本经过一定比例稀释后，加入一定量的溶血剂，以破坏血样中的全部红细胞。仪器将 35～450 fl 范围内划分为 256 个计数通道，每个通道约 1.64 fl。不同类型的白细胞通过微孔时，不同体积大小的细胞产生的信号被累计计数在对应的通道中，从而得到白细胞体积分布直方图（图 3-3）。直方图一般包括 3 个细胞群：小细胞群，35～90 fl，主要是淋巴细胞；中间细胞群，90～160 fl，主要是单个核细胞群；大细胞群，160～450 fl，主要是中性粒细胞。由于溶血剂的影响，白细胞会发生失水皱缩，所以白细胞体积直方图反映的是溶血剂作用后白细胞的体积，而不是生理状态下白细胞的体积。

正常的白细胞直方图，左峰高陡，中间平坦，右峰低宽。不同厂家溶血剂作用程度不同，白细胞区分界限规定也不同，直方图的分布形态会有所区别，但是利用电阻抗原理，只能将白细胞区分为三个群，嗜酸性粒细胞、嗜碱性粒细胞都分布于中间细胞群，无法实现对白细胞的准确分类计数，因此难以满足临床需求。

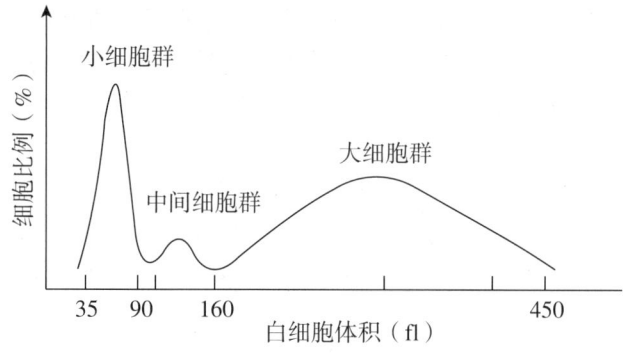

图 3-3 正常白细胞体积分布直方图

> **知识链接**
>
> **溶血剂作用下的白细胞体积大小**
>
> 正常生理条件下,白细胞体积分布是:淋巴细胞＜嗜碱性粒细胞＜中性粒细胞＜嗜酸性粒细胞＜单核细胞。在溶血剂的作用下,细胞失水皱缩,作用后的白细胞体积分布是:淋巴细胞＜嗜碱性粒细胞＜嗜酸性粒细胞＜单核细胞＜中性粒细胞。所以我们在直方图中看到,单核细胞主要位于中间细胞群。

(二)联合检测血细胞计数原理

为了满足临床需求,实现淋巴细胞、单核细胞、嗜酸性粒细胞、嗜碱性粒细胞、中性粒细胞五类白细胞的准确分类计数,自 20 世纪 80 年代以来,各个厂商研发出多种检测技术,联合应用于血细胞分析仪。联合检测技术均以激光流式细胞术为基础,使血细胞形成单细胞流。血细胞在鞘液的包裹下,以单个排列的方式通过流式通道,并在检测区被一一分析(图 3-4)。这项技术的应用最大限度地降低了细胞的重叠,也使多项检测技术应用于同一细胞上,以获取更准确、更精密的细胞信息。先进的血细胞分析仪还采用了双鞘流加速技术,以使细胞检测后被迅速带走,避免产生旋涡影响测定精度。

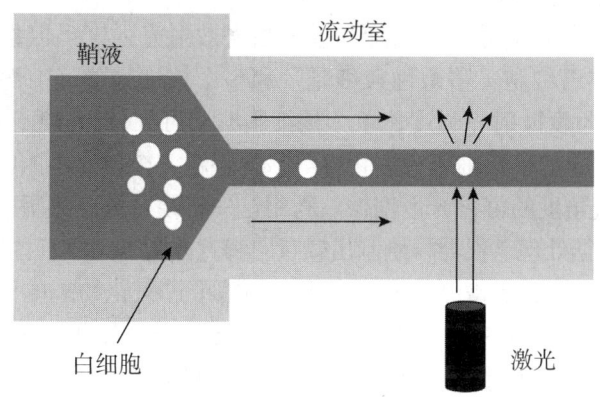

图 3-4 激光流式细胞术检测原理示意图

1. 体积、电导、光散射联合检测技术 是融三种物理学检测技术于一体,简称 VCS 技术,其中 V 指体积(volume)、C 指电导(conductivity)、S 指光散射(scatter)。该技术的特点是可以保持白细胞不变或"接近原态"下对白细胞进行精确分析。

细胞的体积信息仍然采用电阻抗原理进行检测。传导性信息通过高频电磁探针原理对细胞的内部结构进行检测，高频电流穿过细胞，由于不同细胞的细胞核质比、细胞内颗粒大小和密度有差异，使得通过的高频电流产生不同的变化，通过分析高频电流传导特性，就可以区分出不同的细胞。不同内部结构的细胞，其对光的散射能力不同（图3-5），细胞内粗颗粒对光的散射能力比细颗粒要强。当激光照射在单个细胞上，通过收集不同角度的散射光强度，就可探测出细胞内颗粒分布情况，以区分颗粒性质不同的细胞。例如，可区分中性粒细胞、嗜酸性粒细胞和嗜碱性粒细胞。

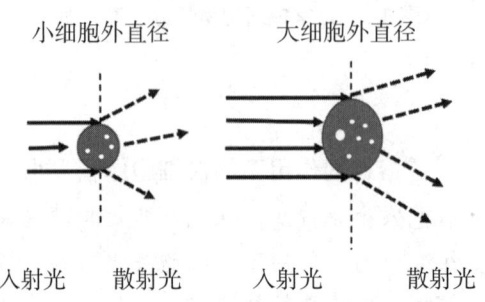

图3-5 不同直径细胞对光的散射能力不同示意图

每个血细胞通过检测区时，都将接受VCS三重技术的检测，仪器根据体积（Y轴）、传导性（Z轴）、光散射（X轴）参数特征，绘制出三维散点图，不同细胞被定义到散点图的相应位置，形成了不同的细胞群落。仪器通过统计处理，从而得到白细胞分类计数结果，并可以提示出异常细胞区域。

随着技术的改进，VCS技术在光散射方面进行了提升，分别从轴向光吸收、低位角光散射、低中位角光散射、中位角光散射、高位角光散射对细胞进行扫描，大大提升了白细胞分类计数的精度，也提高了对异常细胞的检出能力。

2. 多角度偏振光散射检测技术 是用激光照射通过检测区的单个细胞，通过收集多个角度光散射信号和偏振光强度信号，经过综合分析，实现白细胞分类计数。全血标本与鞘液按照一定比例稀释后，血细胞被集中在一个直径为30 μm的液流中，并呈单个排列形式，依次通过流式细胞检测区，被垂直入射的激光束照射并检测（图3-6）。不同角度的光散射强度表征了细胞的不同内部信息（表3-1）。

根据不同角度的光散射信号，小角度和垂直角度散射光强度可以把白细胞区分为单个核细胞群（单核细胞、淋巴细胞、嗜碱性粒细胞）和多个核细胞群（中性粒细胞、嗜酸性粒细胞）。再结合前向和小角度散射光强度，单个核细胞群又可细分为体积小、核质比大的淋巴细胞，体积大、核质比中等的单核细胞和体积中等、含颗粒、核质比小的嗜碱性粒细胞。由于嗜酸性粒细胞可以将垂直角度的偏振光消偏振，利用这一特性，可以将嗜酸性粒细胞从中性粒细胞中区分出来。通过数据处理，仪器将绘制出散点图和直方图，完成五种白细胞的分类计数。

3. 光散射与细胞化学联合检测技术 由于白细胞中过氧化物酶的活性存在差异，如果将血样经过氧化物染色，细胞质内即可出现不同的酶化学反应。染色后的白细胞通过检测区时，由于酶反应强度不同，激光照射后，不同细胞将出现不同的吸光度，再结合光散射强度就可以将白细胞定位于散点图上，实现分类。这种仪器通常设置两个检测通道：过氧化物酶检测通道和嗜碱性粒细胞 - 分叶核检测通道。

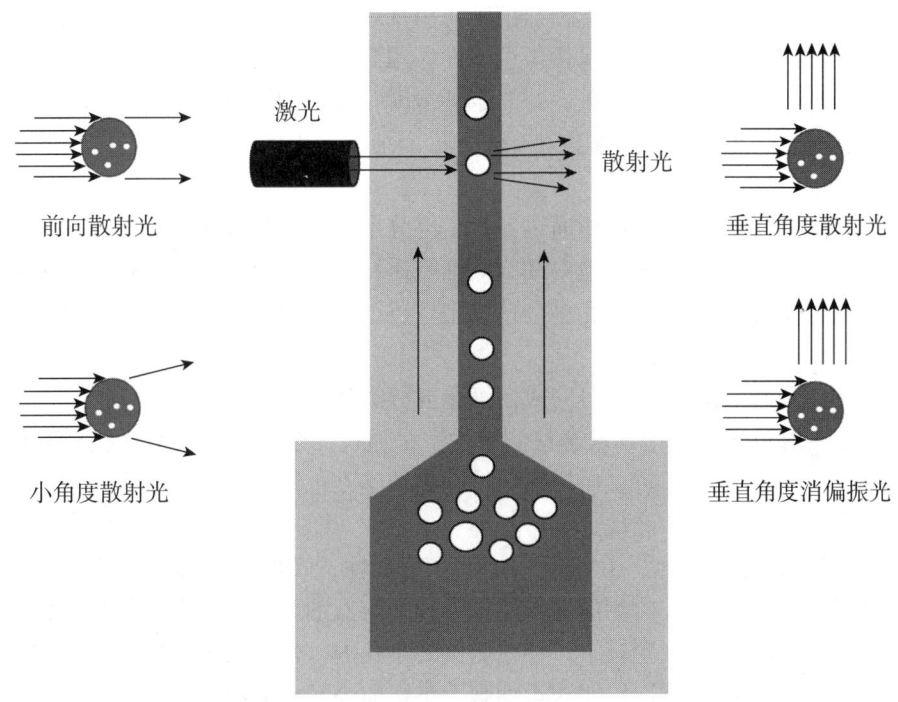

图 3-6　多角度偏振光散射检测技术原理示意图

表3-1　光信号表征信息

光信号	角度分布	表征信息
0°前向散射光	1°～3°	细胞大小
10°小角度散射光	7°～11°	细胞结构和核质复杂性的相对特征
90°垂直角度散射光	70°～110°	细胞内部颗粒和分叶情况
垂直角度消偏振光	70°～110°	嗜酸性粒细胞

知识链接

细胞中的过氧化物酶染色

过氧化物酶染色是血细胞常用的细胞化学染色方法。染色后细胞内无蓝黑色颗粒出现为阴性反应，若有细小或稀疏分布的蓝黑色颗粒出现为弱阳性反应，出现粗大且密集的蓝黑色颗粒为强阳性反应。

过氧化物酶主要存在于粒细胞和单核细胞系中。在粒细胞中，早幼粒细胞以后的各个阶段中都含有过氧化物酶，并随着细胞的成熟其含量逐渐增加。嗜酸性粒细胞过氧化物酶含量最高，因此具有最强的过氧化物酶反应，中性分叶核粒细胞也会出现强阳性反应，嗜碱性粒细胞由于不含此酶，反应呈阴性。在单核细胞系中，幼稚单核和单核细胞会出现较弱的过氧化物酶反应。淋巴细胞、幼稚红细胞、巨核细胞因无此酶而呈阴性。

（1）过氧化物酶检测通道：白细胞的过氧化物酶活性大小排序为：嗜酸性粒细胞＞中性粒细胞＞单核细胞，淋巴细胞和嗜碱性粒细胞不含有此酶。当血样进入反应池与试剂反应，红细胞将被溶解，含有过氧化物酶的三种白细胞将出现酶化学反应，呈现阳性，而不含有过氧化物酶的淋巴细胞和嗜碱性粒细胞将保持染色阴性。用激光束照射细胞时，测定各个细胞的吸光度，其大小与细胞化学染色特征相关；并测定低角度和高角度散射光强度，其强弱与细胞大小相关。以吸光度为 X 轴，散射光强度为 Y 轴，每个细胞产生的二维信号定位在散点图上，即可实现四群白细胞分类。

(2) 嗜碱性粒细胞-分叶核检测通道：为了区分出嗜碱性粒细胞，分析时，利用试剂将嗜碱性粒细胞完整保留下来，剥离其他白细胞的细胞质，使其裸核化而缩小体积。根据剥离的白细胞细胞核的特征，可分为单个核和多个核细胞，再结合细胞大小数据，可将嗜碱性粒细胞与其他细胞区分开。

综合两个通道的检测数据，即可完成白细胞五分类计数。

4. 电阻抗、射频和细胞化学联合检测技术　是通过四个不同的检测系统对白细胞、幼稚细胞进行分类和计数。在测量时，血样须用特殊的细胞染色技术处理，再根据细胞大小和核内颗粒密度对白细胞进行分类和计数。

(1) 淋巴细胞、单核细胞、粒细胞（中性、嗜酸性、嗜碱性粒细胞）检测系统：此系统采用电阻抗与射频联合检测。检测前用作用较温和的溶血剂，溶血剂穿透细胞膜，仅使少量胞质溢出，细胞核及细胞形态改变较小。在检测器的小孔内、外电极上设置了直流和高频两个发射器，直流电不能透过细胞质，仅能测量细胞大小；而高频交流电则能透入细胞内，可测量细胞核大小及颗粒的多少。因此，细胞进入微孔检测区可产生两种不同的脉冲信号，脉冲信号的个数、大小综合反映了细胞的数量、大小和核内颗粒密度。仪器以细胞大小（DC）为横坐标，核内颗粒密度（RF）为纵坐标，将被检白细胞定位于二维散点图上。淋巴细胞、单核细胞和粒细胞在细胞大小、细胞质的含量、核形态与密度方面存在较大差异，将定位在各自散射区域，通过扫描技术就可得到各类白细胞比例。

(2) 嗜酸性粒细胞检测系统：该系统主要利用电阻抗原理进行检测。血样经分血器分血后与专用溶血剂混合。由于溶血剂特殊的 pH，除了嗜酸性粒细胞之外的其他细胞都发生溶解或萎缩，但嗜酸性粒细胞保持完整。经过电阻抗系统就可以完成该细胞的计数。

(3) 嗜碱性粒细胞检测系统：检测前，利用特殊的溶血剂，使嗜碱性粒细胞完整保留，其他细胞发生溶解或萎缩。电阻抗检测时，脉冲的多少就反映了嗜碱性粒细胞的数量。

(4) 幼稚细胞检测系统：该系统主要利用电阻抗原理进行检测，检测前也须进行特殊的溶血剂处理，使幼稚细胞完整保留，而成熟细胞被溶解。其依据原理是：幼稚细胞上的脂质比成熟细胞少，在细胞悬液中加入硫化氨基酸后，由于脂质占位不同，结合在幼稚细胞的硫化氨基酸比成熟细胞多。当加入溶血剂后，硫化氨基酸帮助幼稚细胞抵抗溶血剂，维持完整形态不被破坏，而成熟的细胞则发生溶解。幼稚细胞则可通过电阻抗原理进行计数。

(三) 血红蛋白测定原理

血红蛋白的检测主要是利用光电比色的原理。血样经稀释后加入溶血剂，将红细胞溶解并释放出血红蛋白。血红蛋白与溶血剂中的有关成分发生结合，形成血红蛋白衍生物。该衍生物可通过 530～550 nm 波长下测量吸光度实现检测。而测得的吸光度与血红蛋白含量呈正比，经过仪器数据处理就可得到血红蛋白的含量。

不同厂家血细胞分析仪使用的溶血剂成分不同，生成的血红蛋白衍生物也不同，其对光的吸收程度也有差异，最大吸收波长在 530～550 nm。国际血液学标准委员会（ICSH）推荐的标准方法是氰化高铁血红蛋白（HiCN）法，其衍生物的最大吸收峰是 540 nm，因此仪器使用时须以 HiCN 法为基准进行校正，以保证血红蛋白测定的准确性。

(四)网织红细胞检测原理

网织红细胞的检测主要通过激光流式细胞术与细胞化学荧光染色技术的联合应用。网织红细胞是一类尚未完全成熟的红细胞,是晚幼红细胞脱核后到完全成熟红细胞之间的过渡细胞,其特点是细胞内含有少量的核糖核酸(RNA),随着细胞继续发育成熟,RNA 逐渐消失。因此,利用这一特点,如果将 RNA 进行荧光染色,荧光强度与 RNA 含量呈正比(图 3-7)。再经仪器数据处理,则可报告网织红细胞计数及网织红细胞占成熟红细胞的百分率。目前常用的荧光染料有新亚甲蓝、氧氮杂芑 750 等。

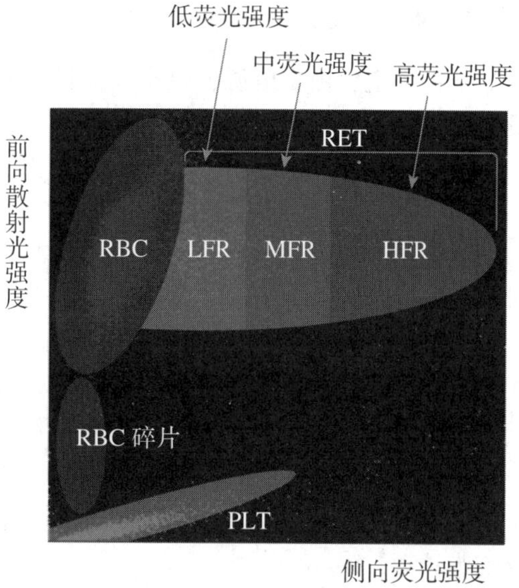

图 3-7 网织红细胞成熟度分类示意图
LFR:低荧光网织红细胞;MFR:中荧光网织红细胞;HFR:高荧光网织红细胞

(五)干式离心式血细胞分析原理

随着微流控、生物传感等技术的发展应用,利用干式分析技术结合离心技术对血细胞进行分类计数的便携式分析仪走进了大众视野。这类仪器的基本原理:血液中不同细胞的密度存在差异,经离心后细胞将分层形成稳定的区带,通过光电检测器获得相关信号,经过数据处理后实现不同细胞的定量分析。

干式离心式血细胞分析仪融合了离心、细胞染色、放大和光电检测技术。检测时,仪器将定量的待测血液吸入特制的毛细管内,与其中的抗凝剂 EDTA-K_2 和荧光染料吖啶橙混合。不同的细胞将被染料染成不同的颜色,血小板被染成淡黄色,淋巴细胞和单核细胞被染成亮绿色,粒细胞被染成橙色,而红细胞则不着色。随后,仪器以 12000 r/min 的转速离心 5 分钟。血细胞各自密度不同,则分层悬浮在毛细管中形成不同颜色的细胞层。仪器利用光电检测器对毛细管进行扫描,并用电荷耦合器件(CCD)视觉技术分别检测毛细管中各细胞层的长度,通过公式计算得到各类血细胞参数。可报告参数包括血细胞比容(HCT)、血红蛋白浓度(Hb)、红细胞计数(RBC)、血小板计数(PLT)、平均红细胞血红蛋白浓度(MCHC)、粒细胞计数(Gran)等。

干式离心式血细胞分析仪体积小、操作简便、分析快速,因此适用于床旁、紧急、灾难、军事救援现场等场所使用。

二、血细胞分析仪的基本结构

不同类型血细胞分析仪的工作原理和功能不同,结构也各不相同。但大多可分为五个部分:机械系统、电子系统、血细胞检测系统、血红蛋白检测系统和计算机控制系统。

(一)机械系统

各类血细胞分析仪的结构有差异,但机械系统均包括机械装置和真空泵,以完成对血样的吸取、稀释、混匀、传送,以及将样品移入各种参数的检测区。其机械装置主要包括进样针、分血器、稀释器、混匀器和定量装置。此外,机械系统还具有清洗管路和排出废液的功能。

（二）电子系统

电子系统主要由主电源、电子元器件、温控装置、各类电路控制系统，以及自动监控、故障报警和排除系统等组成。

（三）血细胞检测系统

临床常用的血细胞分析仪的血细胞检测系统根据其原理可以分为电阻抗检测系统和流式光散射检测系统两大类。

1. 电阻抗检测系统 主要由检测器、放大器、甄别器、阈值调节器、检测计数器和自动补偿装置构成。受电阻抗原理的局限，该系统主要用于红细胞、血小板的计数，以及在"二分群"、"三分群"类的分析仪中，用于对白细胞的计数。

（1）检测器：由微孔检测器及内外电极、恒流电源等组成。仪器设置两个微孔检测器，一个微孔孔径为 80 μm，主要用于红细胞和血小板计数；另一个微孔孔径为 100 μm，主要用于白细胞计数。

（2）放大器：血细胞通过微孔检测器时会产生微伏级的脉冲信号，放大器将信号放大后再送入下一级电路。

（3）甄别器：作用是将检测到的脉冲信号幅度进行甄别和整形。白细胞、红细胞、血小板都将根据阈值调节器提供的参考电平阈值，由各自的甄别器识别，只有脉冲幅度在参考电平阈值之内的脉冲才可计数。

（4）阈值调节器：根据电阻抗原理，不同血细胞所产生的脉冲幅度也不同。在计数时，需要利用幅度鉴别电路将不同血细胞筛选出来，提供每种血细胞参考电平阈值的装置就是阈值调节器。

（5）自动补偿装置：血细胞通过检测区的理想状态是逐个通过，一个细胞产生一个脉冲信号。但在实际检测时，细胞往往会两个或多个重叠在一起通过检测区，而仪器仅能探测出一个单一的高或宽振幅的脉冲信息，而计数为一个细胞，进而引起一个或多个脉冲丢失，造成计数结果较实际偏低，这种脉冲减少现象称为复合通道丢失或重叠损失。所以仪器中设置了自动补偿装置，可对该现象进行自动校正，以保证结果的准确性。

2. 流式光散射检测系统 主要由激光光源、检测区域装置、检测器、放大器、甄别器、阈值调节器、检测计数器和自动补偿装置构成。这类检测系统主要应用于"五分类"或"五分类+网织红细胞"仪器中。

（1）激光光源：具有单色性好、光束强度高的特点，常用的有氩离子激光器（输出波长为 488 nm）、氦氖激光器（输出波长为 632.8 nm）和先进的半导体激光器。

（2）检测区域装置：主要由鞘流装置构成，以形成在鞘流包裹下单个排列的细胞流。

（3）检测器：散射光检测器为光电二极管，用于收集激光照射细胞后产生的散射光信号。荧光检测器则为光电倍增管，用于收集激光照射荧光染色后的细胞产生的荧光信号。由于荧光信号较弱，需要进行倍增放大后再进行信号处理。

（四）血红蛋白检测系统

由于血红蛋白的检测是基于光电比色的原理，血红蛋白检测系统结构与分光光度计基本相同。主要由光源、透镜、滤光片、流动比色杯和光电传感器组成。

（五）计算机控制系统

全自动化的仪器离不开计算机，计算机控制系统就像仪器的大脑，主要负责接收信号、检测系统参数、产生控制信号、接收按键信号，还具有运算、存储功能，并驱动显示器、键盘和打印机等周边设备。

> **要点提示**：血细胞分析仪的工作原理和基本结构。

三、血细胞分析仪的检测流程

血细胞分析仪的检测流程见图 3-8。血样首先由分血器送入两个检测通路。一个检测通路加入溶血素，用于白细胞和血红蛋白的检测；一个检测通路对血样进行稀释，用于红细胞和血小板的检测。

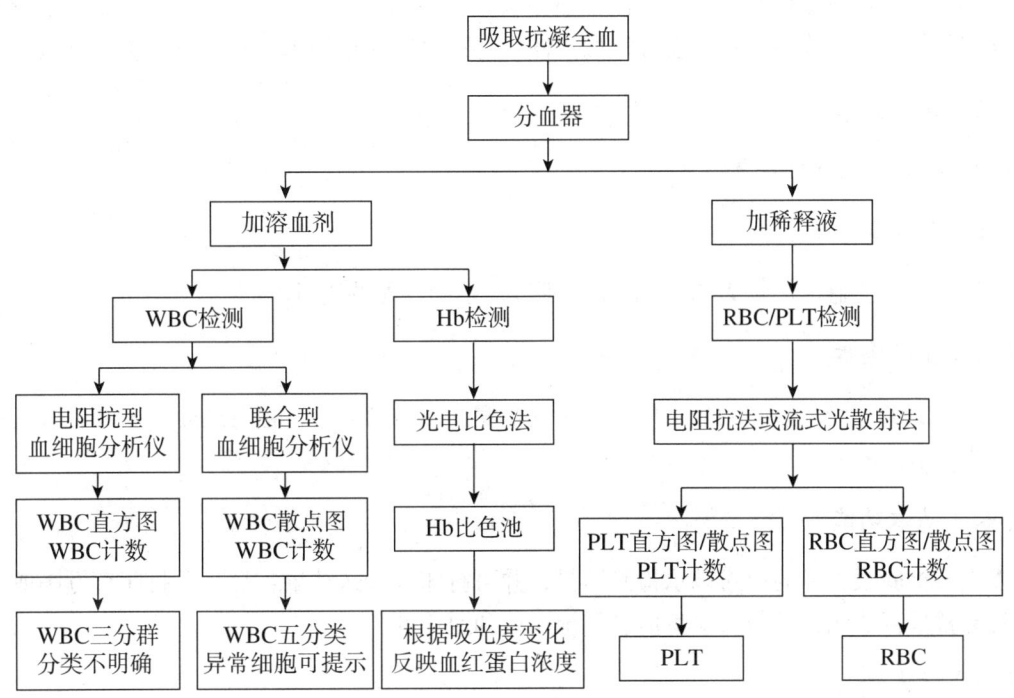

图 3-8　血细胞分析仪检测流程图

四、血细胞分析仪的性能指标

（一）可报告参数

白细胞参数：基本参数包括白细胞计数（WBC），白细胞三分群或五分类的分类计数、比例。有的血细胞分析仪还可提供白细胞核象（分叶指数）、白细胞髓过氧化物酶指数（MPO）、淋巴细胞群计数（LYM）、中性粒细胞体积分布宽度（NDW）、平均中性粒细胞体积（MNV）、淋巴细胞平均传导值，CD3、CD4、CD8 相关细胞和未成熟粒细胞计数（IG#）及比例，造血干细胞计数（HSC#）等参数。

红细胞参数：基本参数包括红细胞计数（RBC）、血细胞比容（HCT）、平均红细胞体积（MCV）、红细胞体积分布宽度（RDW）、血红蛋白浓度（Hb）、平均红细胞血红蛋白含量（MCH）、平均红细胞血红蛋白浓度（MCHC）、红细胞血红蛋白分布宽度（HDW）。有的血细胞分析仪还可提供网织红细胞计数（Ret）、平均网织红细胞体积（MRV）、网织红细胞血红蛋白含量（Ret-He）、平均网织红细胞血红蛋白含量（CHr）、未成熟网织红细胞比例（IRF）、平均球形红细胞体积（MSCV）、有核红细胞计数（NRBC#）等。

血小板参数：基本参数包括血小板计数（PLT）、血小板比容（PCT）、平均血小板体积（MPV）、血小板体积分布宽度（PDW）。有的仪器还可提供网织血小板分群计数、大血小板比例（P-LCR）、大血小板计数（P-LCC）、未成熟血小板比例（IPF）、分化抗原（CD61）等。

随着检验技术的不断发展，一些研究中的参数也有可能转为临床应用参数，主要包括小红细胞贫血因子（MAF）、红细胞大小因子（RSF）、异型淋巴细胞绝对值（AL#）、高荧光强度淋巴细胞（HFLC）等。

（二）形态学分析

低档次的仪器可提供红细胞直方图、血小板直方图和白细胞直方图，但白细胞只能分为三群；高端的仪器除了能提供各类血细胞散点图，还可进行幼稚细胞、网织红细胞的计数分析。

（三）测试速度

每小时 40～150 个测试不等。

（四）样品量

使用标本为全血，用量为 20～250 μl 不等，不同仪器的用量不同。

（五）工作条件

电源：220 V±22 V，50 Hz±1 Hz；环境温度：18～25 ℃；相对湿度≤80%；大气压力符合厂家要求。

（六）基本功能

以中文检验报告单的形式显示检测结果，并可打印或传送结果；显示并打印直方图或散点图；有异常报警功能；可与实验室信息系统连接和通信等。

（七）技术指标

国家规定的血细胞分析仪主要技术指标见表 3-2。

表3-2　血细胞分析仪空白计数、线性范围和线性误差

参数	空白计数	线性范围	线性误差
WBC	≤ 0.5 × 10^9/L	(1.0～10.0) × 10^9/L	≤ 0.5%
		(10.1～99.9) × 10^9/L	≤ 5%
RBC	≤ 0.05 × 10^{12}/L	(0.3～1.0) × 10^{12}/L	≤ 0.05%
		(1.01～7.0) × 10^{12}/L	≤ 0.5%
Hb	≤ 2 g/L	20～70 g/L	≤ 2 g/L
		71～240 g/L	≤ 3%
PLT	≤ 10 × 10^9/L	(20.0～100.0) × 10^9/L	≤ 10.0 × 10^9/L
		(101.0～999.0) × 10^9/L	≤ 10%

五、血细胞分析仪的使用

不同品牌的血细胞分析仪的操作步骤不完全相同,但主要包括以下几个步骤,以全血计数模式为例。

(一)开机

1. 开机前准备 检查废液桶是否液满,应及时倒掉废液;检查试剂有无过保质期和冻结,长途搬运后需静置24小时;检查试剂、废液的管路有无弯折,连接是否可靠;检查主机的电源插头是否安全插入电源插座;检查打印机用纸是否充足。

2. 开机 依次打开稳压电源、血细胞分析仪电源、主机电源、终端计算机电源。仪器将自动进行系统检测,通过后进入检测状态。检测环境条件符合要求,仪器提示可以进行工作。

(二)测试前准备

按照测试的检验项目准备好试剂。按照提示,从仪器菜单选择要测试的检验项目。

(三)上机测试

首先进行室内质控,按要求记录并进行结果分析,测量结果在允许范围内,质控符合要求后进行样本检测。在主界面上进行操作,设置为"全血"模式。将待检测的样本按要求编号,放于样本架上。录入样本信息,包括编号、姓名、年龄等,并确认。再次确认计数状态为"就绪",模式为"全血",标本位置无误后,按"测试"进行检测。

(四)查看结果

分析结束后,检测结果将自动传输到终端计算机上,显示在屏幕,并有相关提示。查看结果,经审核确认后则可打印输出。若数据存在异常,则需根据实际情况确认或取消。

六、血细胞分析仪的维护与常见故障处理

(一)血细胞分析仪的维护

1. 装机要求 血细胞分析仪作为一种临床实验室常规检验仪器,在温度、湿度、电磁辐射、实验室清洁环境方面都有要求。仪器的环境温度为18~25℃,温度变化小于5℃;相对湿度≤80%;实验室清洁,无尘,无绒毛;周边无强电磁辐射源。电源电压稳定、抗干扰,有断电独立保护装置。

2. 日常维护 应根据操作说明及实验室分析要求,编制仪器的维护保养工作程序,做好仪器的使用、维护和保养记录,主要包括以下几个方面。

(1)更换试剂:及时更换试剂,包括稀释液、冲洗液、溶血剂。尽量整瓶更换,以免带来污染。

(2)检测器维护:检测器是血细胞分析仪的核心部件,也是常发生故障的部分,做好它的维护保养对保证仪器正常工作有重要意义。仪器一般都设置有自动清洗的功能,需按照厂家要求,定时清洗检测器。计数期间,每测完一批样本就按几次反冲键,以冲掉堵塞微孔的蛋白质;关机时仪器自动排空和清洗,关机浸泡至少30分钟;定期卸下检测器,用3%~5%次氯酸钠溶液浸泡,彻底清洁。

(3)液路维护:在比色杯中加入专用清洗液,按几次计数键,以使管路、比色杯等充满

清洗液，然后停机浸泡一晚，再用稀释液反复冲洗。当仪器2周以上不用时，应完成排空操作：先排空稀释液、冲洗液、溶血剂导管中的液体，用蒸馏水冲洗液路，最后排空液路。将仪器擦干，包装好保存。

（4）机械传动装置维护：定期清理机械传动装置周围的灰尘和污物，然后按照说明书添加润滑油，以防止机械部件发生磨损。

（二）常见故障处理

1. 仪器显示白细胞（红细胞）计数孔堵塞 溶血剂结晶、血样异常、试剂异常、存在异物都有可能造成堵孔。遇到这种情况应先做初步判断，并逐项排除处理。

（1）样本问题：通过清洗键，对检测器清洗，并做空白检测，观察记录计数时间，如果本底计数时间正常，则说明系统基本正常。用其他样本代替该样本，若故障消失，则说明是该样本问题。检查样本，看是否有凝结现象，重新采集样本上机检测。

（2）试剂问题：当本底检测异常或本底检测正常但替代样本测试故障持续时，则查看所用试剂是否有杂质或变性存在。处理方法为：排空管路，更换试剂，清洗管路，再利用正反冲清洗等保养功能，使故障排除。

（3）小孔堵塞：计数时间若超出范围则说明小孔可能存在堵塞的情况。此时利用探头清洗液浸泡至少30分钟。

（4）真空压力不足：当气道压力不足时，也会出现计数超时，报堵孔。应按照说明书检查压力传感器。

（5）排空阀或控制异常：检查仪器废液缓存罐排空状况，排空度不好则说明排空阀异常，应当更换新阀门。

2. 数据显示区无数据显示 检查计数时间，分析可能原因，若计数时间小于设定值，则可能是试剂供给液路或计数通道异常。检查仪器的管路有无松脱现象、有无渗漏情况。对已经老化的管路需进行更换。

3. 开机自检过程中"本底异常"报警，多次计数后才恢复正常 观察本底异常是否为PLT > 10。该现象主要是平时保养不到位造成。执行计数池排空操作，将厂家提供的探头清洗液加入计数池，浸泡至少20分钟。平时使用时，如果样本量大于100份，仪器关机前需进行探头清洗浸泡；若样本量小于100份，每3天执行一次探头清洗浸泡。

4. 所有数据重复性差，相邻样本干扰严重 该情况常见于采样系统异常，多为采样针外壁清洗不彻底所致。检查拭子清洗组件，取下拭子清洁，若无法彻底清洁，可更换拭子。

5. 血红蛋白数据异常，重复性差

（1）试剂问题：检测试剂是否在有效期内，试剂是否存在杂质或变性。处理方法为更换试剂。

（2）试剂加样问题：注射器密闭垫圈老化或管路泄露会造成溶血剂加入量不足，因此检查溶血剂注射器、阀门和管路。若垫圈存在老化问题，则需及时更换。

（3）比色池问题：血红蛋白是利用光电比色原理进行检测，比色杯有污染、清洁度不佳也会影响检测。严格按照仪器保养要求清洗。若污染严重，则需取下比色杯，用3%～5%次氯酸钠溶液清洗。

七、血细胞分析仪的临床应用

随着电子技术、流式细胞技术、激光技术、细胞化学、电子计算机、图像识别等多种高新技术融合应用于临床检验工作中，多功能、多参数的血细胞分析仪不断产生。自20世纪90年代以来，可报告参数由电阻抗型的 18 项，发展至今天的 60 多项。许多非传统新参数也应运而生，为临床研究疾病的发生、发展与分类、诊断与鉴别诊断、疗效监测与预后估计等提供了新的手段及新的依据，大大丰富了临床血液学的检验内容，促进了血液学的发展。

（一）红细胞参数

红细胞体积分布宽度（RDW）是反映红细胞体积异质性的参数，与 MCV 结合，可综合判断贫血分类诊断和鉴别。红细胞血红蛋白分布宽度（HDW）是反映红细胞内血红蛋白含量异质性的参数，对遗传性球形红细胞增多症、镰状细胞贫血、轻度 β-珠蛋白生成障碍性贫血有一定诊断意义。新生儿血液中的有核红细胞计数（NRBC#）可用于评估新生儿在母体宫内发育迟缓并发症的情况；对于重症患者，有核红细胞的升高说明骨髓增生较活跃，预后较好。平均球形红细胞体积（MSCV）和平均网织红细胞体积（MRV）结合，是诊断遗传性球形红细胞增多症的灵敏指标。平均网织红细胞体积也是评估促红细胞生成素疗效的灵敏指标。

（二）网织红细胞参数

未成熟网织红细胞比例（IRF）是评价红系增生活性的指标，可辅助鉴别贫血的类型。网织红细胞血红蛋白含量（Ret-He）和平均网织红细胞血红蛋白含量（CHr）都是诊断缺铁的新指标。

（三）白细胞参数

未成熟粒细胞比例（IG%）检测，可有效避免早期白血病的漏检。有研究表明，感染或血培养阳性患者的 IG% 明显高于未感染或血培养阴性的患者，IG% 大于 3% 可诊断为脓血症。

（四）血小板参数

平均血小板体积（MPV）指血小板体积的平均值，反映了血液凝血功能，可用于鉴别血小板减低的原因。MPV 正常或升高，见于骨髓增生功能较好但外周血血小板破坏过多导致的血小板降低的情况；MPV 正常或降低，见于再生障碍性贫血；MPV 降低可见于骨髓病变引起的血小板减低。

未成熟血小板比例（IPF）反映了血小板群体中尚未成熟的部分。该指标在血小板减少性疾病的鉴别中有诊断意义。

虽然仪器检测可以在短时间内给出大量样本的检测结果，自动化程度也日新月异，并通过技术创新与改进，在检测结果的精确性上也有很大提升，但在分析存在微小差异的异常细胞时仍存在不足，因此不可忽视显微镜检查的作用。实际工作中，应将显微镜检查和仪器检测结果综合分析，以便为临床提供全面而准确的检测报告。

第二节　血液凝固分析仪

血栓与止血是血液的重要功能之一，通过各种凝血因子的调节使得生理状态下的血液维持正常的流体状态。血栓与止血试验的目的就是通过检测各种凝血因子，从不同角度了解发病原因、病理过程，进而进行疾病的诊断与治疗。

血栓与止血试验中使用的最基本的设备是血液凝固分析仪（automated coagulation analyzer，ACA），简称血凝仪。随着免疫学法的应用，血液凝固分析仪得到了新的发展，检测项目更加丰富，为出血性和血栓性疾病的诊断、溶栓，以及抗凝治疗的监测和疗效观察提供了有力指标。

> **知识链接**
>
> **血液凝固分析仪的发展历史**
>
> Kottman 于 1910 年发明了世界上第一台血凝分析仪;1922 年,Kugelmass 用浊度计通过比浊法实现了对血浆凝固时间的检测;1950 年,基于电流法的血凝分析仪问世。20 世纪 70 年代后,各种类型的单通道、半自动的血凝分析仪相继问世,被称为第一代产品。80 年代起,发色底物法应用于血液凝固检测,使得血凝仪的检测项目进一步扩展,除了能进行一般筛选试验外,还可进行凝血、抗凝、纤维蛋白溶解系统单个因子的检测。随后,磁珠法的诞生打破了光学法检测的一些限制,被称为第二代产品。90 年代,免疫通道的开发将各种检测方法融为一体,使血凝分析仪迈入分子生物学时代,被称为第三代产品,具有多通道、多方法、多功能、全自动的特点。发展至今,血凝分析仪在分析技术、检测项目、检测速度、试剂分配系统准确性等方面不断改进与增强,并可与其他血液分析仪器相连,组成全自动血凝检测流水线,实现血液分析全自动、智能化,成为全实验室自动化的组成部分。

一、血液凝固分析仪的分类与特点

按自动化程度,血液凝固分析仪可分为半自动和全自动血液凝固分析仪及全自动血凝工作站。按照检测原理,可分为光学法、磁珠法、超声分析法血凝分析仪。

(一)半自动血液凝固分析仪

检测项目少,操作简单,检测速度慢、需手工加样(包括样本和试剂),测量精度好于手工,但低于全自动血凝分析仪,主要检测常规凝血项目。

(二)全自动血液凝固分析仪

自动化程度高,检测方法多。一般设计为多通道,检测速度快,检测项目可任意组合,并且测量精度好,易于质量控制和标准化。另外,具有智能化程度高、功能多、价格昂贵的特点,使用中对操作人员的素质要求高。全自动血凝仪除了可检测常规凝血项目,还可对抗凝、纤维蛋白溶解系统单个因子进行检测。全自动血液凝固分析仪见图 3-9。

图 3-9 全自动血液凝固分析仪

(三) 全自动血凝工作站

由全自动血液凝固分析仪与移动式机器人、离心机等组合而成，可进行样本自动识别和接收、自动离心、自动放置、自动分析、分析后样本的分离等。全自动血凝工作站还可与其他实验室自动化系统相结合，实现全实验室自动化。

二、血液凝固分析仪的工作原理

血液凝固分析仪使用的检测方法主要有凝固法、底物显色法、免疫学法、干化学法、乳胶凝集法等。在血栓与止血试验中，凝固法是最基本、最常用的方法。半自动血凝仪基本上以凝固法检测为主，全自动血凝仪则是集合了多种方法，除使用凝固法外，还使用了如底物显色法和免疫学法等其他分析方法。

（一）凝固法

凝固法是将凝血激活剂加入待测血浆，通过检测血浆凝固过程中一系列物理量（包括光、电、超声、机械运动等）的变化，然后将信号转变为数据，由计算机分析、处理并将之换算成最终结果，故又称为生物物理法。按检测原理可分为电流法、光学法、磁珠法和超声分析法四种。

1. 电流法 纤维蛋白原无导电性而纤维蛋白具有导电性，利用这一特点，仪器将待测样本作为电路的一部分，根据凝血过程中电路电流的变化来判断纤维蛋白的形成。由于电流法的不可靠性和单一性，其很快被灵敏度更高、更易扩展的光学法所取代。

2. 光学法 一束光通过含有悬浮颗粒的样品杯会发生散射。血浆在凝固过程中，由于纤维蛋白原逐渐变为纤维蛋白，其物理性状发生变化，透射光和散射光的强度也会发生改变。光学法就是依据血浆凝固过程中浊度的变化导致光强度变化来实现对相关因子的测定。根据不同的光学测量原理，又可分为散射比浊法和透射比浊法两类。

（1）散射比浊法：根据散射光的变化来确定检测终点。在该方法中，单色光源与接收器呈90°。当样本中加入凝血激活剂后，随着样本中纤维蛋白凝块的生成，样本的散射信号逐渐加强。当样本完全凝固，散射光信号将达到最大值，随后将维持不变。仪器将这种光信号的变化绘制成凝固曲线。将凝固起点散射光量定为0%，凝固终点时散射光量定为100%，50%散射光量所对应的时间定为凝固时间，因50%的部位单位时间内散射光量的变化最为显著，纤维蛋白单体的聚合速度最快。

（2）透射比浊法：根据待测样本在凝固过程中吸光度的变化来确定凝固终点。在该方法中，光源、样本、接收器呈一直线排列。把刚加入试剂、还没有发生凝固反应时的透射光强度定义为0%，而凝固反应完全结束时的透射光强度定义为100%，50%透射光强度所对应的时间定为凝固时间，透射光强度到达预定值所需的时间均可以在反应曲线上得到（图3-10）。使用该方法，即使那些透射光强度只有轻微改变的样品，仍可测定其凝固时间。从而对透射光变化量很小的样品（低纤维蛋白原样品），或是变化速度极低的样品（凝固时间延长的样品），也可测定出凝固时间。

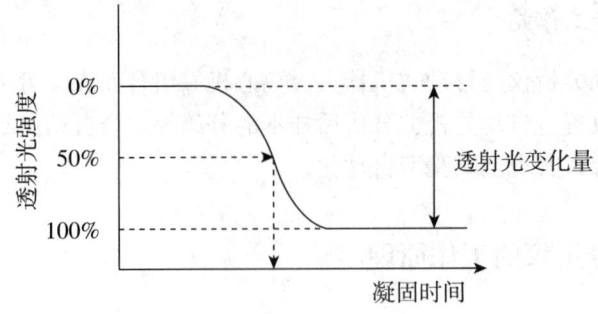

图 3-10 凝固曲线图（透射比浊法）

光学法优点在于灵敏度高、仪器结构简单、易于自动化。缺点是样本的光学异常、样品杯的光洁度、加样中的气泡等都会成为测量的干扰因素。

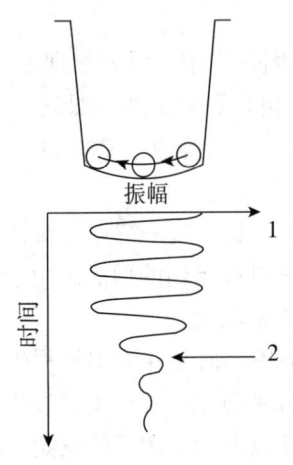

图 3-11 磁珠法原理示意图
1. 起始运动振幅；2. 运动振幅衰减到起始的 50%

3. 磁珠法 早期的磁珠法虽能有效地克服光学法中样本本底干扰的问题，但存在着灵敏度偏低等缺点。现代磁珠法于 20 世纪 80 年代末出现，90 年代初商品化，也被称为双磁路磁珠法。该方法的原理为：在测试杯的两侧各设置一组驱动线圈，它们产生恒定的交替电磁场。当测试杯内放入特制的去磁小钢珠时，小钢珠将在杯内保持等幅振荡运动。凝血激活剂加入后，随着纤维蛋白的增多，血浆的黏稠度增加，小钢珠的运动振幅逐渐减弱。在测试杯周围还分布一组测量线圈，仪器通过它检测小钢珠运动过程中对磁力线切割产生的电信号。当运动幅度衰减到起始的 50% 时确定为凝固终点（图 3-11）。

双磁路磁珠法优点是不受溶血、黄疸及高脂血症的影响，即使加样中产生气泡也不会严重影响检测结果；且试剂用量是光学法的一半，这是因为钢珠在测试杯的底部，试剂只要覆盖钢珠运动即可；磁珠运动也有利于血浆和试剂的充分混匀；磁珠法测量的是电磁信号，对测试杯无光学要求，所以测试杯可反复使用。该方法的缺点是对钢珠和测试杯的质量有较高要求，为了保证测试的准确性，钢珠应当一次性使用。

4. 超声分析法 利用超声波对血浆凝固过程进行半定量的方法。使用一定频率的石英晶体传感器作为信号发射器和接收器，检测血浆在凝固过程中传感器发射波的变化，通过分析这些变化而获得检测结果。目前已经很少使用。

（二）底物显色法

底物显色法实际就是利用光电比色的原理，通过测定产色底物的吸光度变化实现对待测物质的含量和活性的检测，又称生物化学法。主要以卤素灯为检测光源，波长一般为 405 nm。探测器与光源呈直线。

底物显色法通过人工合成与天然凝血因子氨基酸排列顺序相似，并且有特定作用位点的多肽，并使该作用位点与产色的化学基团相连。测定时，由于凝血因子具有蛋白水解酶的活性，它不仅能水解天然蛋白质肽链，也能水解人工合成的肽段底物，从而释放出产色基团，使溶液呈色。颜色深浅与凝血因子活性呈比例关系，故可实现精确的定量。目前，人工合成的多肽底物有几十种，最常用的是对硝基苯胺（PNA）。该物质呈黄色，可用 405 nm 波长进行测定。底物显色法具有灵敏度高、精密度好，而且易于自动化的特点。

（三）免疫学法

免疫学法主要是以纯化的被测物质为抗原，制备相应的抗体，然后利用抗原-抗体反应对被测物进行定性或定量测定。实验室使用的方法有：免疫扩散法、火箭电泳法、双向免疫电泳法、酶联免疫吸附试验、免疫比浊法。免疫比浊法也是血液凝固分析仪常用方法，分为直接浊度法和乳胶比浊法。

1. 直接浊度法　可分为透射比浊法和散射比浊法。其原理不再赘述，与光学法不同的是，其散射是由于待测样本中抗原与其对应的抗体反应形成抗原-抗体复合物而产生，溶质颗粒越大，散射越强。

2. 乳胶比浊法　是将待测物质相对应的抗体包被在乳胶颗粒上，与待检物质结合后形成抗原-抗体复合物乳胶颗粒，从而使乳胶颗粒体积增大，散射现象更加明显。可进行半定量或定量分析，多用于纤维蛋白降解产物（FDP）和 D-二聚体（D-dimer）的检测。

（四）干化学技术

干化学技术是将惰性顺磁铁氧化颗粒固载在可产生凝固反应或纤溶反应的干试剂中，在固定垂直磁场的作用下使颗粒来回移动。当加入血样后，血液通过毛细管作用进入反应层，使干试剂溶解，发生相应的凝固反应或纤溶反应，导致干试剂中惰性顺磁铁氧化颗粒摆动幅度减小或增加，而间接反映出纤维蛋白的形成或溶解的动态过程。仪器的光电检测器可记录顺磁铁氧化颗粒摆动所产生的光量变化，这些变化通过信号放大、转换、运算而得到所测结果。这种方法主要应用于即时检测的便携式血凝仪。

三、血液凝固分析仪的基本结构

（一）半自动血液凝固分析仪

目前在售的半自动血液凝固分析仪基本结构主要由样本和试剂预温槽、加样器、检测系统（光学、磁场）及计算机组成。有的半自动仪器还配备了发色检测通道，使该类仪器同时具备了检测抗凝及纤维蛋白溶解系统活性的功能；有的仪器配有自动计时装置，以告知预温时间和试剂最佳添加时间；有的仪器在测试位添加试剂感应器，感应器感应到从移液器针头滴下试剂后，立即启动混匀装置振动，使血浆与试剂得以很好地混合；有的仪器在测试杯顶部安装了移液器导板，在添加试剂时由导板来固定移液器针头，从而保证了每次均可以在固定的最佳的角度添加试剂并可以防止气泡产生。这些改进提高了半自动血凝仪检测的准确性。

（二）全自动血液凝固分析仪

全自动血液凝固分析仪基本结构包括六大部分：样本传送及处理装置、试剂冷藏位、样本及试剂分配系统、检测系统、计算机、输出设备及附件（图 3-12）。

1. 样本传送及处理装置　血浆样本由传送装置依次向吸样针位置移动，停留在采样位。多数仪器设置了急诊位置，以使常规样本在必要时暂停检测，以满足急诊样本优先测定的要求。样本处理装置由样本预混盘及吸样针构成，预混盘可以放置几十份血浆样本。吸样针将血浆吸取后放于预混盘的测试杯中，供重复测试、自动再稀释和连锁测试使用。

2. 试剂冷藏位　可以同时放置几十种试剂，为了避免试剂变质，仪器都具有冷藏功能。

3. 样本及试剂分配系统　包括样本臂、试剂臂、自动混合器。样本臂会自动提起样本盘

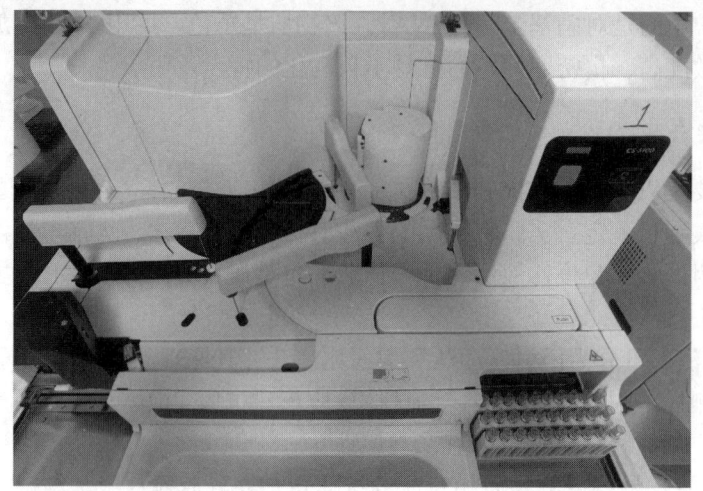

图 3-12 全自动血液凝固分析仪结构示意图

中的测试杯,将其置于样本预温槽中进行预温。然后试剂臂将试剂注入测试杯中(性能优越的全自动血液凝固分析仪为避免凝血酶对其他检测试剂的污染,有独立的凝血酶吸样针),自动混合器将试剂与样本充分混合后送至测试位,已检测过的测试杯将被自动丢弃于特设的废物箱中。

4. 检测系统 是仪器的关键部件,其结构与仪器采用的原理有关。高级的全自动血液凝固分析仪一般具备多种检测系统。例如 CS-5100,可实现凝固法、底物显色法、免疫比浊法、凝集法的检测。

5. 计算机 仪器根据设定的程序指挥血凝仪进行工作并将检测得到的数据进行分析处理,得到最终测试结果。计算机还可对大量的检验数据进行储存,质量控制数据统计,并通过特定接口将数据传送到实验室信息系统(laboratory information system,LIS)中。

6. 输出设备及附件 输出设备包括计算机屏幕和打印机。附件主要有系统附件、带盖穿刺吸样系统、条码扫描仪、阳性样本分析扫描仪等。

> **要点提示**:血液凝固分析仪的工作原理和基本结构。

四、血液凝固分析仪的性能指标与性能评价

(一)血液凝固分析仪的性能指标

1. 测试参数 血液凝固分析仪的测试参数与仪器的自动化水平有关。半自动血液凝固分析仪测试参数较少,主要有凝血酶原时间(PT)、凝血酶时间(TT)、活化部分凝血活酶时间(APTT)、纤维蛋白原定量(Fbg)等项目。

全自动血液凝固分析仪的测试参数还包括 D-二聚体、纤维蛋白降解产物(FDP)、外源凝血因子(Ⅱ、Ⅴ、Ⅶ)、内源凝血因子(Ⅷ、Ⅸ、Ⅺ、Ⅻ)、蛋白 C(PC)、蛋白 S(PS)、抗凝血酶(AT)、血管性血友病因子(vWF)、肝素(普通/低分子)等。

2. 测试速度 不同厂家、不同型号全自动血液凝固分析仪的测试速度有所差别。总体来说,PT:180~400 个测试/时,APTT:80~500 个测试/时,Fbg:60~120 个测试/时,D-dimer:60~200 个测试/时。

3. 样品量 不同仪器使用样品量不同。PT、APTT 用量一般在 50 μl,TT 的用量为 100 μl,

Fbg 的用量为 10 μl。

(二) 血液凝固分析仪的性能评价

我国对血液凝固分析仪的性能评价见《临床血液学检验常规项目分析质量要求》(WS/T 406—2012) 和美国临床实验室标准化协会 (CLSI) EP9-A3 指南系列文件，从精密度、线性范围、正确度、抗干扰能力几个方面进行评价。

1. 精密度 又称重复性测定，指在规定条件下，独立检测结果趋于一致的程度，包括批间精密度和批内精密度。可选用质控血浆或新鲜患者血浆在相同或不同时间内进行重复性测定。测定时分为高、中、低值三个水平的样本 ($n \geqslant 15$) 进行批内、批间及总重复性测定。每个项目重复 11 次，计算后 10 次检测结果的平均值、标准差和变异系数。

2. 线性范围 取质控物、定标物或混合血浆，在不同稀释度 (4～5 个浓度) 时，测定各个相关分析参数，观察其是否随血浆被稀释而发生相应改变。理想结果各参数的线性回顾方程斜率为 1 ± 0.05，相关系数 $r \geqslant 0.975$。

3. 正确度 使用至少 10 份检测结果在参考区间范围内的实际样本，每份样本测定 2 次，计算 20 次以上检测结果的均值，以校准实验室的定值或临床实验室内部规范操作检测系统测定的均值为标准，计算偏倚。

4. 携带污染率 一般携带污染率应不高于 5%。用高值和低值两种血浆样本，先测定高值样本 3 次，得到检测结果 H_1、H_2、H_3，随即测定低值样本 3 次，得到检测结果 L_1、L_2、L_3，计算携带污染率 CR，公式如下。

$$CR = \frac{|L_1 - L_3|}{H_3 - L_3} \times 100\%$$

5. 抗干扰能力 干扰因素主要包括溶血、脂血、黄疸样本，以及临床经肝素治疗的样本。检测时，可以将溶血、脂血、黄疸样本等，按照一定比例加入正常样本中组成混合血浆，以原样本血浆为对照，分别测定各项目，每个样本测定 2 次取平均值，计算偏倚。

五、血液凝固分析仪的使用

不同型号血液凝固分析仪的操作步骤不完全相同，主要包括以下几个步骤。

(一) 开机

首先检查各试剂量、废液量，若试剂量不足应提前补充。依次打开稳压电源、血液凝固分析仪电源、主机电源、终端计算机电源。仪器将自动进行系统检测，通过后进入升温状态。达到温度后，仪器提示可以进行工作。

(二) 测试前准备

按照测试的检验项目准备好试剂。试剂按照说明书溶解或稀释，溶解放置于室温 10～15 分钟后置于设置好的试剂盘相应位置。按照提示，从仪器菜单选择要测试的检验项目。检查标准曲线，观察曲线的线性、回归性等指标。

(三) 上机测试

首先进行室内质控，按要求记录并进行结果分析，测量结果在允许范围内，质控符合要求后进行样本检测。患者样本准备，按照要求编号、分离血浆、放于样本托架上。录入样本信息，包括编号、姓名、年龄等，并确认。选择检测的项目。再次确认试剂位置、试剂量、样本位置无误后，按"开始"键进行检测。

（四）查看结果

分析结束后，检测结果将自动传输到终端计算机上，显示在屏幕上，并有相关提示。查看结果，经审核确认后则可打印输出。若数据存在异常，则需根据实际情况确认或取消。

六、血液凝固分析仪的维护与常见故障处理

（一）半自动血液凝固分析仪的维护

1. 电源 电源电压为 220 V（±10%），使用稳压电源；更换熔断器内的保险管时，严格按照规定顺序操作，先关闭系统，拔下电源线，按熔断器座旁标志的规格型号进行更换。

2. 环境条件 避免阳光直射，并远离强热物体；放置在平稳的工作台面上；保持仪器温度在 37.0 ℃ ±0.2 ℃；避免仪器受潮和腐蚀。若为磁珠型血液凝固分析仪，仪器和加珠器都必须远离强电磁场干扰源，并使用一次性测试杯和钢珠。

3. 保持清洁 保持测试槽、样本槽、试剂槽清洁，严禁有异物进入。维护时应注意生物安全，使用一次性手套。保持仪器清洁，定期用吸水纸擦拭仪器表面和试剂位；用湿润的棉花清洁预温槽、加样器；用清洗液（5% 次氯酸钠溶液）清洗测量孔；若血浆或其他溶液污染了仪器，应使用清洗液进行擦拭，再用清水洗净并干燥。

（二）全自动血液凝固分析仪的维护

一般性维护主要包括：定期清洗或更换空气过滤器；定期检查及清洁反应槽；定期清洗洗针池及通针；经常检查冷却剂液面水平；定期清洁机械运动导杆和转动部分并加润滑油；按时保养定量装置；定期更换样品及试剂针；及时进行数据备份及恢复等。

（三）血液凝固分析仪的常见故障处理

下面以 HF-6000 半自动血凝仪为例介绍常见故障及排除方法。

1. 磁性搅拌器故障 原因：位于试剂池下面的两个磁性搅拌器发生故障。解决方法：在开始检测之前，混匀试剂后再进行检测，或者请厂家人员前来维修。

2. 冲洗错误 原因：参比溶液太少；参比溶液移入错误；管道阻塞。解决办法：检查参比溶液，若溶液高度低于 1 cm，则更换参比溶液；检查参比溶液是否被取样臂正确移入比色杯；若比色杯中无参比溶液，而参比溶液瓶中溶液量充足，则需检查管道是否阻塞。

3. 氢卤灯故障 检查过程：打开样品盘盖子，氢卤灯光线应在 9 号比色杯附近，如果没有灯光，关闭仪器，松开仪器右侧把手，打开灯盖板，拧紧把手。打开仪器，在"PLEASE WAIT"状态结束后进行发色试验，查看氢卤灯是否损坏。如果故障仍然存在，则请厂家人员前来维修。

4. 升温故障 原因：空气过滤网积累太多灰尘；空气流通不畅；室温低于 10 ℃ 或高于 40 ℃。解决办法：更换过滤网或取下过滤网清洁干净；检查空气流通是否通畅，所处温度应低于 35 ℃；室温应保持在 15~32 ℃，否则仪器易于损坏。若以上措施仍不能排除故障，则请厂家人员前来维修。

七、血液凝固分析仪的临床应用

血液凝固分析仪可使用多种方法进行凝血、抗凝、纤维蛋白溶解系统功能、用药的监测等多个项目的测定，主要临床应用有以下几个方面。

（一）凝血系统

可检测凝血酶原时间（PT）、凝血酶时间（TT）、活化部分凝血活酶时间（APTT）；测定纤维蛋白原定量（Fbg），测定单个凝血因子含量或活性，如外源凝血因子（Ⅱ、Ⅴ、Ⅶ）、内源凝血因子（Ⅷ、Ⅸ、Ⅺ、Ⅻ）。

（二）抗凝系统

可检测蛋白 C（PC）、蛋白 S（PS）、抗凝血酶（AT）、抗活化蛋白 C（APCR）、狼疮抗凝物（LA）等。

（三）纤维蛋白溶解系统

可检测纤溶酶原（PLG）、α_2 抗纤溶酶（α_2-AP）、纤维蛋白降解产物（FDP）、D- 二聚体（D-dimer）等。

（四）临床用药监测

当临床应用普通肝素（UFH）、低分子肝素（LMWH）及口服抗凝剂如华法林时，常用血液凝固分析仪对相关指标进行监测以保证用药安全。

第三节 红细胞沉降率测定仪

红细胞沉降率（erythrocyte sedimentation rate，ESR）简称血沉，是指在一定条件下，抗凝全血中红细胞自然下沉的速率。红细胞沉降率是临床实验室的常规检验项目，其结果对多种疾病的活动、复发、发展有监测作用，常作为红细胞聚集、红细胞表面电荷及红细胞电泳的通用指标。

自动红细胞沉降率测定仪（automated erythrocyte sedimentation rate analyzer）是一种专门分析红细胞沉降率及相关指标的自动化仪器（图3-13）。自20世纪80年代诞生以来，其因操作简便、结构简单、自动化程度高、能和其他仪器联用，在各级医院被推广普及。

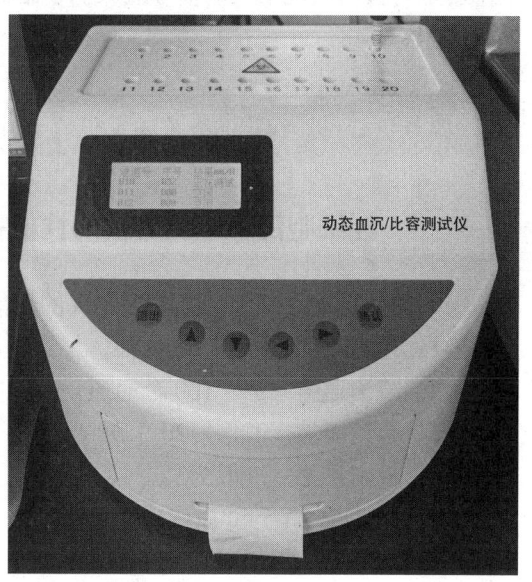

图 3-13 自动红细胞沉降率测定仪图

一、红细胞沉降率测定仪的工作原理

1921年，Westergren 等人建立了以血细胞沉降距离报告血沉结果的魏氏法。其测定方法为：将抗凝血置于特制的刻度血沉管中，在室温下垂直立于血沉架上，1小时后读取上层血浆的高度，即为红细胞沉降率。健康人抗凝全血中红细胞沉降过程一般分为三个阶段：红细胞缗钱状聚集期（10分钟）；红细胞快速沉降期，红细胞以恒定的速率下降（40分钟）；红细胞堆积期，红细胞逐渐向试管底部聚集（10分钟）。

利用魏氏法检测存在费时、费力，操作过程难以标准化等缺点。自动红细胞沉降率测定仪是以魏氏法测定原理为基础的，利用光学阻挡原理进行测量。自动红细胞沉降率测定仪根据红细胞下沉过程中浊度改变，利用红外线探测技术或光电技术定时扫描红细胞和血浆分界的位置，从而自动记录血沉的全过程。红细胞沉降前，血沉管内血液呈均一的红色，可吸收红外线。随着红细胞下沉，逐渐在血沉管的上部留下一段透明的血浆，血浆层则可通过红外线。仪器利用一对红外线发送和接收管监测装置沿血沉管上下滑动来测定红细胞和透明血浆的分界面，在一定时间（一般为60分钟，快速分析可缩短至30分钟及以下）内可测出红细胞的动态沉降变化情况，从而绘制出以血浆高度为纵坐标、以时间为横坐标的红细胞沉降曲线（H-T曲线）。在光电检测技术中，光源则为激光，样本放入仪器后首先进行混匀，以加快红细胞的沉降。样本进入到检测位置20秒内，光路检测器将记录样本中1000个光线透过信号，通过系统数据处理换算，从而给出魏氏法的血沉结果。

二、红细胞沉降率测定仪的基本结构

自动红细胞沉降率测定仪由光源、血沉管、检测系统、数据处理系统四个部分组成。

1. **光源** 多利用红外光源或激光光源。
2. **血沉管** 即血沉沉降管，一般为透明的硬质玻璃管或塑料管。
3. **检测系统** 一般利用光电二极管进行光电转换，将透过的红外光或激光强度转换为电信号。
4. **数据处理系统** 主要由放大电路、数据采集和处理软件、显示和打印系统组成。主要作用是将检测系统采集的信号放大后传送给计算机进行数据处理，最终换算成血沉结果，显示或打印。

要点提示：红细胞沉降率测定仪的工作原理和基本结构。

三、红细胞沉降率测定仪的性能指标

不同的自动红细胞沉降率测定仪的性能有所差异，主要性能指标有以下几个方面。

1. **检测时间** 18～60分钟。
2. **检测通道** 1～100个通道。
3. **检测能力** 20～120个测试/时。
4. **标本采集** 一般为真空管。
5. **采血量** 1.5 ml以内。
6. **分辨率** 可精确到±1 mm/h。
7. **检测范围** 0～140 mm/h。
8. **检测重复性** CV＜3%。
9. **环境条件** 温度10～30℃，相对湿度＜85%。

四、红细胞沉降率测定仪的使用

以 Test-1 型自动红细胞沉降率测定仪为例说明其操作过程。

首先打开电源。当界面出现"MAIN MENU"时则提示可进入测试。在界面上选择7号键后,打开左侧移门,输入样本编号,并按"ENTER"键结束输入。关闭左侧移门,按"START"键,在出现"INSERT RACK"字样后打开门放入血样,再次按"START"键开始测试。测试完毕查看结果并打印。

五、红细胞沉降率测定仪的维护与常见故障处理

自动红细胞沉降率测定仪的体积小、结构简单,安装和使用必须严格按照说明书的要求进行操作。为保证仪器性能稳定、延长使用寿命,应注意进行常规的维护保养。

红细胞在单位时间内下沉的速度与血沉管的内径、清洁度、放置倾斜度、室温高低等因素有关,因此血沉管的质量控制非常重要。一般要求血沉管长为 300 mm ± 1.5 mm,内径为 2.55 mm。

每天开机前,应注意检查是否有液体浸入仪器内部,或者不明液体从仪器内部渗出,出现类似情况,操作者应停止使用,查明原因,并清除液体。每次测试完毕,关机断电。用棉签蘸 5% 次氯酸钠溶液对血沉管孔位周围进行清洁消毒。

仪器最敏感的部件是内部的红外线发射管和接收管,注意保持测试孔的清洁和干燥,不要用水或潮湿的布清洗仪器,因为水或尘埃进入测试孔中会对仪器造成很大的危害。当不使用时,请用防尘罩盖好仪器。任何灰尘都可用普通的吸尘器清除。

六、红细胞沉降率测定仪的临床应用

临床上红细胞沉降率主要用于观察病情的动态变化,区别功能性和器质性病变及鉴别良性与恶性肿瘤等。

(一)生理性血沉增快

新生儿血沉较慢,一般小于 2 mm/h。12 岁以下儿童由于红细胞数量生理性低下,血沉稍快。女性血沉速率较男性快。妇女妊娠 3 个月以上血沉逐渐加快,直至分娩后 3 周才恢复正常,与妊娠贫血及纤维蛋白原含量增加、胎盘剥离、产伤等有关。年龄大于 50 岁,可因血浆纤维蛋白原含量逐渐增加而使血沉增快。

(二)病理性血沉增快

1. 炎性疾病 如急性细菌感染(急性时相反应蛋白迅速增多)、风湿病活动期(抗原-抗体复合物增加)、结核病活动期、风湿热活动期(纤维蛋白原明显增高)、HIV 感染(血清标志物阳性伴血沉增快是 AIDS 早期预测指标)。

2. 组织损伤 如严重创伤、大手术、心肌梗死 2~3 天后血沉增快,可持续 1~3 周不等。而心绞痛血沉正常。

3. 贫血 血红蛋白含量低于 90 g/L 时,血沉可轻度增快,并随贫血加重而增快明显,但不呈正比。

4. 高胆固醇血症 糖尿病、肾病综合征、黏液性水肿和动脉粥样硬化等或原发性家族性高胆固醇血症时血沉均可增快。

5. 高球蛋白血症 多发性骨髓瘤、巨球蛋白血症、系统性红斑狼疮、肝硬化、慢性肾炎、

免疫球蛋白增高。

6. 恶性肿瘤　与肿瘤组织坏死、纤维蛋白原增高、感染和贫血有关。

7. 其他　退行性疾病、巨细胞性动脉炎和风湿性多肌瘤。

（三）血沉减慢

血沉减慢的意义较小，可为红细胞数量明显增多及纤维蛋白原含量严重减低所致。见于真性红细胞增多症、低纤维蛋白原血症、充血性心力衰竭、红细胞形态异常等。

 自测题

一、选择题

1. 血细胞分析仪检测不包括
   A. 红细胞计数　　　　　　　　　　B. 白细胞计数
   C. 红细胞沉降率测定　　　　　　　D. 血小板计数
   E. 网织红细胞计数

2. 库尔特原理中，血细胞的电阻与电解质溶液电阻的关系是
   A. 相等　　　　　　　　　　　　　B. 大于
   C. 小于　　　　　　　　　　　　　D. 大于或等于
   E. 小于或等于

3. 电阻抗血细胞分析仪的缺点是只能将白细胞按体积大小分为
   A. 二个亚群　　　　　　　　　　　B. 三个亚群
   C. 四个亚群　　　　　　　　　　　D. 五个亚群
   E. 六个亚群

4. 电阻抗原理中，脉冲、振幅和细胞体积之间的关系是
   A. 细胞越大，脉冲越大，振幅越小　B. 细胞越大，脉冲越小，振幅越小
   C. 细胞越大，脉冲越大，振幅越大　D. 细胞越大，脉冲越大，振幅不变
   E. 细胞越大，脉冲越小，振幅越大

5. 多角度散射光检测技术中，前向散射光可测定
   A. 细胞的表面结构　　　　　　　　B. 细胞的颗粒特征
   C. 细胞核分叶情况　　　　　　　　D. 细胞的大小
   E. 核质复杂程度

6. 血细胞分析仪的白细胞分类技术不包括
   A. 角度激光散射，电阻抗联合检测技术
   B. 光散射与细胞化学联用检测技术
   C. 体积、电导、光散射联合检测技术
   D. 电阻抗、射频与细胞化学联合检测技术
   E. 光电磁珠探测法检测技术

7. 血细胞分析仪对网织红细胞计数分析时检测的物质是
   A. 蛋白质　　　　　　　　　　　　B. 脂质
   C. DNA　　　　　　　　　　　　　 D. RNA
   E. 硫化氨基酸

8. 流式光散射检测系统保证细胞悬液在液流中形成单个排列的细胞流的装置是
   A．鞘流形成装置　　　　　　　B．补偿装置
   C．光电转换装置　　　　　　　D．阈值调节器
   E．甄别器
9. 联合检测型血细胞分析仪共有特点是均使用了
   A．光散射技术　　　　　　　　B．电阻抗技术
   C．流式细胞技术　　　　　　　D．荧光染色技术
   E．细胞化学技术
10. 白细胞检测原理中 VCS 技术的 S 是指
    A．光强度　　　　　　　　　　B．体积
    C．电导　　　　　　　　　　　D．光散射
    E．荧光
11. 血细胞分析仪血红蛋白检测系统的结构不包括
    A．光源　　　　　　　　　　　B．透镜
    C．小孔管　　　　　　　　　　D．滤光片
    E．光电传感器
12. 按血凝检测原理，下面不属于凝固法的是
    A．电流法　　　　　　　　　　B．光学比浊法
    C．双磁路磁珠法　　　　　　　D．免疫比浊法
    E．超声分析法
13. 双磁路磁珠法进行凝血检测时，凝固终点为磁珠振幅衰减到
    A．0%　　　　　　　　　　　　B．30%
    C．50%　　　　　　　　　　　 D．60%
    E．70%
14. 凝血四项中，检测参数不包括
    A．抗凝血酶（AT）　　　　　　B．凝血酶原时间（PT）
    C．凝血酶时间（TT）　　　　　D．纤维蛋白原定量（Fbg）
    E．活化部分凝血活酶时间（APTT）
15. 自动红细胞沉降率测定仪的测量原理是
    A．光学阻挡原理　　　　　　　B．温度变化原理
    C．电动势变化原理　　　　　　D．电导变化原理
    E．电流变化原理
16. 下列关于自动红细胞沉降率测定仪结构的表述正确的是
    A．是由光源、单色器、检测系统、数据处理系统组成
    B．是由光源、沉降管、检测系统、数据处理系统组成
    C．是由光源、样品池、分光系统、检测系统组成
    D．是由光源、沉降管、分光系统、检测系统组成
    E．是由光源、沉降管、分光系统、数据处理系统组成
17. 下列关于红细胞沉降曲线的表述中，正确的是
    A．横坐标是沉降距离，单位是毫米
    B．横坐标是沉降时间，单位是小时
    C．纵坐标是沉降时间，单位是分钟
    D．纵坐标是血浆高度，单位是毫米

E．纵坐标是沉降时间，单位是小时

二、问答题

1．简述电阻抗检测原理。
2．联合检测型血细胞分析仪在白细胞分类上主要有哪些技术？
3．简述网织红细胞的检测原理。
4．简述血凝仪磁珠法的原理。
5．简述自动红细胞沉降率测定仪的检测原理。

（王媛媛）

第四章 临床尿液检验常用仪器

第四章数字资源

> **学习目标**
> 1. 掌握 尿液化学分析仪、尿液有形成分分析仪及尿液有形成分分析工作站的工作原理。
> 2. 熟悉 尿液化学分析仪、尿液有形成分分析仪及尿液有形成分分析工作站的基本结构、使用方法、日常维护及临床应用。
> 3. 了解 尿液化学分析仪、尿液有形成分分析仪的常见仪器故障及处理。
> 4. 能够指认尿液检验常用仪器的基本结构并熟练操作尿液检验常用仪器。

尿液分析（urinalysis）是临床检验三大常规项目之一，是运用物理、化学等方法，结合显微镜及相关仪器对尿液标本进行分析，为临床医生提供有价值的参考信息，实现对泌尿、消化、内分泌等系统的疾病进行诊断、疗效观察以及判断预后等目的。一个完整的尿液分析应该包括尿液化学检测和尿液有形成分分析。随着现代医学科学技术、计算机技术以及计算机应用的快速发展，各种尿液化学分析仪，特别是尿液有形成分全自动分析仪的相继问世，为尿液化学成分及有形成分的自动化检查提供了可靠的手段。

第一节 尿液化学分析仪

尿液化学分析仪（urine chemistry analyzer）是测定尿液中某些化学成分的自动化仪器，是临床实验室尿液自动化检查的重要工具，具有操作简单、快速等优点。仪器在计算机控制下通过收集、分析尿液干化学试带上各种试剂块的颜色变化信息，并经过一系列信号转化，最后输出测定的尿液样本中各化学成分的含量。

一、尿液化学分析仪的分类

随着检验技术的发展，尿液化学分析仪的分类也在不断更新完善，具体如下。

（一）按工作方式分类

按工作方式可分为湿式尿液化学分析仪和干式尿液化学分析仪。其中，干式尿液化学分析仪主要用于评定干试纸法的测定结果，因其结构简单、使用方便，目前在临床普遍应用。本章主要介绍的是干式尿液化学分析仪（干化学分析仪）。

(二)按自动化程度分类

按自动化程度可分为半自动尿液化学分析仪(图4-1)和全自动尿液化学分析仪。半自动尿液化学分析仪需要手工操作如加样及摆放尿液干化学试带。全自动尿液化学分析仪则为自动加样、自动取尿液干化学试带、自动清洗和自动排放废液。

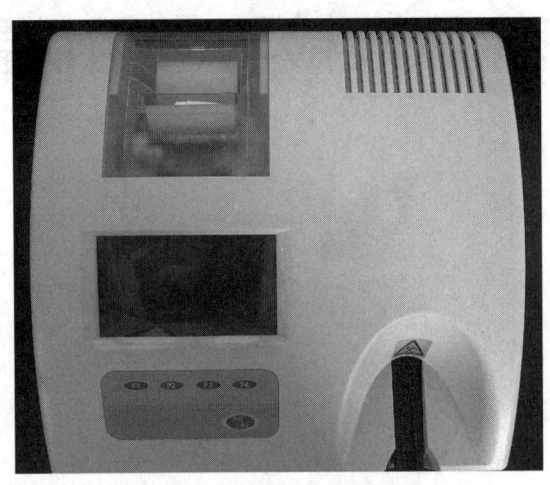

图4-1 半自动尿液化学分析仪

(三)按测试项目分类

1. **8项尿液化学分析仪检测项目** 包括尿蛋白(PRO)、尿糖(Glu)、尿pH、尿酮体(KET)、尿胆红素(BIL)、尿胆原(URO)、尿隐血(BLD)和尿亚硝酸盐(NIT)。
2. **9项尿液化学分析仪** 8项+尿白细胞。
3. **10项尿液化学分析仪** 9项+尿比重(SG)。
4. **11项尿液化学分析仪** 10项+维生素C。
5. **12项尿液化学分析仪** 11项+颜色或浊度。
6. **14项尿液化学分析仪** 11项+肌酐、钙离子、微量白蛋白。

> **知识链接**
>
> **我国尿液化学分析仪的发展**
>
> 我国尿液化学分析仪的研制始于20世纪60年代,虽起步较晚,但在1980年国产尿液干化学试纸条就已问世;1985年,我国从日本引进了当时国际领先水平的MA-4210型尿液化学分析仪和专用试纸条的生产技术及设备,由此填补了国内空白;1990年,尿液化学分析仪就已达到国产化。目前,我国已经能够生产功能齐全的各类尿液干化学分析仪。尿液化学分析仪的问世标志着尿液分析由传统的手工操作向快速、自动化转变,提高了实验室尿液分析工作的效率和检测质量。

要点提示:尿液化学分析仪检测项目分类。

二、尿液化学分析仪的工作原理

尿液化学分析仪实际上就是一台检查尿液干化学试带上干化学反应的反射式光度计。试剂带浸入尿液后，除了空白块外，各检测试剂块都因和尿液相应成分发生化学反应而产生了颜色变化，试带颜色深浅决定光的吸收和反射程度，与尿液样品中特定化学成分的浓度呈正比。模块颜色越深，吸收光量值越大，反射光量值越小，则反射率越小；反之，则反射率越大。在微电脑控制下，光学系统对尿液干化学试带上的颜色变化进行扫描。仪器根据与标准带的比较自动判断结果。

（一）尿液干化学试带组成、结构及作用

尿液干化学试带（urine dry chemical reagent strip）简称尿试带，是按固定位置黏附有相应化学成分检验试剂块的塑料条，又称尿试纸条。

1. 尿试带的组成　由塑料条、试剂块、空白块、位置参考块组成。塑料条为支持载体；试剂模块含有检验试剂，完成相关项目检测；空白块是为了消除尿液本身的颜色所产生的测试误差；位置参考块是为了消除每次测定时因试剂块的位置不同而产生的测试误差。

2. 尿试带的结构及作用　尿试带上有多个含有各种试剂的试剂垫，各试剂垫与尿液中的相应成分进行独立反应后可呈现出不同颜色，颜色的深浅与尿液中待测成分呈比例关系。尿液干化学分析仪型号较多，应使用与仪器配套的专用试带，且试剂块的排列顺序也不尽相同，在使用前应仔细阅读试带说明书并严格按照说明书进行操作。尿试带采用多层膜结构，结构见图4-2，主要作用见表4-1。

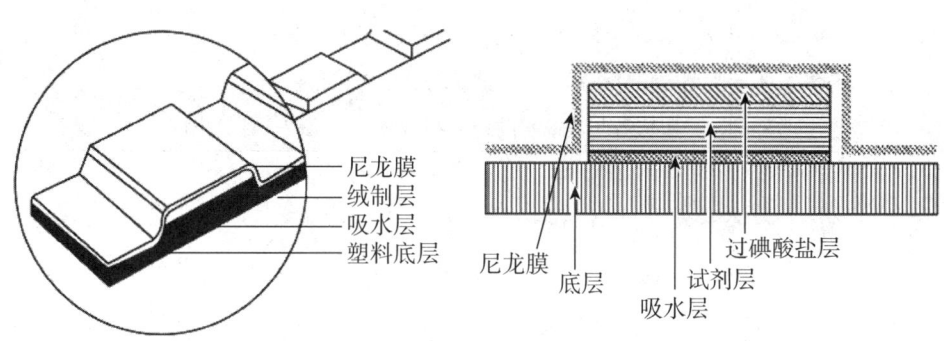

图4-2　多联尿试带的结构示意图

表4-1　多联尿试带各层膜结构的主要作用

膜结构	主要作用
尼龙膜层	对试带起保护和过滤作用，防止大分子物质对反应的污染，保证尿试带的完整性
绒制层	包括过碘酸盐层（有些试剂块含有此区）和试剂层。过碘酸盐层可破坏维生素C的干扰，试剂层含有试剂成分，主要与尿液待测成分发生化学反应，产生颜色变化
吸水层	可使尿液均匀快速地渗入，并能抑制尿液流到相邻反应区
塑料底层	为支持层，由塑料片制成，起支持作用

（二）尿液干化学试带的反应原理

尿液干化学试带的反应原理见表4-2。

表4-2 尿试带项目反应原理

项目	反应原理
pH	pH 指示剂原理。常用甲基红和麝香草酚蓝组成的复合型指示剂,从 pH 4.5~9 颜色由橘黄色、绿色变为蓝色
蛋白质	利用 pH 指示剂蛋白质误差的原理。蛋白质离子与带相反电荷的指示剂离子结合,引起指示剂颜色变化
葡萄糖	常采用葡萄糖氧化酶-过氧化物酶法。葡萄糖被葡萄糖氧化酶氧化释放出过氧化氢,从而使色原物质显色
酮体	采用硝普钠(亚硝基铁氰化钠)反应测量酮体。在碱性条件下,尿液中酮体和硝普钠反应而显色
隐血	血红蛋白类过氧化物酶催化反应原理。血红蛋白具有类似过氧化物酶的作用,能催化过氧化氢与色原物质反应并显色
胆红素	重氮反应法原理。在强酸条件下,尿胆红素与重氮盐发生偶联反应形成重氮色素
尿胆原	Ehrlich 醛反应原理。尿胆原与对二甲氨基苯甲醛在酸性条件下反应生成樱红色缩合物
亚硝酸盐	重氮-偶联反应原理。在酸性条件下,亚硝酸盐与芳香胺反应形成重氮盐,再与苯喹啉反应产生重氮色素
白细胞酯酶	酯酶法。中性粒细胞的酯酶能水解吲哚酚酯生成吲哚酚和有机酸,吲哚酚可进一步氧化成靛蓝或吲哚酚和重氮盐反应生成重氮色素而显色,颜色深浅与粒细胞量的多少有关
比重	基于某种预处理的多聚电解质在一定离子浓度溶液中 pKa 变化来测量比重。尿液中电解质离子可和聚甲基乙烯顺丁烯二酸共聚体中的氢离子发生置换,换出的氢离子使溴麝香草酚蓝指示剂的颜色发生变化
维生素 C	磷钼酸缓冲液或甲基绿与尿液中维生素 C 进行反应形成钼蓝,颜色由蓝色变成紫色
颜色	反射法。不同类型的仪器采用不同的波长对空白块进行检测
浊度	透光指数原理。采用尿液与蒸馏水的透射和折射光相比较,计算出尿液的浊度

要点提示:尿液化学分析仪的工作原理。

三、尿液化学分析仪的结构及功能

尿液化学分析仪的基本结构一般由机械系统、光学检测系统、电路系统及输入输出系统组成(图4-3)。

(一)机械系统

机械系统包括传送装置、采样装置、加样装置和测量装置。不同型号的仪器使用不同的机械系统,如齿轮组合、传送带、机械臂、吸样针、样本混匀器等。其主要功能是将待检的尿试带和待检标本传送到检测区,分析仪检测后将尿试带传送到废物盒。

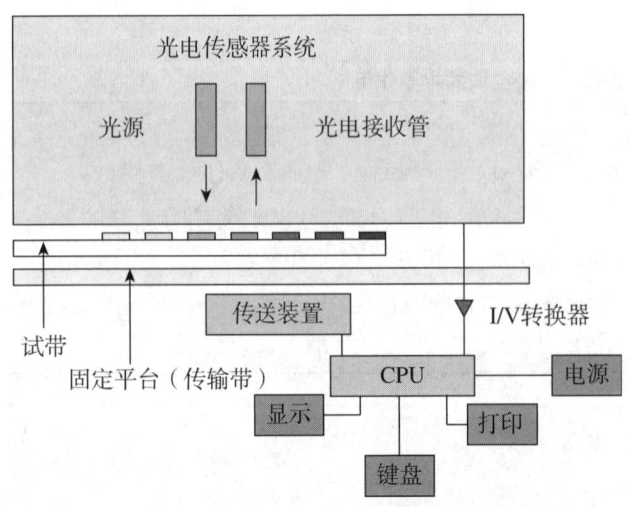

图4-3 尿液化学分析仪结构示意图

半自动尿液化学分析仪机械系统比较简单，主要有两类：一类是试带架式，将手工加样后的尿试带放入试带架的沟槽内，仪器移动沟槽将干化学试带置于光学系统进行检测或移动光学系统至尿试带上方进行检测，检测完毕后沟槽或光学系统自动复位，此类分析仪测试速度缓慢。另一类是试带传送带式，将手工加样后的尿试带放入试带架内，传送装置或机械手将干化学试带传送到光学系统进行检测，检测完毕后送到废料箱，此类分析仪测试速度较快。

全自动尿液化学分析仪机械系统比较复杂，主要有两类：一类是浸式加样，由尿试带传送装置、采样装置和测量装置组成。首先由机械手或滚轮取出尿试带后，将尿试带浸入尿液中，再放入测量系统进行检测。此类分析仪需要将试剂带上每个模块都完全浸入尿液中，因此需要足够量的尿液样本（约 10 ml）。另一类是点式加样，由自动进样传送装置、样本混匀器、定量吸样装置、尿试带传送装置和测量测试装置组成。首先由加样装置（吸样针）将尿液加到尿试带上的每个反应模块上，尿试带传送装置将尿试带送入测量系统进行光学系统检测。此类分析仪只需 2 ml 的尿液。

（二）光学检测系统

光学检测系统是尿液分析仪的核心部件，通常包括光源、单色处理器、光电转换器三部分。仪器光源发出光线照射到干化学试带模块的反应区表面产生反射光，反射光的强度与各个项目的反应颜色的深浅即待测物的浓度呈正比。不同强度的反射光再经光电转换器件转换为电信号进行处理。不同生产厂家，尿液化学分析仪的光学系统不尽相同。目前通常有三种：滤光片分光系统、发光二极管（LED）系统和电荷耦合器件（CCD）检测系统。

1. 滤光片分光系统 卤钨灯发出的混合光通过球面积分仪的通光孔照射到试剂带上，试剂带把光反射到球面积分仪上，透过滤光片得到特定波长的单色光，再照射到光电二极管上实现光电转换。

2. 发光二极管系统（LED 系统） 采用可发射特定波长单色光的 LED 作为检测光源，检测头上有三个发射不同波长单色光的光电二极管，对应于试剂带上特定的检测项目分别照射红、橙、绿单色光（波长分别为 660 nm、620 nm、555 nm），它们相对于检测面以 60° 照射在反应区上。作为光电转换器件的光电二极管垂直安装在反应区的上方，在检测光照射的同时接收反射光。光路近，无信号衰减，使得用光强度较弱的发光二极管照射也能得到较强的光反射信号（图4-4）。以 LED 作为光源，具有单色性好、灵敏度高的优点，目前大部分仪器均采用此类检测器。

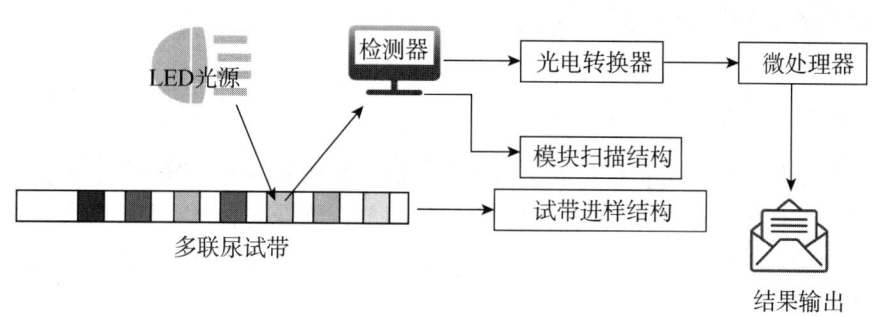

图 4-4 尿液化学分析仪 LED 系统结构图

3. 电荷耦合器件系统（CCD 系统） 采用电荷耦合器件技术进行光电转换，把反射光分解为红绿蓝（RGB：610 nm、540 nm、460 nm）三原色，又将三原色中的每一种颜色分为 2592 色素，这样整个反射光分为 7776 色素，可精确分辨颜色由浅到深的各种微小变化。该系统的光源通常采用高压氙灯或发光二极管,它的特点是发光光源接近日光;放电通路窄,可形成线状光源或点光源;发光效率高,但此系统价格昂贵且维修复杂,一般用于高档全自动仪器。尿液化学分析仪 CCD 系统结构见图 4-5。

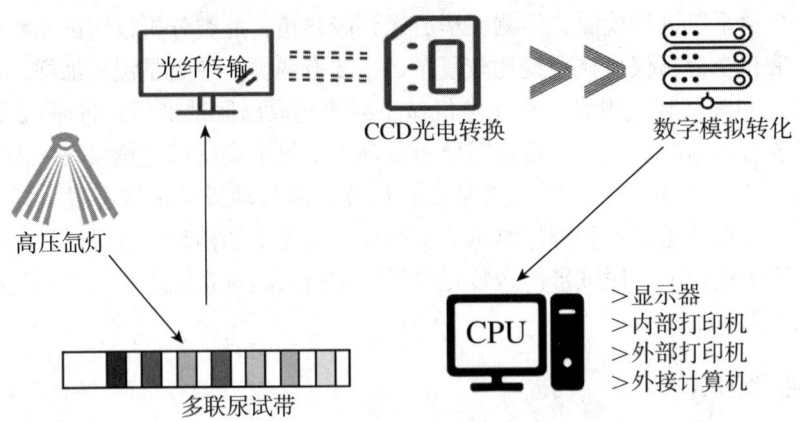

图 4-5　尿液化学分析仪 CCD 系统结构图

(三) 电路系统

电路系统由仪器电源、光电转换系统、电流/电压转换器 (I/V 转换器)、中央处理器 (CPU) 等部件构成。电路系统是将转换后的电信号放大,经模/数转换后送至 CPU 处理,计算出最终检测结果,然后将结果输送到屏幕显示并送打印机打印。其中,CPU 不但负责检测数据的处理,而且控制了整个机械、光学系统的运作,这些功能均能通过特定软件实现。

(四) 输入输出系统

输入输出系统由显示器、面板、打印机等组成。用于操作者输入标本信息、观察仪器工作状态、打印报告单等。

> **要点提示**:尿液干化学分析仪的光学检测系统。

四、尿液化学分析仪的安装与调校

(一) 安装

安装前应该对尿液化学分析仪的安装指南和仪器安装所需的条件作全面了解,仔细阅读分析仪操作手册。一般尿液化学分析仪的安装都比较简单,严格按照说明书安装即可,但全自动尿液化学分析仪应该由厂家的技术人员进行安装,以免失误导致不必要的损失。仪器安装所需的条件和要求如下。

1. 应在清洁、通风的环境安装,最好选择有空调装置(室内温度应在 20 ~ 25 ℃,相对湿度应 ≤ 80%)的地方。避免安装在潮湿的地方。

2. 安装在稳定的水平实验台上,禁止安装在高温、阳光直接照射处;远离高频、电磁波干扰源、热源。

3. 应安装在大小适宜、有足够空间、便于操作的地方。

4．要求仪器接地良好，电源电压稳定。

（二）调校

为保证检验质量，新仪器安装或维修之后，必须由专业技术人员对仪器技术性能进行调校、评价。

1．使用厂家提供的标准校正带对仪器的光路、状态进行校正，只有在校正通过时才能进行试验。

2．使用一定浓度的标准品，在仪器上严格按使用说明书操作，看测定结果是否与标准品浓度相符合。

3．了解仪器对每项检测指标的测试范围，并建立该仪器的正常值的参考区间。

4．其他详见仪器配套校准作业指导书。因仪器型号及厂家不同，其校准作业指导书也不尽相同。

五、尿液化学分析仪的操作流程及注意事项

（一）操作流程

因生产厂家及型号的不同，仪器的具体使用方法也不尽相同，工作人员操作前必须经过严格的培训，仔细阅读仪器配套使用说明书，了解该仪器的工作原理、操作规程、校正方法及保养要求。基本的操作流程如下。

1．开机准备 接通仪器电源，观察仪器自检有无异常，预热数分钟，按要求选择多联试带通路。

2．质控测试 将质控试带（随机配件）放入检测槽内，启动运行键，仪器片刻即打印出质控结果。若与试带盒上的标准值比较相符，则将质控试带取出收好。

3．样本检测 将欲测试试带浸入随机尿液标本内，浸入时间按试带说明书执行。在规定时间内将试带放入检测槽内检测，观察并打印结果。

4．仪器清洗 在每日标本检测完毕后执行。

5．关闭电源 点击关机按钮，执行关机程序。

6．清洁 清洁仪器，清除已使用的试带及对废液进行处理。

（二）注意事项

1．保持仪器的清洁，并保证使用干净的样品杯，建议使用一次性尿液样品杯（带盖）。

2．使用新鲜的混合尿液且标本留取后一般应在2小时内进行检验。临床医护人员和实验室工作人员应指导患者正确留取尿标本的方法。门诊患者建议留尿后立即送检，住院患者建议标记留尿时间并尽快送检。

3．使用原厂生产尿试带，使用试带时再开启瓶盖，每次取用后应立即盖上瓶盖，防止试带受潮变质。试带浸入尿样的时间为2秒，同时保证试剂块和空白块都要全部浸入尿液中，塑料底层过多的尿液标本应用滤纸吸走，避免污染试带传送槽。

4．仪器使用最佳温度是20~25℃，故室温、尿液标本以及试带最好也维持在此温度范围内。

5．在报告检测结果时，由于各类尿液化学分析仪设计的结果档次差异较大，不能单独以符号代码结果来解释，要结合半定量值进行分析，以免因定性结果的报告方式不够妥当，给临床解释带来混乱。

6. 试带应贮存在干燥、不透明、有盖的容器中，放置在阴凉、干燥的地方保存，禁止放入冰箱或暴露于挥发性烟雾中。

7. 对标识不明、标本量不合适、防腐剂和容器使用不当等不合格的标本，按程序文件处理。

六、尿液化学分析仪的维护与保养

尿液化学分析仪是一种精密的电子光学仪器，必须精心维护、细心保养，安装在合适的环境中，按照操作流程规范操作仪器。

（一）日常维护

1. 操作者在仪器操作前应先仔细阅读尿液化学分析仪使用说明书及尿试带说明书或经过仪器工程师专业培训后方可操作仪器。

2. 每台尿液化学分析仪应建立操作程序，并按其规定进行操作。

3. 建立专用的仪器使用登记本，每次仪器使用完毕，及时逐项登记，并由专人负责。

4. 检测前要对仪器进行全面检查（各种装置及废液装置、打印纸情况以及仪器是否需要校正等），确认无误后才能开机。

5. 检测完毕，要对仪器进行全面清理、保养。

（二）保养

1. 每日保养 每日测定完毕，试带托盘应用专用洗涤剂清洗，也可用清水或中性清洗剂擦拭干净。若试带托盘是一次性的，应注意及时更换；不要使用有机溶剂清洗传送带，清洗时勿使水滴入仪器内；试带托架下方的吸水孔要保持畅通。废物（废水、废试带）装置应每日清除干净。

2. 每周或每月保养 各类尿液化学分析仪要根据仪器的具体情况进行每周或每月保养。

七、尿液化学分析仪的主要技术指标及性能参数

尿液化学分析仪的主要技术指标及性能参数见表4-3。

表4-3 尿液化学分析仪主要技术指标及性能参数

技术指标	性能参数
测定原理	超高亮度LED冷光源或CCD光源
波长精度	±1 nm
测试速度	每小时能连续测试500份尿液标本
工作方式	单独测试或连续测试
存储功能	能存储2000个以上检测结果，有断电数据保护功能
试纸条选择	8、9、10、11项开放试纸条
联机操作	RS232C标准数据线输出端口可与计算机联网，进行数据管理
条码扫描仪	标准RS232C输出端口可与条码扫描仪连接（选配件）
打印	定性指标、定量数据结果显示、打印，内置热敏打印机，配有外置打印机接口
校准	自动进行

续表

技术指标	性能参数
电源电压	110～250 V
电源频率	50～60 Hz
功率	35 W
工作环境	温度：0～40℃，相对湿度：30%～85%

八、尿液化学分析仪的常见故障及处理

仪器的故障分为必然性故障和偶然性故障。必然性故障是各种元器件、零部件经长期使用后，性能和结构发生老化，导致仪器无法进行正常的工作；偶然性故障是指各种元器件、结构等因受外界条件的影响，出现突发性质变，使仪器不能进行正常工作。常见故障及处理见表4-4。

表4-4 尿液化学分析仪常见故障及处理

故障名称	故障原因	处理方法
Power灯不亮	保险丝断裂	更换保险丝
检测结果无法打印	1. 热敏打印纸位置不对 2. 打印机开关没有打开 3. 打印环境设置为"关"状态	1. 更换或重新定位热敏打印纸 2. 打开打印机开关 3. 设置打印环境为"开"状态
打印字体不清楚	1. 打印机状态不良 2. 没使用标准打印纸 3. 打印机碳粉不足	1. 更换打印机 2. 更换打印纸 3. 更换打印机硒鼓或加入新的碳粉
只能打印部分结果	打印机热敏传导部分局部受损	报销售商，由维修人员维修检测
结果远离靶值	1. 试带变质 2. 项目与定标项目不一样，试带与定标试带批号不同 3. 定标试带污染或蒸馏水变质	1. 更换试带 2. 确认检测批号与项目的一致性后重新定标 3. 用质控品检测，重新定标
检测结果不准确	1. 使用因潮湿或被阳光直接照射而变质的试带 2. 试带被污染 3. 试带上残留尿液	1. 更换试带，重新定标 2. 清除试带托架上污染物 3. 彻底清洗试带托架 4. 用软纸吸干多余尿液后测定
试带在测定位卡住	1. 试带状态不良，如弯曲等 2. 试带在平台上位置不当	1. 更换试带 2. 放好试带后重新测定
校正失败	1. 试带被污染 2. 试带弯曲或倒置，试带位置不当 3. 光纤受损，照明灯受损	1. 更换试带后重新测定 2. 确认试带位置后重新测定 3. 报销售商，由维修人员维修

九、尿液化学分析仪的临床应用

尿液分析仪是目前各医院检验实验室最常规的检验仪器之一，对于疾病的诊疗起着十分重要的作用。尿液干化学分析仪符合简单、快速、规范化初筛的条件要求，具有检测样本用量小、速度快、项目多、重复性好、灵敏度高、准确度高等优点，极大地减轻了人工显微镜镜检的工作量，适用于大批量样本筛查。但在检测过程中可能存在个别项目的假阳性、假阴性等，不能完全取代传统的显微镜检，只能起到初筛作用。尿液干化学分析仪的检测结果受试剂带质量、试剂带干燥程度、仪器灵敏度和稳定性等因素影响，也易受尿液中各种内源性和外源性物质的影响。

（一）对尿蛋白的影响

药物因素干扰，如临床大剂量使用青霉素常造成尿蛋白出现假阴性现象；尿液中精子和黏液丝易造成尿蛋白出现假阳性现象。

（二）对隐血的影响

干化学法对红细胞的测试是根据血红蛋白类过氧化物酶催化反应原理，如果尿液样本中含有对热不稳定的易热酶、肌红蛋白或某些细菌代谢物等，就易造成隐血结果假阳性。

（三）对白细胞的影响

尿液干化学分析仪检测白细胞阳性而镜检呈阴性，可能是尿液在膀胱储存时间过长或其他原因致使白细胞破坏，中性粒细胞酯酶释放到尿液中所致；而尿液干化学分析仪检测尿液白细胞阴性而镜检阳性，多发生在肾移植患者发生排斥反应时，尿液中以淋巴细胞为主。尿液中以单核细胞为主时也会出现此结果，因为干化学法检测的是尿液中完整的和溶解的中性粒细胞，而淋巴细胞及单核细胞不起反应。此时应以显微镜镜检为准。

另外，不同品牌的尿液干化学分析仪和尿试带受维生素 C 的影响程度不同，国外多采用抵抗维生素 C 干扰的尿试带。

尿液干化学试带检测仅是一个过筛手段，干化学分析仪采用的化学法本身有一定的局限性，容易受一些因素的干扰，对尿液中的上皮细胞、结晶、真菌、细菌、精子、管型、毛滴虫等有形成分无法检测，容易导致检测结果假阳性和假阴性。因此，检测结果有疑问时还应结合临床具体情况，必要时需要依靠尿液有形成分分析仪和显微镜共同完成检测，以提高尿液分析的准确性。

第二节　尿液有形成分自动分析仪

尿液有形成分又称尿沉渣（urinary sediments），是尿液离体后经离心沉降处理或自行沉降后的沉降物，是尿液固体有形状态出现的物质总称。有形成分包括红细胞、白细胞、上皮细胞、类酵母细胞、管型、巨噬细胞、肿瘤细胞、细菌、真菌、精子，以及由尿液中沉析出来的各种结晶（包括药物结晶）等，对这些有形成分（沉渣）进行分析的仪器称为尿液有形成分分析仪，也称尿沉渣分析仪。尿液有形成分分析仪的检测结果对肾和尿路疾患的诊断、鉴别诊断以及疾病的严重程度和预后的判断，有着十分重要的意义。

随着现代医学科学技术的发展、电子技术及计算机的应用，特别是各类尿沉渣全自动分析仪的相继问世，2000 年前后，我国开发、生产出了自动染色尿液有形成分分析仪，实现了国产化的尿液有形成分检验的自动吸样、准确定量、自动染色等功能；并配合计算机的图像处理功能，综合干化学分析仪的数据，得出尿液有形成分分析结果，最终打印输出彩色的尿常规图文报告单。

尿液有形成分分析仪见图4-6，大致有两类，一类是流式细胞技术原理的尿液有形成分分析仪；另一类是影像式尿液有形成分分析仪。

图4-6 尿液有形成分分析仪

知识链接

尿沉渣分析仪发展简史

1988年，美国研制生产了世界上第一台高速摄影机式的尿沉渣自动分析仪，这种仪器是将标本的粒子影像展示在计算机的屏幕上，由检验人员加以鉴别。1990年，日本与美国合作，生产出改进后影像流式细胞术的尿沉渣自动分析仪（UA-1000型、UA-2000型），主要由连续高速流动位点摄影系统组成。但此类尿沉渣自动分析仪由于对图像粒子测绘不十分令人满意、处理能力低、重复性差、管型分辨不清、价格较昂贵等原因而未能普及。

1995年，日本将流式细胞术和电阻抗技术结合，研制生产出新一代流式细胞式全自动尿沉渣分析仪（UF-100型）。该仪器具有快速、操作方便、可同时给出尿液有形成分的定量结果和有形成分布直方图与散射图的特点。1996年，德国生产出SEDTRON以影像系统配合计算机技术的尿沉渣自动分析仪。2000年，美国生产出DiaSys R/S Corporation尿液分析系统工作站。2000年前后，我国国产尿沉渣分析仪也得到了快速发展。目前，尿沉渣分析仪大致有两类，一类是尿沉渣影像式自动分析；另一类是流式细胞术分析。

一、流式细胞技术原理的尿液有形成分分析仪

（一）工作原理

全自动流式细胞式尿液有形成分分析仪的测定是应用流式细胞分析技术、荧光核酸染色和电阻抗的原理进行的，以流式细胞术为基础，综合光学及电阻抗信号，通过计算机处理，得出细胞的形态、细胞横截面积、染色片段的长度、细胞容积等信息，并绘出直方图和散射图。通过软件分析每个细胞信号波形的特性来对其进行分类。

全自动流式细胞式尿液有形成分分析仪常使用两种荧光染料：一种为菲啶染料，主要染细

胞的核酸成分，使细胞核酸成分 DNA 着色，在 480 nm 光波照射激发时，产生 610 nm 的橙黄色光波，用于区别有核的细胞和无核的细胞，如白细胞与红细胞、病理管型与透明管型；另一种为羰花青染料，它穿透能力较强，与细胞生物膜（细胞膜、核膜和线粒体膜）的脂质层成分相结合，在 460 nm 的光波照射激发时，产生 505 nm 的绿色光波，主要用于区别细胞大小，如上皮细胞与白细胞的大小。这两种染料都有与细胞结合快、背景荧光低、细胞的荧光强度与染料和细胞的结合程度呈正比等特点。

尿液样品被稀释并染色，由于液压作用进入鞘液流动池，被一种无颗粒的鞘液包围，使每个细胞、管型等有形成分以单个纵列的形式通过流动池的中心（竖直）轴线。在这里，各种有形成分被氩激光光束照射，同时接受电阻抗检查，得到荧光强度、前向散射光强度和电阻抗信号三类数据。仪器将荧光、散射光等光信号转变成电信号，并对各种信号进行分析，最后得到每个尿液样本的直方图和散射图。通过分析这些图形，即可区分每个细胞并得出有关细胞的形态。其仪器测定原理简图见图 4-7。

（二）仪器结构

流式细胞技术原理的尿液有形成分分析仪结构包括光学检测系统、液压系统、电阻抗检测系统和电子分析系统。

1. 光学检测系统 由氩激光（波长 488 nm）、激光反射系统、流动池、前向光采集器和前向光检测器组成。激光作为光源用于流式细胞分析系统，每个细胞被激光光束照射，产生前向散射光和前向荧光的光信号，由双色过滤器区分。在分析尿液样品时，由于细胞的种类不同和分布不均，光的反射和散射主要取决于细胞表面，所以仪器可以从散射光的强度得出测定细胞大小的资料。荧光通过滤光片滤过，将一定波长的荧光输送到光电倍增管，将光信号放大再转变成电信号，输送到计算机系统处理。

2. 液压（鞘液流动）系统 反应池染色样品随着真空作用吸入到鞘液流动池，目的是使尿液中的细胞等有形成分进入流动池不聚集成团，而是逐个通过加压的鞘液被输送到流动池，使染色的样品通过流动池的中央。鞘液在压力作用下形成一股液涡流，包围在尿液样品外周。这两种液体相互不混合，保证了尿液有形成分永远在鞘液中心通过。鞘液流动机制提高了细胞计数的准确性和重复性，防止错误的脉冲，减少流动池被尿液样品污染的可能，降低了仪器的记忆效应。

3. 电阻抗检测系统 包括测定细胞体积的电阻抗系统和测定尿液导电率的传导系统。当尿液细胞通过流动池（流动池前后有两个电极维持恒定的电流）小孔时，在电极之间产生的阻抗使电压发生变化。尿液中细胞通过小孔时，细胞和稀释液之间存在较大的传导性或阻抗的差异，阻抗的增加引起电压之间的变化，它与阻抗的改变呈正比。电阻抗检测系统的另一个功能是采用电极法测量尿液的导电率，样品进入流动池之前，在样品两侧各有一个传导性感受器，用以接收尿液样品的导电率电信号，并将其放大直接送到计算机系统进行处理。这种传导性与临床使用的尿渗量密切相关。

4. 电子分析系统 计算机系统通过软件控制电路系统决定样品检测速度。检测器从样品中得到的电阻抗信号和传导信号被感受器接收后，由电路系统放大，输送给计算机系统处理汇总，得出每种细胞的直方图和散射图，通过计算得出每微升各种细胞的数量和形态。

（三）检测项目和参数

流式细胞式尿液有形成分分析仪可定量报告红细胞、白细胞、上皮细胞、管型、细菌、电导率，还可以对某些成分，如病理管型、小圆上皮细胞、酵母细胞、结晶、精子等进行提示性报告和给出定量结果。

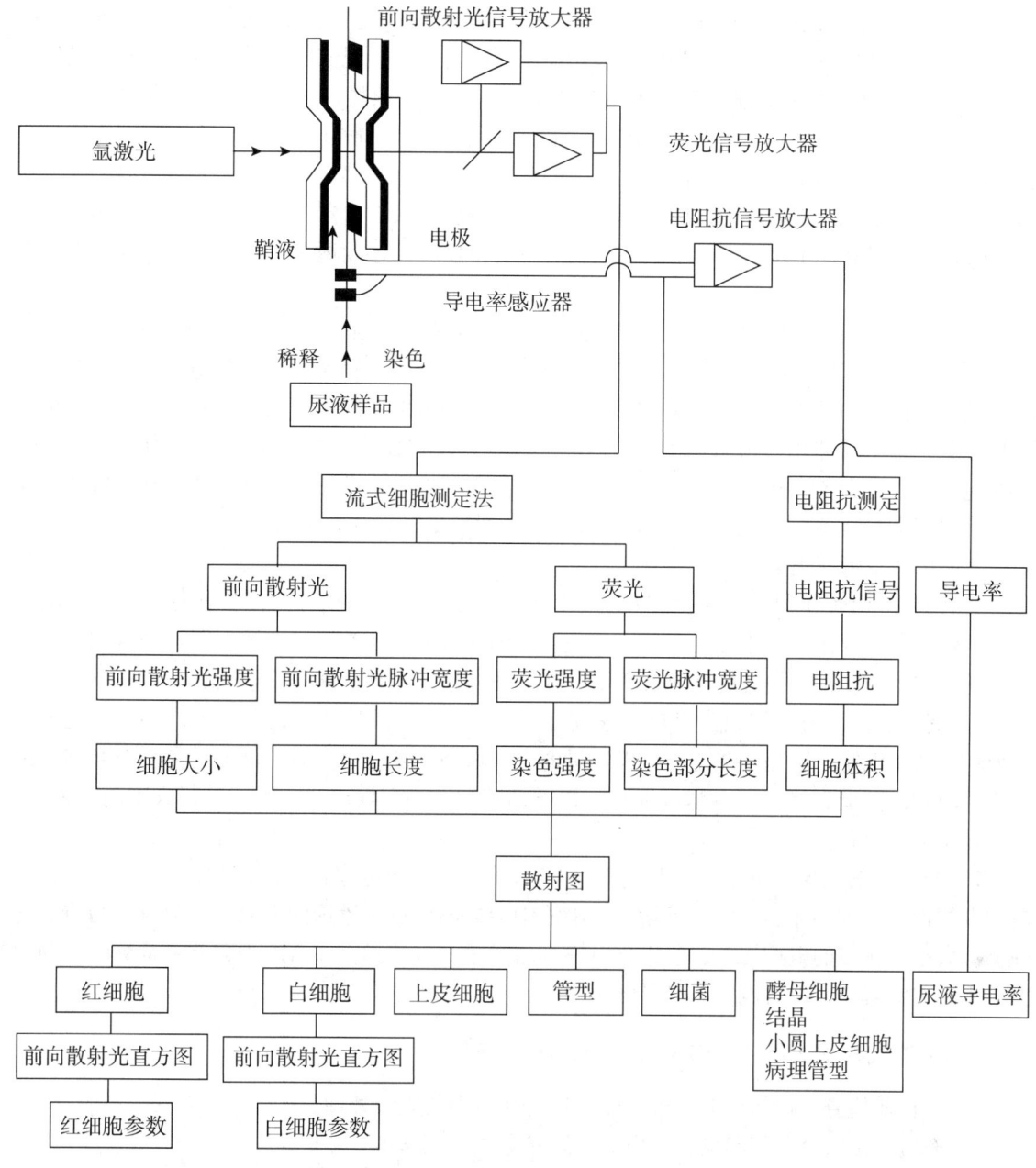

图 4-7 流式细胞技术原理的尿液有形成分分析仪测定原理简图

1．红细胞 仪器检测尿红细胞的参数有：尿红细胞数量（每微升的细胞数和每高倍视野的平均红细胞数）、均一性红细胞的百分比、非均一性红细胞的百分比、非溶血性红细胞的数量和百分比、平均红细胞前向荧光强度、平均红细胞前向散射光强度和红细胞荧光强度分布宽度。

红细胞在尿液中直径大约是 8.0 μm，没有细胞核和线粒体，所以荧光强度很弱。红细胞在尿液标本中大小不均，且部分溶解成小红细胞碎片，或者在肾疾患时排出的红细胞也大小不等，因此红细胞前向散射光强度差异较大，红细胞出现在第一个和第二个散射图的左侧。

2．白细胞 仪器检测尿白细胞的参数有：白细胞定量（每微升的细胞数和每高倍视野的平均细胞数）、平均白细胞前向散射光强度。

白细胞在尿液的分布直径大约为 10 μm，比红细胞稍大，故前向散射光强度也比红细胞稍大一些，但白细胞有细胞核，因此有高强度的前向荧光，能将白细胞与红细胞区别开来，白细胞出现在散射图的正中央。白细胞也像红细胞那样有很多形状。当白细胞存活时，白细胞会呈现前向散射光强和前向荧光弱；当白细胞受损或死亡时，会呈现前向散射光弱和前向荧光强。

3．上皮细胞　仪器检测上皮细胞的参数有：上皮细胞数量、小圆上皮细胞数量，并在第二个屏幕上显示出每微升小圆上皮细胞数。上皮细胞体积大，散射光强，且都含有细胞核、线粒体等，荧光强度也比较强。一般来说，大的鳞状上皮细胞和移行上皮细胞分布在第二个散射图的右侧。但这些细胞散射光、荧光及电阻的信号变化较大，仪器不能完全区分出是哪一类细胞。因此，当仪器标出这类细胞的细胞数到达一定浓度时，还须通过离心染色镜检才能得出准确的结果。

4．管型　管型的种类较多，且形态各不相同，仪器不能完全区分开这些管型性质，只能检测出透明管型和标出病理管型的存在。透明管型由于管型体积大和无内含物，有极高的前向散射光脉冲宽度和微弱的荧光脉冲宽度，出现在第二个散射图的中下区域。而病理管型（包括细胞管型）由于其体积与透明管型相等，但有内含物（如细胞、颗粒等），所以有极高的前向散射光脉冲宽度和荧光脉冲宽度，出现在第二个散射图的中上区域。借助于荧光脉冲宽度，即可区分出透明管型和病理管型。当仪器标明有病理管型时，只有通过进一步的离心和人工镜检，才能确认是哪一类管型。

5．细菌　由于体积小，并含有 DNA 和 RNA，所以前向散射光强度要比红细胞、白细胞弱，但荧光强度要比红细胞强，又比白细胞弱，因此细菌分布在第一个散射图红细胞和白细胞之间的下方区域。细菌检查的临床意义主要在于对泌尿系统细菌感染的诊断。

6．其他检测　流式细胞式全自动尿液有形成分分析仪除检测上述参数外，还能标记出酵母细胞、精子细胞、结晶，并能够给出定量值。当尿酸盐浓度增多时，部分结晶会对红细胞计数产生影响。因此，当仪器对酵母细胞、精子细胞和结晶有标记时，都应进行人工离心镜检，才能真正鉴别出各种尿液有形成分。

7．导电率的测定　导电率与尿渗量有密切的关系。导电率代表溶液中溶质的质点电荷，与质点的种类、大小无关；而尿渗量代表溶液中溶质的质点（渗透活力粒子）数量，与质点的种类、大小及所带的电荷无关，所以导电率与尿渗量又有差异。如溶液中含有葡萄糖时，葡萄糖由于是非电解质，没有电荷，与导电率无关，但与尿渗量有关。

（四）流式细胞式尿液有形成分分析仪操作流程

1．开机前检查　包括试剂检查、电源稳定性检查及废液处理。

2．开机　依次打开打印机、变压器、激光电源、压缩机、主机。

3．仪器自检　每天开机仪器会自动进行自检，当开启主机后，控制程序将载入到主机，依次执行液体机械部件初始化、温度稳定化、自动清洗、本底检查等操作。仪器会对反应室、鞘流加热器及光电倍增管的温度进行监测并显示在温度稳定性对话框内，当稳定后，温度监测对话框自动关闭。当仪器内部的温度稳定之后，系统将显示自动清洗本底检查对话框。主机将执行 3 次自动清洗/本底分析。本底值到达容许值为止。主机进入就绪状态。

4．质控　根据实验室操作规程，按说明书要求进行质控，分析完成后确认符合检测条件。

5．样品分析　当仪器处于就绪状态或者手动抽吸就绪状态时，两种模式均可执行。在抽吸就绪状态下可执行手动模式分析。在手动模式下，操作人员手动混匀样品再进样分析。在自动进样器模式下，样品被放置在样品架上自动搅拌与抽吸，然后进行分析。

6．结果输出　分析结束后，结果将显示在主机屏幕上，若设置自动打印功能，将自动从打印机输出结果。

7．关机　按说明书要求，将清洗剂放在进样口下，按开始键进行清洗。清洗结束后按顺序关闭主机电源、激光电源、变压器、打印机。

要点提示：流式细胞式尿液有形成分分析仪的工作原理。

二、影像式尿液有形成分分析仪

影像式尿液有形成分分析仪是以影像系统配合计算机技术的尿液有形成分自动分析仪。主要由检测系统和计算机控制一体的操作系统组成。

（一）工作原理

影像式尿液有形成分分析仪工作原理是将混匀的尿液样品经染色后导入专用尿分析定量板，当样品中的有形成分通过显微镜视野时，其检测系统的两个快速移动的CCD摄像镜头对样品计数池扫描，其镜头的放大倍数一个为100倍（低倍视野）、另一个为400倍（高倍视野），每确定一个焦距，镜头所得影像数据化，并取6个平衡数据。计算机对图像进行分析，得到有形成分的大小、质地对比度和形状特征，然后用形态识别软件对已存在的管型、上皮细胞、红细胞和白细胞的形态资料进行自动识别和分类，计算出各自的浓度。

（二）操作方法

取随机新鲜尿液标本10 ml于离心管，使用1500 r/min转速（相对离心力为$400×g$，有效离心半径15 cm）离心5分钟，弃去上清液，留取沉渣0.5 ml。加入50 μl染液染色5分钟，然后摇匀。细胞计数板（样品板）可放置10个经预处理已离心染色的样品，将计数板插入槽架，自动传入扫描平台，仪器便自动扫描。

自动扫描功能在显微镜观察镜下图像时，检测者操作专用控制面板或鼠标，显微镜下的视野可以按照设定的路径精确地移动，低倍和高倍视野也可以通过自动控制物镜的转换来实现。自动显微平台的水平扫描精度可达1 μm。在系统的实际操作中，自动扫描包括以下两个主要步骤。第一步：低倍1 μl快速浏览，加样后系统用低倍镜进行自动扫描，检测者只需在系统的屏幕上进行浏览即可方便地观察管型、上皮细胞等较大的沉淀物。第二步：高倍约定路径快速扫描观察，如果需要进一步进行各种细胞的观察，检测者可以选择自动进入高倍约定路径快速扫描观察，这时系统自动将物镜从低倍转换为高倍，然后根据检测者事先设置的方式进行快速扫描观察。

（三）检测项目

影像式尿液有形成分分析仪能观测的有形成分包括：红细胞、白细胞、上皮细胞、管型、酵母菌、细菌和结晶等。其自动化检测能避免人工显微镜检查由于个体差异所产生的误差，且直观、快速。经染色后，屏幕显示的有形成分形态清晰，贮存的图像便于核查，也可方便教学。

（四）注意事项

1. 仪器须放在清洁、无强电场干扰的工作场所，检查工作台及周围环境以保证仪器的运行和操作畅通。
2. 仪器安装环境应为温度15～30 ℃（25 ℃最佳），相对湿度30%～85%，避免放在阳光直射以及潮湿的地方。
3. 交流电源系统必须有可靠的接地措施。
4. 在使用操作仪器时，禁止更改仪器配置，以免影响程序运行。禁止搬动仪器，以免结构部件损伤。

5. 排除各种原因后，质控未能通过、主要部件更换后、仪器远距离搬动或严重故障须重新校准。

6. 仪器进行维修和保养校准后须做质控，校准后如比对失败，工程师应验证质控品是否变质，在室内质控历史数据和室间质控数据表示良好时，校准品可能变质，需更换新的校准品，直至通过校准。

三、尿液有形成分分析工作站

尿液有形成分分析工作站由样本处理系统、双通道光学计数池、显微摄像系统、计算机及打印输出系统、尿液干化学分析仪等组成。尿液有形成分分析工作站示意图见图4-8。

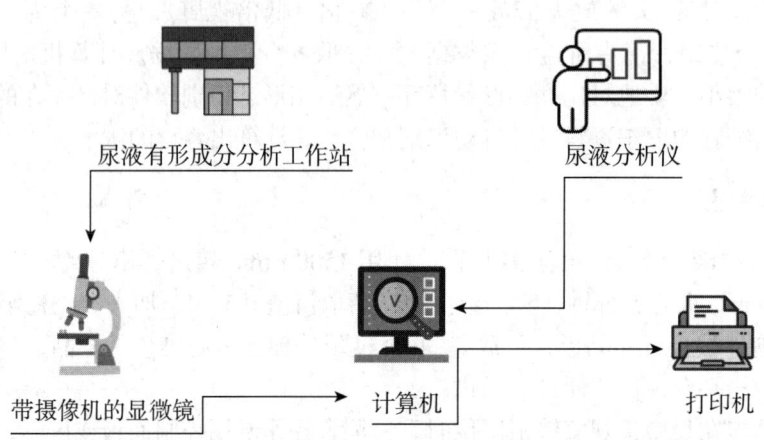

图4-8　尿液有形成分分析工作站示意图

（一）尿液有形成分分析工作站工作原理

尿标本经离心沉淀浓缩、染色后，由微机控制，利用动力管道产生吸引力的原理，蠕动泵自动把已染色的尿沉渣吸入，并悬浮在一个透明、清晰、带有标准刻度的光学流动计数池，通过显微镜摄像装置，操作者可在显示器屏幕上获得清晰的彩色尿沉渣图像，按规定范围内识别、计数。通过计算机计算出每微升尿沉渣中有形成分的数量。

（二）尿液有形成分分析工作站仪器结构与功能

1. 样本处理系统　内置定量染色装置，在计算机指令下自动提取样本，完成二次定量、染色、混匀、冲池、稀释、清洗等主要工作。

2. 双通道光学计数池　计数池由高性能光学玻璃经特殊工艺制造，池内腔高度为0.1 mm，池底部刻有标准计数格。

3. 显微摄像系统　包括光学显微镜、专业摄像头接口、摄像头等，用途是将采集到的有形成分图像的光学信号转换为电子信号输入计算机进行图像处理。

4. 计算机及打印输出系统　系统软件对主机及摄像系统进行控制，并编辑、输出检测报告等信息。其中，系统软件包括主机控制软件、尿沉渣图像采集处理软件、病例图文数据库管理软件、尿液综合检验图文报告软件、干化学分析数据通讯接口软件、医院局域网图文数据传输处理软件等。

5. 尿液干化学分析仪　分析工作站的计算机主机内置有与尿液干化学分析仪连接的接口

卡，接收来自干化学分析仪的数据，处理相关信息。

目前，检测尿液样本的全自动尿液分析工作站也被广泛应用，即尿液标本前处理。尿液干化学自动分析和尿液有形成分自动分析以流水线的形式组合在一起，共同完成尿液样本的检测，两部分检测结果组合后显示在同一份检验报告单上，实现了尿液分析的自动化。目前国内已推广应用。

（三）尿液有形成分分析工作站仪器特点

1. 定量准确　微升级定量结构，实现了定量准确、重复性高等优势。

2. 全程自动化　只需将试管放入试管架上，仪器即可完成全部工作。如自动采集、进样、染色、稀释和排液、数据采集等。

3. 快捷高效　交替使用的双通道计数池节省了清洗被污染计数池所占用的检测时间。系统自动化染色、自动计数、定量染色，解决了不染色尿沉渣镜检误检、漏检的缺点，提高检出率。

4. 消耗低　包括定量管、染色液、清洗液、打印纸、油墨全部内置，每人份消耗成本降低。

5. 安全洁净　样本全过程均在封闭管路中进行，操作便捷、清洁，避免了交叉污染。

6. 功能齐全　选择待测样品、自动清洗、稀释、强制清洗、自动关闭电源。

7. 方式灵活　智能控制功能强大，实现人机对话，任选式自动控制操作，检验顺序灵活控制。

8. 宜于观察　采用精制、专用的尿液分析定量板，光学性能好，可长期使用。

要点提示：尿液有形成分分析工作站工作原理。

四、尿液有形成分自动分析仪的安装及使用

1. 安装　尿液有形成分自动分析仪是一种较精密的电子仪器，应由仪器公司的技术人员进行安装。安装环境要求同尿液干化学分析仪。

2. 调试　仪器新安装时或每次仪器大维修之后，必须对仪器技术性能进行调试，其校准必须由仪器工程师进行，这对保证检验质量起着重要的作用。

3. 自检　严格按说明书进行操作。每天在开机之前，操作者要对仪器的试剂、打印机、配件、取样器和废液装置等状态进行全面检查，确认无误后方可开机。开机时仪器先进行自检，自检通过后，仪器再进行自动冲洗并检查本底。本底检测通过后，还要进行仪器质控检查。自检通过后，方可进行样品检测。

4. 检测　①按要求对待检样本进行前处理；②按操作程序输入样本号，确定后进行尿沉渣分析，实时显示显微视野尿液有形成分图像；③完成后，保存自动分析及实时图像检查结果并输出结果至打印机。

5. 注意事项　标本出现下列情况时禁止上机检测：①尿液标本中血细胞数 > 2000/μl 时，会影响下一个标本的测定结果；②尿液标本使用了有颜色的防腐剂或荧光素，可降低分析结果的可靠性；③尿液标本中有较大颗粒的污染物时可能会引起仪器管道阻塞而出现故障。

五、尿液有形成分自动分析仪的维护与保养

（一）仪器的每日保养

尿液有形成分自动分析仪的许多功能都是自动设置的，只需严格按照操作程序执行即可。每天工作完毕，应作如下维护。

1. 应用清水或中性清洗剂擦拭干净仪器表面。
2. 检查气动组件真空闸室内的水量，并进行排水。
3. 当执行关机操作时，检测器和稀释管线将被予以清洗；如果仪器处于连续运行状态，必须在每天分析结束后或者至少每 24 小时执行一次关机操作。
4. 处理废液装置内的废液。

（二）仪器的每月保养

仪器在每月工作之后或在连续进行 9000 次测试循环之后，应清洗标本旋转阀、漂洗池。由于其存在生物危害可能性，在清洗过程中须戴手套，可由仪器制造公司专业人员进行清洗。

（三）仪器的每年保养

根据仪器生产厂商的要求，每年要对仪器的激光设备、光学系统进行检查，以保证仪器的准确性。

除上述固定的保养之外，还要定期开启智能处理器（IPU）和主机的电源，检查其是否可以正常启动并进入就绪状态。即使没有进行分析作业，也要确保在关闭电源前执行关机程序。每次维护保养完成后在实验室信息系统（LIS）上填写维护保养记录，具体操作详见科室《信息系统作业指导书》。

六、尿液有形成分自动分析仪的主要技术指标及性能参数

尿液有形成分自动分析仪的主要技术指标及性能参数见表 4-5。

表4-5 尿液有形成分自动分析仪的主要技术指标及性能参数

技术指标	性能参数
工作原理	应用流式计数池和计算机自动坐标定位追踪识别技术，实现尿沉渣定量检测和红细胞位相分析
检测模式	具有原尿和沉渣尿两种检测模式
加样装置	高精度终身免维护注射器加样
进样方式	采用全自动轨道式进样
测试速度	每小时 100 份尿液
计数池清洗	具有对计数池反向排空、反向冲洗和正向冲洗功能
吸样针清洗	采用高效清洗拭子清洗，有效降低吸样针携带污染
干化学仪匹配	可与全自动尿液干化学分析仪组成联机流水线
携带污染	≤ 1 个 /μl
急诊功能	具有急诊功能，随时插入标本进行检测
检测容量	每架 10 管，一次可装载 100 份标本

技术指标	性能参数
报告方式	提供××个/μl 和××个/HPF 两种报告方式，用户自由选择
网络接口	标准网络接口，可以和 LIS 及医院信息系统（hospital information system，HIS）联网
计算机和打印机配置	计算机和高速激光打印机

七、尿液有形成分自动分析仪的常见故障及处理

尿液有形成分自动分析仪的常见故障及处理见表 4-6。

表4-6 尿液有形成分自动分析仪的常见故障及处理

故障名称	故障处理	
	故障原因	处理方法
质控时细菌和总数结果偏高	管道等试剂流经的部分有碎屑或气泡	清洗至结果到正常范围
开机后提示温度错误	温度超出仪器所需的温度范围	1. 使环境保持一定的温度、湿度 2. 开机 30 分钟后，还未稳定到仪器所需的温度范围则找工程师维修
鞘液温度错误	开机鞘液温度高	让工程师调整电路板
压力和负压错误	仪器压力超出所要求的范围	按 [more] 键，再按 [Status] 键，显示压力、负压读数。如其读数偏低，松开主机左侧负压调节的螺帽，顺时针慢慢转动调节器直到负压达到所要求的范围，反之向逆时针调节。调节好后，拧紧锁定螺帽
管架操作错误	1. 样本架放置不正确 2. 试管架送入感应器受污染 3. 试管架送入槽内有异物或移动轴移动不顺畅	1. 重新放架子，重新检测标本 2. 用无水乙醇清洗试管架送入感应器 3. 用软刷清除移动轴上灰尘，再用机油润滑移动轴
激光错误	电压低或高于仪器要求范围、部件损坏、激光振幅不正常	1. 打开激光电源、安装稳压装置 2. 部件损坏找代理商解决
分析错误	噪声灵敏度异常，在灵敏度感应器中有气泡、灵敏度感应器线未被连接	按 [more] 键，再按 [A. Rinse] 键，检查灵敏度感应器线是否已连接上
空白错误	试剂管道中有空气泡、试剂被污染或失效	按 [more] 键，再按 [A. Rinse] 键，以便排除试剂管道中空气泡，按 [Rep. Reag] 更换试剂
HC 通信错误	计算机开关被切断、计算机未连接或连接不当	先检查计算机电源和系统状态、检查主机与计算机之间的连线有无差错；在主菜单中按 [Stored]，按 "∧""∨" 挑选所需的编号，按 [Mark] 进入标记界面，再按 [output]、[Marked] 进入输出界面，最后按 [HC]，传递完毕，返回主菜单
RBC、WBC、EC、CAST、BACT 显示 "？？"	1. 结果异常 2. 进样阀堵塞 3. 流动池污染	1. 重新检测标本或重留标本 2. 新生儿标本电导率过低，UF 往往不能提供正常测定状态的结果 3. 清除堵塞物，用 Cellclean 泡进样阀 4. 清洗流动池按 [More]，按 [Maint] 键，选 [Clean Flow Cell] 完成清洗

八、尿液有形成分分析仪的临床应用评价

人工显微镜检查能真实展现细胞等有形成分的形态，判断直观可靠，是尿液有形成分检查的"金标准"。但镜检法也有其不足之处，如离心过程中细胞的丢失、溶解造成的假阴性、不同操作者之间的判断误差等问题。随着医学技术、计算机技术和自动化技术的高速发展，尿液有形成分检查已经由传统的显微镜检查向自动化分析方向发展。尿液有形成分分析仪具有检测速度快、操作简单、批量进样、重复性好、样本不需要离心、极低的样本间污染率等优点。另外，操作规范化且易于质量控制，实现了尿液有形成分检测的自动化和标准化，大大加快了尿液有形成分的分析速度，提高了工作效率。

但在临床应用过程中，由于尿液有形成分分析仪的干扰因素较多、敏感性高、特异性相对较差，所以随着计算机信息管理技术在临床实验室信息管理系统中的应用，实验室使用尿液干化学分析仪和尿液有形成分分析仪对尿液样本进行联合检查。当检查结果提示异常或出现结果间不相符时应进行人工显微镜镜检来验证、校准和补充确认，方能有效避免尿液分析结果的错误。

自测题

一、选择题

1. 目前，尿液干化学试带法测定白细胞，检测的细胞是
   A. 淋巴细胞　　　　　　　　　　　　B. 单核细胞
   C. 嗜酸性粒细胞　　　　　　　　　　D. 嗜碱性粒细胞
   E. 中性粒细胞

2. 尿液分析仪试剂带空白块的作用是
   A. 减少对尿标本的吸收　　　　　　　B. 增强对尿标本的吸收
   C. 消除不同光吸收差异　　　　　　　D. 消除试剂颜色的差异
   E. 消除尿液标本本身的颜色所产生的测试误差

3. 关于尿液分析仪使用注意事项，下列说法中错误的是
   A. 保持仪器清洁　　　　　　　　　　B. 使用一次性带盖尿杯
   C. 使用新鲜的混匀尿液　　　　　　　D. 试带浸入尿液样本的时间是 2 秒
   E. 试带浸入尿液样本的时间是 12 秒

4. 流式细胞式尿液有形成分分析仪常使用的荧光染料为菲啶，它主要染色的细胞成分是
   A. 细胞膜　　　　　　　　　　　　　B. 核膜
   C. 线粒体　　　　　　　　　　　　　D. 核酸
   E. 细胞质

5. 下列选项中不是流式细胞式尿液有形成分分析仪定量参数的是
   A. 细菌　　　　　　　　　　　　　　B. 卵磷脂小体
   C. 红细胞　　　　　　　　　　　　　D. 白细胞
   E. 上皮细胞

6. 下列选项中不是尿液有形成分分析工作站仪器特点的是
   A. 消耗较高　　　　　　　　　　　　B. 全程自动
   C. 方式灵活　　　　　　　　　　　　D. 定量准确

E．快捷高效
7．尿液有形成分分析仪在检测过程中离心后弃去上清液，留取的沉渣是
　　A．0.2 ml　　　　　　　　　　　B．0.3 ml
　　C．0.5 ml　　　　　　　　　　　D．0.8 ml
　　E．1 ml
8．流式细胞式尿液有形成分分析仪光学系统中氩激光的波长是
　　A．610 nm　　　　　　　　　　B．505 nm
　　C．488 nm　　　　　　　　　　D．480 nm
　　E．460 nm
9．流式细胞式尿液有形成分分析仪的工作原理是
　　A．应用流式细胞术和电阻抗　　　B．应用流式细胞术和原子发射
　　C．应用流式细胞术和原子吸收　　D．应用流式细胞术和液相色谱
　　E．应用流式细胞术和气相色谱
10．关于尿液检验常用仪器的安装，下列说法中错误的是
　　A．应安装在清洁、通风的地方　　B．应安装在恒温、恒湿的地方
　　C．应安装在足够空间并便于操作的地方　　D．应安装在稳定的水平实验台上
　　E．仪器接地良好

二、问答题
1．尿液干化学多联试带的结构及主要作用是什么？
2．流式细胞式尿液有形成分分析仪的工作原理是什么？

（张云霞）

第五章数字资源

第五章 临床粪便检验常用仪器

学习目标

1. 掌握 全自动粪便分析仪的工作原理与基本结构。
2. 熟悉 全自动粪便分析仪的使用方法与日常维护。
3. 了解 全自动粪便分析仪的常见故障、处理方法和临床应用。
4. 能够熟练操作粪便检验常用仪器，并对其常见故障做出正确的处理。

第一节 概 述

粪便检验是临床三大常规检验中的重要一项，包括一般物理性状检验、显微镜形态检验、化学及免疫学检验等，具有检验手段容易、标本易得、无创等特点，对于消化系统疾病的诊断与鉴别诊断有着重要意义。随着医疗科技的发展，粪便检验已逐渐由传统的手工法过渡到自动化分析，粪便仪器检验已经逐渐取代人工操作，应用于各个医疗单位。全自动粪便分析仪（automated feces formed elements analyzer）又称粪便分析工作站（feces analysis work station）或多功能粪便分析仪（multi-function feces analyzer），是实验室对粪便标本进行常规检验的自动化分析仪器，仪器一般包括标本处理、形态学检测、免疫学检测和三废处置四大功能模块。标本处理：将固态、半固态的粪便处理成有代表性的应用液，满足形态学和免疫学检测需求；形态学检测：使用显微镜观察标本应用液的微观形态；免疫学检测：一般使用胶体金法，定性分析粪便标本应用液，对隐血（occult blood）、转铁蛋白、轮状病毒、腺病毒、幽门螺杆菌抗原等粪便中具有重大意义的临床项目进行检测；三废处置：通过对废物、废气、废液的控制，达到改善实验室环境的目的。全自动粪便分析仪是通过模拟人工操作对粪便外观、有形成分及免疫学拓展项目进行分析和报告，自动化程度高，使得粪便检验更加标准化、规范化，极大地减轻了粪便检验技术人员压力。其工作流程见图5-1。

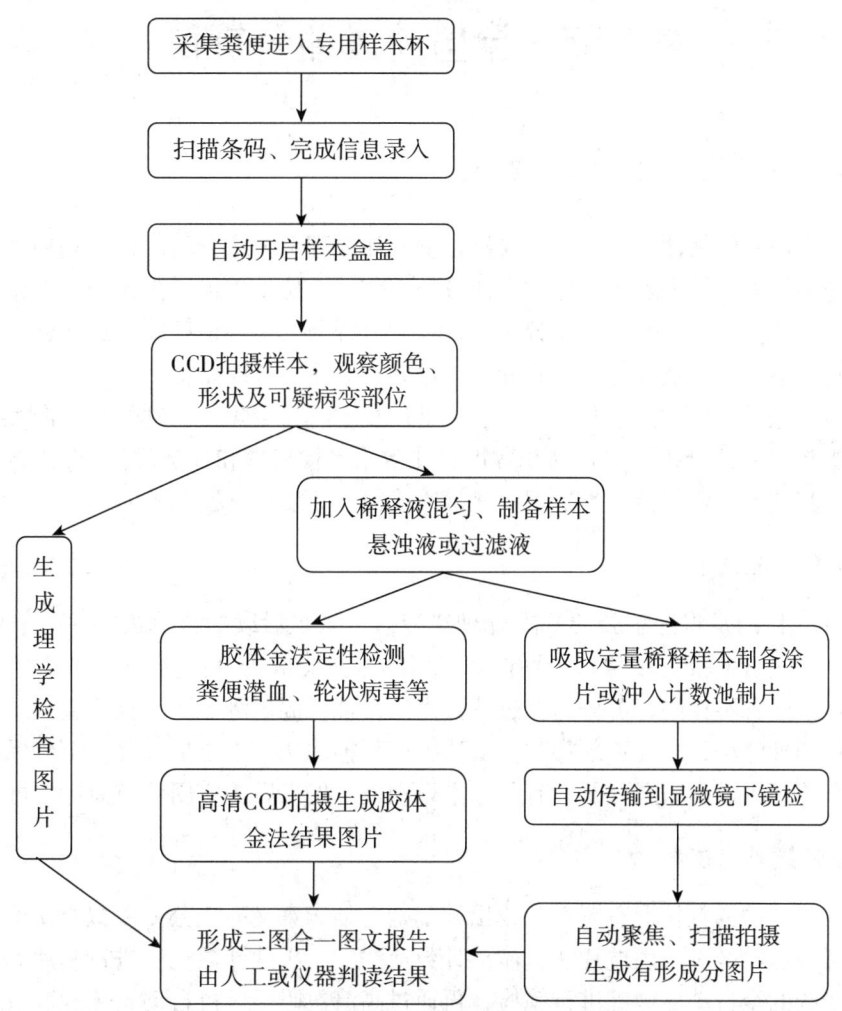

图 5-1　全自动粪便分析仪基本工作流程

知识链接

全自动粪便分析仪的发展

20世纪80年代末期，日本公司推出了自动粪便潜血测定仪。1998年，美国 Diasys Corpotation 公司推出了 DiaSys FE-2 粪便分析工作站，主要用于粪便中肠道寄生虫的筛查。2008年—2009年，国内企业推出了"自动粪便分析前处理系统"，用于粪便标本检测前的液化处理，配上输送泵和显微镜，即可成为半自动粪便分析仪。2010年，国内企业研发半自动粪便分析仪获得批文。2013年又推出了集合标本处理、形态学镜检、免疫学检测的多功能粪便分析工作站。2014年后，国内多个企业推出了全自动粪便分析仪，部分企业开始研究粪便形态学自动识别功能并得到应用。随着科技的不断发展，用户对于粪便分析仪器的评判标准不断提高，相信全自动粪便分析仪将会进入一个快速发展时期。

第二节 全自动粪便分析仪

一、全自动粪便分析仪的工作原理

目前，国内使用的粪便自动化分析仪器，从检测原理上大致分为两种：一种为仿手工加样粪便分析工作站，另一种为过滤悬浮式粪便分析工作站。仿手工加样粪便分析工作站顾名思义就是用机械臂代替手工，类似于生化分析仪，检测过程与手工镜检相同。过滤悬浮式粪便分析工作站是先对标本自动定量稀释，然后混匀、过滤、灌注计数池镜检。

由于各生产企业的研发能力及对于一些关键性技术（如聚焦、识别等）掌握程度不同，因此，市场各类自动粪便分析仪的自动化程度检测效果（检出率和准确度）、设备稳定性等方面也略不相同。其技术主要包括样本处理、显微镜成像、免疫化学检测等。

（一）样本处理技术

样本处理的目的是将固态粪便标本处理成液态，满足后续的检测需要。一般包含加稀释液、混匀标本、过滤分离等步骤（个别仪器采用不过滤技术）。目前市场上的粪便分析仪所采用的标本处理技术各不相同，可分为全过滤分离法、搅拌混匀测滤法、仪器直接涂片法、穿刺抽滤法等。穿刺抽滤法又分为顶部穿刺抽滤法、底部抽滤法、中心抽滤法。部分标本处理技术获得应用液和原标本没有完全分开，有些标本处理技术处理后的应用液与原标本可完全分开。

（二）显微镜成像技术

通过观察粪便中的颗粒形态图像，找出并鉴别有临床意义的成分。模拟粪便检查的人工操作，将自动稀释后的样本采用玻片法、流动计数池法、一次性计数池法进行制片，然后采用带有图像传输系统的全自动显微镜进行镜检，再通过高清数码摄像机自动聚焦截取系统判断达到最清晰时的照片，自动取图，获得有关粪便样本颜色、性状及可疑病变位置的理学图片、粪便潜血试验等化学成分检查结果的图片以及有形成分的镜检图片，保存在图片库中，供人工判读或计算机系统与数据库比对自动判读。

（三）免疫化学检测技术

粪便的免疫化学检测主要指粪便潜血的半定量或定量检测，也可根据临床需要进行幽门螺杆菌、轮状病毒等病原微生物以及转铁蛋白的定性检测。采用的主要原理是抗原-抗体反应及免疫胶体金技术（immunocolloidal gold technique），通过显色判断结果，多数仪器开发成一步法胶体金快速检测试纸条（简称金标法）。胶体金试纸条由样本垫、胶体金结合垫、层析膜（如硝酸纤维素膜）及吸水材料组成，通过PVC胶板固定制成卡盒或条带结构。

> **要点提示**：全自动粪便分析仪的工作原理。

二、全自动粪便分析仪的基本结构

全自动粪便分析仪由仪器主机部分与仪器配套使用的附件组成，仪器主机一般由自动送样、样本前处理、化学及免疫学检测、显微摄像及数据分析处理器等部分构成。仪器配套使用的附件主要有一次性计数板或玻片板、粪便标本采集处理杯（采样杯）等。现有的全自动粪便分析仪多采用平行多通道直行结构或盘式结构。

（一）多通道直行结构粪便自动分析仪

多通道直行结构粪便分析仪主要包括自动送样模块，计数板分送模块，样本自动稀释、搅拌、过滤模块，自动吸样、自动清洗模块，粪便化学及免疫学检测控制模块，显微摄像模块，数据分析处理器等。

1. 自动送样模块 位于仪器前端。仪器开始检测时，自动送样模块将样本架上的粪便采样杯自动送至吸样位置，取样针对采样杯进行穿刺并注入一定量的稀释液，通过取样针与粪便采样杯的配合，对样本进行充分混匀并过滤回收，待成分沉淀后，取样针吸取一定量的样本液进行点样。待整个样本架上的样本管依次检测完后再将样本架推到已检区。自动送样模块待检区可一次放置4个样本架，每个样本架上可安放10个粪便标本采集处理杯。

2. 计数板分送模块 将计数板储存盒中的计数板分发并送到加样位置，待取样部件加完样后，再将其送到自动显微摄像模块的载物台上，待自动显微摄像模块进行采图，采图完毕后再将其推入计数板废料盒中。采用一次性计数板，可解决携带污染以及因堵管堵塞计数池带来的设备故障风险。

3. 样本自动稀释、搅拌、过滤模块 对粪便采样杯进行穿刺并加注稀释液，然后进行搅拌、充分混匀，并自动过滤。由于临床粪便样本性状不一，有硬便、软便、稀便、水样便等，有些仪器可实现智能搅拌。根据临床样本性状不同，自动调整搅拌的速度和时间，既能确保搅拌均匀，使病理成分得以充分释放，达到提高检出率的目的，又能避免过度搅拌影响显微镜镜检。

4. 自动吸样、自动清洗模块 待样本稀释、搅拌并过滤后，仪器自动吸取一定量的样本对计数板或检测卡进行滴注加样，之后再对管路进行自动清洗。

5. 粪便化学及免疫学检测控制模块 该模块用来控制隐血、病毒学、细菌学等胶体金法干化学项目检测卡的分发及运送。根据检测的需要，将检测卡分发送至点样位置，待加样并反应完成后，送到相应的CCD摄像机下进行图像采集并传输。

6. 显微摄像模块 该模块主要包括显微镜控制处理单元、显微镜、CCD摄像机、电机。显微镜控制处理单元是显微镜系统的控制处理中心，可控制安装在显微镜上的电机及其传动机构，实现显微镜的载物台调节、焦距调节，以及高、低倍物镜切换等动作。显微镜对计数板中的有形成分进行显微放大，CCD摄像机对分布在视域内的成分摄取多幅图像，然后发送给分析处理器进行分析处理。

7. 数据分析处理器 是提供用户界面、完成有形成分图像识别、分类计数并输出统计分析报告的计算机系统。数据分析处理器的功能见图5-2。

（二）盘式全自动粪便分析仪

盘式全自动粪便分析仪包括检测盘及驱动检测盘旋转的驱动结构，其特征在于检测盘上间隔分布长、短检测槽，在两者中间放置有检测卡。多功能样本盘（sample disk）一次可放入多个样本瓶，位于其中央的检测盘可放等数量胶体金试纸条，配备的稀释盘有相同数量稀释池（图5-3）。

盘式全自动粪便分析仪由样本前处理区、制片区、镜检区、耗材处理区和计算机系统构成。

1. 样本前处理区 主要包括样本瓶、样本盘、进样器、玻片板、条码扫描仪等。首先通过条码扫描器逐个扫描送检样本瓶的条码，经内部网络平台获取待检样本的信息（如患者姓名、性别、住院号等）并储存至数据库，将扫描后的样本瓶按顺序放入样本盘上的样本瓶固定孔内，再将稀释盘、带潜血试纸条的潜血卡盘依次放入样本盘上。然后由载样模块、载样滑

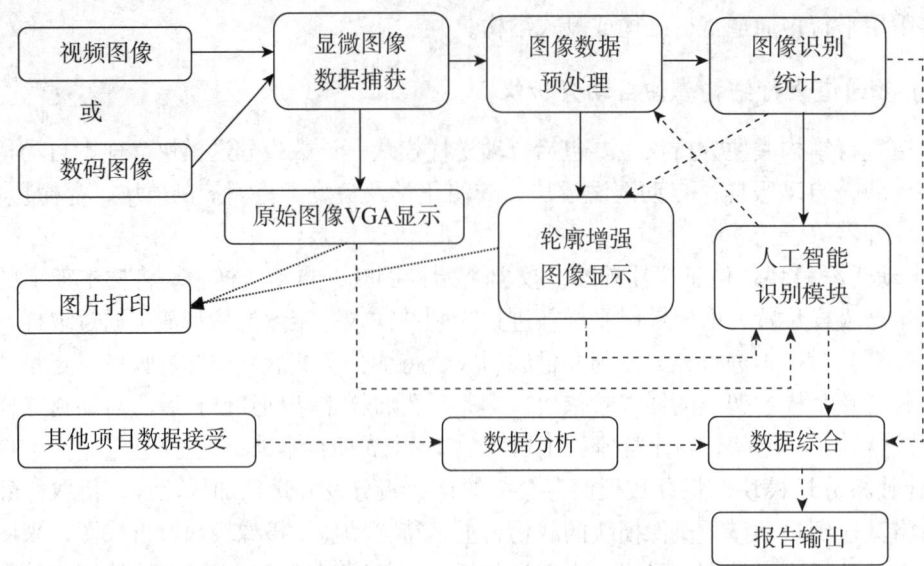

图 5-2　全自动粪便分析仪数据分析处理器功能图

VGA：视频图形阵列

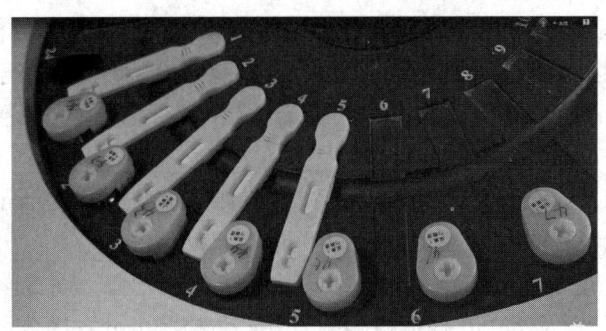

图 5-3　多功能样本盘示意图

道、三维机械臂和机械手等传送装置，将样本盘送至制片区的工作主盘。

2. 制片区　主要包括三维机械臂（机械手）、工作主盘、样本盘和玻片。在制片区，可以完成四项操作，一是对样本瓶内的样本进行拍照获取颜色、性状等理学指标；二是从样本瓶取样，在稀释池将样本定量稀释制成悬浊液；三是取悬浊液由机械手在玻片上模拟人工涂片，制备供镜检用的成片；四是完成潜血、轮状病毒等胶体金法的检测，并通过拍照获取检测结果的图片。

3. 镜检区　主要包括显微镜、高倍 CCD 镜头和电动载物台等。制备好的样本涂片由三维机械臂传送至镜检区，经电动载物台传送至显微镜下，由高清 CCD 镜头拍摄图片，完成样本的镜检。实现对样本的有形成分（如红细胞、白细胞、虫卵等）的检测和数据存储、图片拍照及显示。

4. 耗材处理区　完成加载玻片板、添加稀释剂和清洗剂等功能，并回收使用过的玻片板和废弃液等。镜检完成后的玻片板、废弃液自动回收到耗材回收仓，样本瓶、稀释盘、潜血卡盘随样本盘一起经传送机构传送到仪器外部，再经人工丢弃到耗材回收仓。

5. 计算机系统　是仪器的控制中心，能实现对仪器的控制和通信，并可以分析数据、处理图像、建立档案等。

盘式全自动粪便分析仪基本工作流程见图 5-4。

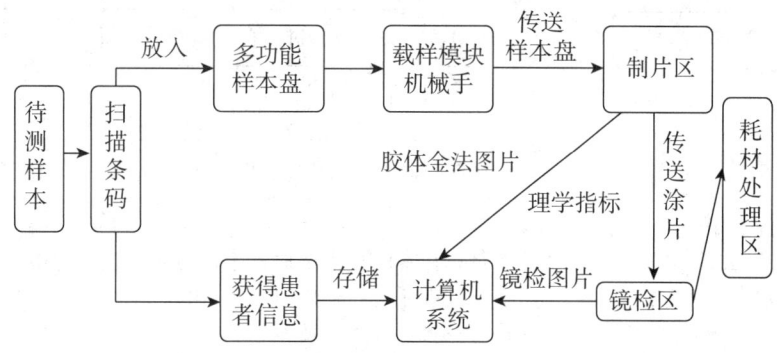

图 5-4　盘式全自动粪便分析仪基本工作流程示意图

> **要点提示**：盘式全自动粪便分析仪的基本结构。

三、全自动粪便分析仪的使用方法

目前，国内使用的全自动粪便分析仪大多为国产品牌，全自动粪便分析仪的操作方法基本一致。首先，使用粪便采样杯按要求采集样品，再将采样杯置于专用试管架（或样本盘）上，然后将试管架（或样本盘）放入自动送样装置待检区，启动检测程序，仪器进行自动检测。送样装置将样品送入指定取样位置，扫描仪扫描粪便采集处理杯上的条码；性状 CCD 相机进行性状采图，通过图像处理自动检查粪便常规的颜色、性状等物理指标。通过取样针向采样杯中注入一定量的稀释液，使用搅拌装置对粪便采集处理杯内的样本进行搅拌、混匀，过滤掉大的杂质，"富集"病理成分。由取样针吸取一定量的样本，根据程序设定的检测项目，分别将样本滴注在计数板和检测卡上。滴注了样本的计数板，经过一段时间沉淀，被送至显微摄像装置，进行扫描获取图像，针对每幅图片启动自动识别软件对其中的有形成分进行识别、分类和计数（图 5-5）；滴注了样本的检测卡经过一段时间的反应后，被送至检测卡 CCD 采图位置，拍摄反应后的检测卡图像，通过图像处理识别软件判断免疫化学检测项目的结果，最后综合有形成分、化学检测项目、性状的结果和形态图像形成一份完整的粪便检测报告。全自动粪便分析仪操作流程见图 5-6。

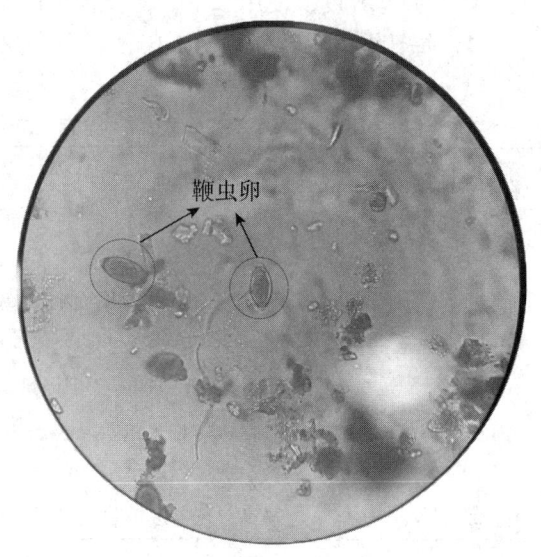

图 5-5　图像智能识别粪便中虫卵标记示意图

粪便自动分析仪的技术特点是，模拟手工操作流程，通过生成的图像对样本进行定性和定量分析。由于全部检测在密闭的系统中自动完成，改变了手工操作与粪便样本近距离接触的方式，有效避免了交叉感染，从而提高了工作效率和生物安全等级。

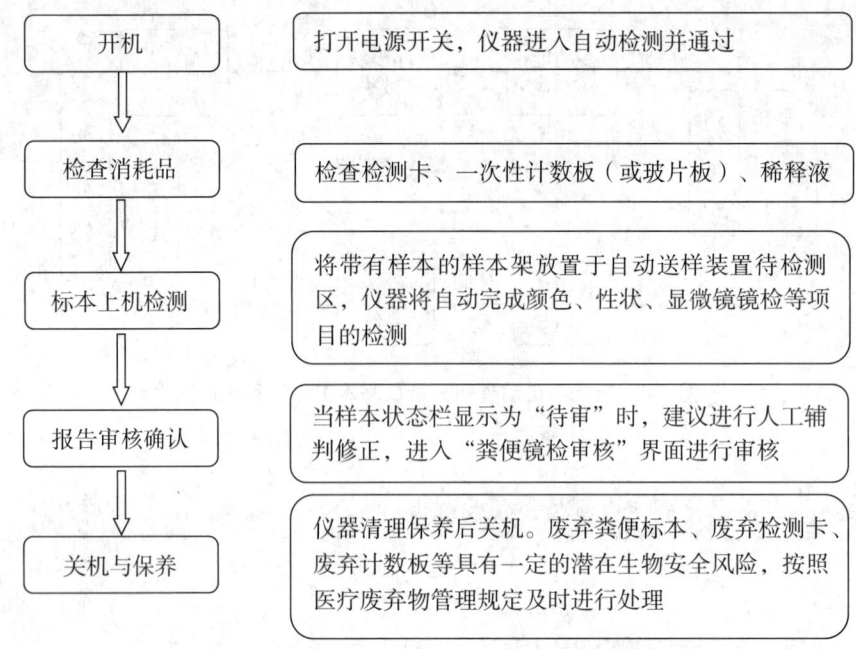

图 5-6　全自动粪便分析仪操作流程示意图

四、全自动粪便分析仪的维护与保养

全自动粪便分析仪的正常运行、测定结果的准确性和仪器的使用寿命不仅取决于操作人员对仪器的熟悉程度、使用水平，还依赖于仪器的日常维护和保养。

1. 每日维护保养　见表 5-1。

表5-1　全自动粪便分析仪每日维护保养

项目	操作方法
清洁仪器表面	切断仪器电源，用柔软的纱布蘸取按 1∶10 稀释的清洁剂擦拭仪器表面；保持仪器表面清洁
清洁废卡、计数池盒	取出废盒，倒掉里面的废检测卡、废计数池；用软布或毛刷在清水中清洗废盒，洗净后擦干或晾干再插回仪器内
清洁试管架	按 1∶10 稀释清洁剂擦拭试管架（尤其是底部），再用蒸馏水清洁并擦干
清洁自动送样装置	检查移样推爪的灵活性，并用棉签蘸取消毒液或清洁剂擦拭移样推爪，清除上面的沉积物，保证推爪的灵活性，使用蒸馏水再次擦拭
废液清理	每日对仪器废液进行清理，由医院综合污水系统集中处理

2. 每周维护保养　清洁条码阅读器、清洁自动送样传感器、清洁取样针。
3. 每月维护保养　清洁机箱防尘网、废液管维护、图像背景校准。
4. 每季度维护保养　包括检测卡部件、分计数池部件、校准泵、直线臂的维护。
5. 不定期维护保养　泵管更换、灯泡更换、检测卡更换。

五、全自动粪便分析仪的故障处理

全自动粪便分析仪在使用过程中会遇到一些故障，应查阅仪器说明书中的故障处理说明，及时予以处理。如自行处理后仍无法解决,请及时联系厂家工程师维修。常见故障的原因及处理方式见表 5-2。

表5-2 全自动粪便分析仪常见故障处理

故障现象	原因	解决方法
仪器报"无清洗液"	清洗液(稀释液)已用完	查看清洗液(稀释液)是否用完,如仍有,则点击"重试"按钮;如用完,则更换清洗液(稀释液)
仪器报"无计数池"	计数池盒安装不到位或没有计数池	查看计数池盒中是否有计数池,如果有,则确认计数池盒是否安装到位,然后点击"重试"按钮;如果无计数池,则更换新计数池
仪器报"废计数池盒满"	废计数池盒已满	查看废料盒,如果计数池已满,则及时处理掉,并点击"确认"按钮
仪器报"分计数池电机堵转"	计数池被卡	查看当前分计数池的计数池盒通道是否有计数池被卡,拿掉被卡计数池,点击"重试"按钮
仪器报"取完样升降电机堵转"	粪便样本采集杯的盖子未盖好;取样针与粪便样本采集杯的中心孔未对准	检查粪便样本采集杯的盖子,重新盖好,点击"忽略"按钮;将取样针与粪便样本采集杯的中心孔对准,点击"忽略"按钮
仪器报"废卡盒卡满"	废卡盒卡已满	查看废卡盒中的废检测卡,如果已满,则及时处理掉,点击"确认"按钮
仪器报"已检区试管架满"	已检区试管架已满	移除已检区试管架;如果故障仍然存在,联系工程师

六、全自动粪便分析仪的临床应用与前景

粪便常规检查对防治肠道传染病、判断胰腺外分泌功能、了解消化器官是否有出血或寄生虫感染及筛查消化道肿瘤具有重要意义。由于粪便标本自身的复杂性和特殊性,粪便检验规范化相对于血液、尿液而言更为困难。在检验前质量控制阶段,粪便标本的采集、保存、运送都难以得到有效的质量控制,致使后续检验工作毫无意义。在检验操作过程中,生理盐水的加入比例、涂片标本的选取、涂片的厚薄、涂片的数量、盖玻片的放置以及镜检视野的选取,在实际工作中因人而异,致使检验结果发生偏差。在检验分析后,检验结果的判断过度依赖于检验工作人员的技术和经验,如粪便颜色、性状等较为主观的结果判断,缺乏严格的标准,且各个医院检验结果的报告方式也未能统一。粪便检验无法系统、深入地开展质控。由于上述种种原因,粪便检验自动化推进缓慢,但随着标本量的增加、医疗科技的进步,人工检测必然会被自动化、标准化机械操作替代,粪便自动化分析也必然成为未来的发展方向。全自动粪便分析仪的应用,有助于提高粪便检查的标准化,减轻操作者劳动强度。检验过程在完全密闭的环境中进行,无需人为接触标本,一次性计数板的使用避免了交叉污染,保证了生物安全;智能搅拌、动态粪便处理杯,大视域扫描、智能视域调节技术及多层面自动聚焦技术的应用,大大提高了标本的阳性检出率,减少了人为误差。粪便标本的前处理技术的不断进步,以及分子诊断技术和色谱、质谱、测序等分析技术的发展,将会进一步提高粪便检测实验室诊断水平。全自动粪便分析仪未来将得到快速发展。

自测题

一、选择题
1. 常见粪便检测仪不包括的模块是
   A. 标本处理模块　　　　　　　　B. 形态学检测模块
   C. 免疫学检测模块　　　　　　　D. 废物处置模块
   E. 试剂检测模块
2. 下列项目中，临床粪便分析仪不可检测的是
   A. 潜血　　　　　　　　　　　　B. 粪便中的寄生虫卵
   C. 轮状病毒　　　　　　　　　　D. 粪便总量
   E. 幽门螺杆菌
3. 下列对于临床粪便分析仪描述不正确的是
   A. 国内使用的仪器原理一般仿手工加样粪便分析仪和过滤悬浮式粪便分析仪
   B. 仪器检测隐血及轮状病毒常采用胶体金法
   C. 仪器需要定期进行保养和维护
   D. 仪器出现故障后可自行拆解维修
   E. 使用前应进行专业培训及研读说明书

二、问答题
1. 简述临床全自动粪便分析仪的工作原理。
2. 简述全自动粪便分析仪的维护及保养内容。

（梁红军）

第六章 临床生殖系统分泌物检验常用仪器

> **学习目标**
> 1. 掌握 临床精子分析仪、全自动阴道分泌物分析仪的工作原理和基本结构。
> 2. 熟悉 临床精子分析仪、全自动阴道分泌物分析仪的使用方法。
> 3. 了解 临床精子分析仪、全自动阴道分泌物分析仪的常见故障、处理方法和临床应用。
> 4. 能够学会临床生殖系统分泌物检验常用仪器的使用、保养与维护。

第一节 临床精子分析仪

精液检验（seminal fluid analysis，SFA）是判断和评估男性生育能力最基本和最重要的检验手段，是人工辅助生殖不可缺少的诊疗指标。精子的形态、密度、活动力、活动率和存活率的综合分析是了解和评估男性生育能力的依据。传统的精液分析方法需要检验人员通过专业培训积累一定的经验，结果有一定的主观性和较差的可重复性。计算机辅助精子分析（computeraided sperm analysis，CASA）是计算机技术和图像处理技术结合发展起来的一项精子分析技术，通过显微镜镜下摄像和计算机快速分析多个视野内精子的运行轨迹，客观记录了精子的各项参数。CASA 系统除了分析精子常规指标外，在分析精子的运动能力方面具有极大的优越性，与常规的分析方法比较具有检验指标多、客观、准确、可定量、操作简便、快速等优点。但由于 CASA 的复杂性、价格因素等问题限制其广泛使用，部分医院也有采用测量精子活力指数（sperm motility index，SMI）的简便仪器。临床精子分析仪又称精子质量分析仪或精子动（静）态图像检测系统（图 6-1）。

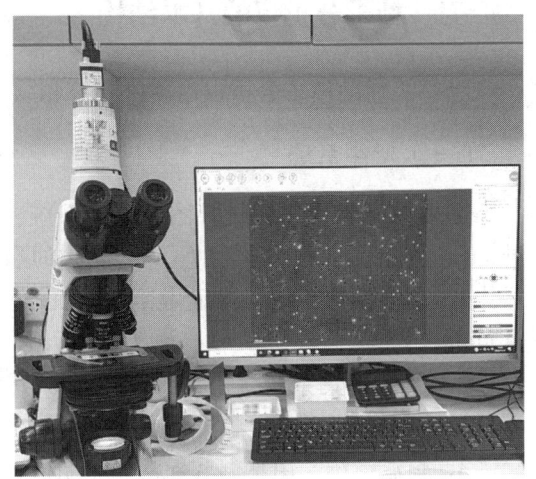

图 6-1 临床精子分析仪

一、精子分析仪的工作原理

精子分析仪采用高分辨率的摄影技术与显微镜结合，精液标本液化后吸入计数池，通过显微镜放大，用图像采集系统获取精子动、静态图像后输入计算机。根据设定的精子大小和灰度、精子运动移位及运动参数，对采集图像进行精子密度、活动力、活动率、运动特征等几十项检验项目动态分析，由计算机处理后，打印出"精子分析检查报告以及精子动态特征分布图"。分析流程见图 6-2。

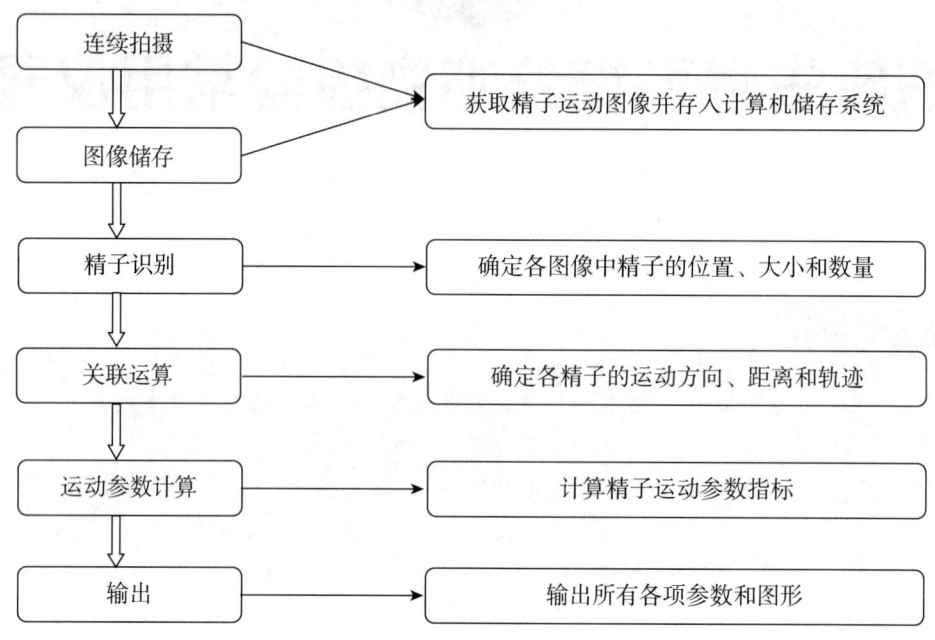

图 6-2　计算机辅助精子分析仪分析流程图

要点提示：精子分析仪的工作原理。

二、精子分析仪的基本结构

计算机辅助精子分析仪由硬件系统和软件系统组成。

（一）硬件系统

主要由显微摄像系统、图像采集系统、恒温系统、计算机处理系统这四大系统构成。此外，仪器一般配有专用样品盒，以确保单层取样。

1. 显微摄像系统　由显微镜及 CCD 组成。可以将标本信号通过显微放大由 CCD 传输到计算机。

2. 图像采集系统　由图像卡构成，其功能是对 CCD 信号进行抓拍、识别、预处理后，将信号输送到计算机。

3. 恒温系统　由加温和保温设备组成。

4. 计算机处理系统　对图像信号进行全面系统的加工处理，对获得的数据进行输出和存储。

（二）软件系统

采用专用的精子质量分析软件，利用现代化的计算机识别技术和图像处理技术，对精子的动静态特征进行全面的量化分析，对精子的密度、活力、活率、运动轨迹等特征进行定量的检测分析。

> **知识链接**
>
> **精子分析仪发展史**
>
> 由于传统的手工分析方法进行精液检测差异性较大、重复性差、缺少客观性,不能满足临床诊治的需求,全自动精子分析仪的研发就尤为重要。国外研究人员在探索中利用多种物理方法,如浊度计、分光光度计、激光光谱技术及显微摄像法来测定精子活动参数,最早的精子检测室就是采用多次曝光的手段进行拍照,记录精子的轨迹,投影放大后通过测量而计算精子的运动特征。而我国精子分析仪的研发始于1989年,清华大学水利系承接国家"七五"计划,开始对精子自动检测进行研究,随后发明了激光光散射精子测量仪,通过光谱效应计算精子的密度和运动特征,但是误差较大。随着计算机技术的普及,1994年,清华大学成功研制了国内第一台计算机辅助精子检测系统,成功地解决了多种手段的弊端,截至2005年世界上所有的精子分析系统均采用该原理。在精子研发的历程中,计算机辅助精子检测经历了黑白图像机、彩色图像检测,清华大学的研发人员最终成功地推出荧光图像检测系统,该检测系统目前仍是精子图像检测最先进的技术。

三、精子分析仪的使用及注意事项

(一)使用方法

仪器的使用方法因型号、厂家差异不尽相同,操作人员上岗前必须经过严格培训,了解工作原理、操作规程、校正方法等,使用前必须仔细阅读说明书。操作步骤如下。

1. 开机 接通电源,打开计算机辅助精子分析系统。

2. 输入信息 输入患者信息及精液理学检查结果。

3. 加样 取液化的精液1滴,滴入精子计数板的计数池中,置显微镜操作平台上,调节好显微镜焦距,显示器上即可显示待测标本的精子运动图像。

4. 分析 点击进入系统自动分析状态,图像显示区出现精子分割图像并进行分析。

5. 输出报告 分析结束后,可根据需要打印或输出分析结果。

(二)注意事项

1. 样品制备 此步骤是精子分析仪取得高质量检查结果的关键。精子分析仪采用深度为 10 μm 的样品池,能保证精子在单层界面内自由运动。取样分析前标本必须充分混匀,用微量取液器取 5~7 μl 精液加入样品池中,用 0.5 mm 厚盖片盖紧。

2. 计数池洁净 不洁净的计数池可影响精子的活力,尤其影响精子分析仪对精子计数的准确性。

3. 精子密度 样品密度过大时,会造成图像处理上的粘连,无法分析每个精子的运动特性。精液中所含精子太少时,须增加检查视野数量或使用低倍物镜观察,以提高样品检出率。

四、精子分析仪的性能评价、主要技术指标与测量参数

(一) 性能评价

目前临床采用的计算机辅助精子分析仪有两种,一种是灰度或彩色识别精子分析仪,另外一种是荧光染色精子分析仪。两种精子分析仪的性能特点见表6-1。

表6-1 两种精子分析仪与传统精液分析方法的比较

方法	性能比较	
	优点	缺点
灰度或彩色识别 CASA	1. 客观、高效、高精度 2. 提供精子动力学参数的量化数据 3. 容易实现标准化和实施质量控制	1. 根据人为设定的颗粒大小和灰度对精子识别,易受标本中其他细胞和非细胞颗粒的影响 2. 根据位移确定活动精子,原地摆动精子判为不活动,且不能区分"死"精子与"活"精子 3. 精子密度在 $(20\sim50)\times10^6$/ml 时检测结果理想,否则受一定影响 4. 测定单个精子运动,缺乏对精子群体的了解,对畸形精子的识别还存在缺陷
荧光染色 CASA	1. 对精子DNA进行特异性活体染色,只有精子被染色,识别更准确;与活精子DNA结合呈绿色,与死精子结合呈橙色,准确区分"死"精子与"活"精子 2. 通过不同荧光染色,可进行多项检查,如精子DNA完整性、精子顶体反应等 3. 提供精子动力学参数量化数据,更容易实现标准化和实施质量控制	1. 使用荧光染剂,操作不当影响精子活力分析,并且荧光染剂造成检查成本增高 2. 测定单个精子的运动,缺乏对精子群体的了解,对畸形精子识别存在缺陷
传统精液分析	WHO推荐显微镜手工法检查精子密度、精子活动率和活动力	依赖于检验人员的经验和主观判断,检查结果不易标准化和质量控制

(二) 主要技术指标

1. **每组最多被测精子数量** 1000个或更高。
2. **检测速度范围** $0\sim500\ \mu m/s$。
3. **图像的采集帧数** 1帧~99帧或更多。
4. **颗粒直径分辨率** $1\sim99\ \mu m$ 或更高。
5. **图像采集组数** 1~99组,可选。

(三) 主要测量参数

精子分析仪的主要测量参数及其含义见表6-2。

表6-2 精子分析仪软件主要参数及其含义

参数	含义
轨迹速度（VCL）	曲线速度，精子头部沿其实际行走曲线的运动速度
平均路径速度（VAP）	精子头部沿其空间平均轨迹的运动速度，根据精子运动的实际轨迹平均后计算，不同型号仪器有所不同
直线运动速度（VSL）	前向运动速度，即精子头部直线移动距离的速度
直线性（LIN）	线性度，精子运动曲线的直线分离度，即 VSL/VCL
精子侧摆幅度（ALH）	精子头部实际运动轨迹对平均路径的侧摆幅度，可以是平均值，也可以是最大值
前向性（STR）	精子运动平均路径的直线分离度，VSL/VAP
摆动性（WOB）	精子头部沿其实际轨迹的空间平均路径摆动的尺度，计算公式为 VAP/VCL
鞭打频率（BCF）	摆动频率，即精子头部跨越其平均路径的频率
平均移动角度（MAD）	精子头部沿其运动轨迹瞬间转折角度的时间平均值
运动精子密度	每毫升精液中 VAP > 0 μm/s 精子数

精子分析仪的精子运动分析参数较多，主要为三类（表6-3）。

表6-3 精子分析仪精子运动分析参数

分析参数分类	检查项目
运动精子密度参数	前向运动精子密度；前向运动率；活动率
精子活动参数	平均路径速度（VAP）；轨迹速度（VCL）；直线运动；鞭打频率（BCF）
精子运动方式参数	直线性（LIN）；前向性（STR）；精子侧摆幅度（ALH）；摆动性（WOB）；平均移动角度（MAD）

五、精子分析仪的维护、保养及常见故障处理

（一）维护和保养

1. 标本 仪器使用前精液必须液化完全，无精子症和不液化精液不适用于仪器检查。

2. 环境 拔掉电源线后使用微湿的棉布擦拭仪器表面，保证仪器清洁，干燥冷却后方可再次通电工作。

3. 电源 使用完毕后及时切断电源，尤其是关闭 CCD 电源，可以延长其使用寿命。

4. 保存 仪器长期不用时，应拔掉电源插头，放置在阴凉干燥处，盖好防尘罩。

（二）常见故障处理

精子分析仪常见故障原因及解决方法见表6-4。

表6-4 精子分析仪常见故障原因及解决方法

故障类型	故障原因	解决方法
视频窗口无图像	视频连接不良或CCD故障，或是"视频设置"中"亮度"和"对比度"设置过低	1. 可通过检查CCD电源指示灯或重新连接视频解决 2. 如若还不能解决，则需要打开"视频设置"，适当调整"亮度"和"对比度"

续表

故障类型	故障原因	解决方法
图像模糊不清	物镜镜头被污染或是聚光镜太高	1. 无水乙醇擦拭物镜镜头 2. 适当调整聚光镜位置解决
不能打印检查报告	打印机数据线未与计算机连接，打印机驱动文件错误，墨盒需要更换	1. 重新连接计算机与打印机的连接线 2. 重新添加打印机程序

六、精子分析仪的临床应用

1. 评价男性生育功能，检查男性不育症的原因。
2. 输精管结扎术后效果观察。
3. 婚前检查，以及为人工授精和精子库筛选优质精子。

要点提示：精子分析仪的性能评价、主要技术指标与测量参数。

第二节　全自动阴道分泌物分析仪

阴道分泌物（vaginal discharge）是女性生殖系统分泌的液体，主要由阴道黏膜渗出物、子宫颈腺体、前庭大腺及子宫内膜腺体的分泌物混合而成，俗称"白带"。阴道分泌物检验主要用于女性生殖系统炎症、肿瘤的诊断和雌激素水平的判断以及健康体检等，传统的纯手工操作需要检验人员有一定的经验，检测效率低，准确度低，结果受主观判断影响较大，操作繁琐，难以达到大规模、大批量的高效检测。全自动阴道分泌物分析仪模拟人工检测程序，集光、机、电和计算机软件等新技术为一体，实现多指标、多人份连续检测，使得操作自动化，检测结果量化、客观、具有可比性，极大满足了临床需求。全自动阴道分泌物分析仪的构成见图6-3。

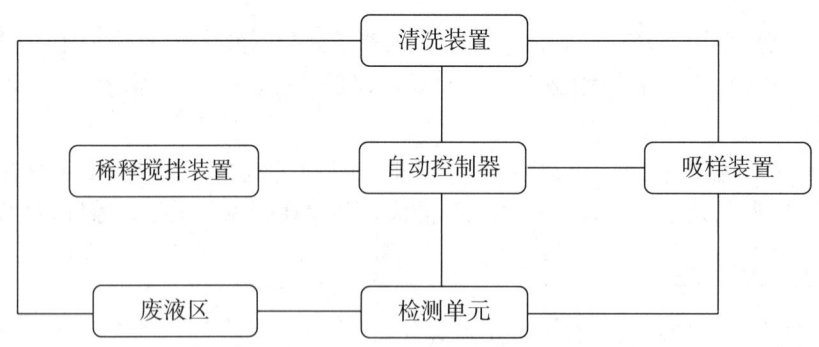

图6-3　全自动阴道分泌物分析仪构成示意图

一、全自动阴道分泌物分析仪的检测原理

目前，国内使用的阴道分泌物分析仪种类繁多，尚未达成统一标准，较多仪器采用的技

术为干化学酶技术，根据酶解特异性底物而显色或者添加显色液显色。如女性阴道分泌物中存在过氧化氢、白细胞酯酶、唾液酸苷酶、β-葡萄糖醛酸酶、乙酰氨基葡萄糖苷酶，这些酶在相应底物作用下呈现颜色变化，并且呈色深度与所含酶的浓度呈正比。分泌物中的pH亦可发生颜色变化，通过颜色变化从而辅助诊断细菌性阴道病（BV）、滴虫性阴道炎、念珠菌性阴道炎和需氧性阴道炎。国内医院阴道分泌物分析仪检测原理多基于三原色光模式，这是一种加色模型，用三种原色：红色（R）、绿色（G）和蓝色（B）的色光以不同的比例相加，以产生多种多样的色光。在当今数字化时代中，将三原色分别量化为8或16bit甚至更高，这样不同色彩、不同深度的颜色被量化成三个数值表示。在合适的条件下，用彩色传感器检测目标的三原色值，即可确定目标的颜色及其深浅，达到量化彩色的检测目标。基于此原理，阴道分泌物分析仪借助于稳定的白光点光源入射到配套的阴道炎检测反应板上。由于反应板上样本显示的不同颜色及深浅直接与被检人的阴道分泌物多项检测参数相关，因此，颜色识别器所捕获到该点的R、G和B值就可以检测出被检人的样本信息。这种通过测量RGB比例值来分析样本的方法，使得检测结果表达方式信息量丰富、客观、准确、可靠。

要点提示：全自动阴道分泌物分析仪的检测原理。

二、全自动阴道分泌物分析仪的基本结构

全自动阴道分泌物分析仪由仪器主机部分与仪器配套使用的附件组成，仪器主机一般包括计算机控制系统、自动取样冲洗系统、样本温控装置、检测装置及三废处理装置，仪器使用的附件主要为配套的试剂盒。重要结构通常包括以下部分。

1. **计算机**　装有仪器的应用软件，通过转换器与仪器相连，实现对工作站运行的全程控制。
2. **废料盒**　暂存废试剂和废针头。
3. **自动加样模块**　或称机械臂，将样本、试剂自动分液，并加入试剂盒。
4. **温育室、传送机构**　让试剂盒在恒温37℃±1.5℃下，由电传送机构移到阅读模块。
5. **检测-控制模块**　又称阅读模块，采集试剂盒RGB信息。
6. **料槽**　试剂盒（又称反应板）进入恒温育室的储存器和入口。
7. **样本架**　由样本、分液针头等组成，用于存放样本及针头。

三、全自动阴道分泌物分析仪的使用及注意事项

（一）使用方法

仪器的使用方法因厂家、型号的差异而不尽相同，操作人员使用前须经专业人员集训，培训合格后遵循说明书进行操作。具体步骤如下。

1. **开机**　接通电源，打开仪器进入对应软件系统，输入登录信息。
2. **输入信息**　输入患者个人信息、样本检测项目及数量。
3. **加样**　将样本处理后加入试剂盒，放入仪器。
4. **分析**　点击自动分析状态，对样本进行分析。
5. **输出报告**　分析结束后，可根据需要进行打印和输出分析结果（图6-4）。

图 6-4　阴道分泌物分析仪结果示意图

（二）注意事项

1．样品制备　阴道分泌物取样时应遵循医师要求，样本处理时应始终遵守实验室生物安全危害处理规程。

2．仪器操作　使用仪器前，请仔细阅读说明书，以便能正确操作设备；操作仪器时，及时清理废卡槽，防止溢出；仪器工作时手勿进入仪器工作区。

四、全自动阴道分泌物分析仪的清洁、维护与常见故障处理

（一）清洁与日常维护

为了使仪器保持在最佳工作状态，应进行日常清洁与维护，由专业技术支持人员进行清洁与维护操作。进行仪器维护（清洁仪器）时，应始终遵守实验室生物安全危害处理规程（例如：穿戴好手套、工作服等）。如果身体任何部位接触到污染物并被污染后，应立即在流水下彻底冲洗被污染的部位，然后用乙醇消毒，必要时就医。清洁仪器用过的被污染的棉签或抹布为污染性垃圾，应严格按照《医疗废物管理条例》处理，如用焚烧、熔融、灭活或消毒手段。维护保养项目包括机械臂的零位和位移的测试校准；分液器加样精度测试校准；恒温育室温度控制精度的校准；阅读仪 RGB 比例计量精度的测试校准；仪器配套联合试剂盒的参考品质量控制测试等。

（二）常见故障

常见故障及解决方法见表 6-5。

表6-5　阴道分泌物分析仪常见故障及解决方法

故障类型	故障现象	解决方法
电源指示灯不亮	打开仪器软件后打开电源开关，电源指示灯不亮	1. 检查电源插座是否已正确连接 2. 检查仪器保险丝是否熔断，更换额定电流保险丝
连接失败	弹出"连接失败"对话框	1. 检查电源指示灯是否点亮 2. 检查电脑 USB 插座是否与仪器连接

续表

故障类型	故障现象	解决方法
无法打印	在菜单中选择"文件-打印"后，打印机无打印动作	1. 检查打印机是否已连接到USB接口 2. 正确安装打印机驱动程序 3. 在打印对话框中选择需要打印的打印机型号
仪器无动作	自动检查时，仪器无动作	1. 检查电源指示灯是否点亮 2. 检查计算机USB插座是否与仪器连接 3. 若状态栏显示"暂停"，请在菜单中选择"工具-恢复"

自测题

一、选择题

1. 下列对精子分析仪的描述不正确的是
   A. 精子分析仪可对精子的活动力及精子密度进行检测
   B. 精子分析仪检测原理中有运用图像识别原理
   C. 精子分析仪可对精子的动态运动进行记录
   D. 精子分析仪操作繁琐，不可进行定量检测
   E. 精子分析仪检测环境需要在恒温下进行反应

2. 下列对精子分析仪的基本结构描述错误的是
   A. 精子分析仪的构成常包括硬件系统和软件系统两部分
   B. 精子分析仪抓拍到精子图像后可直接显示，不用处理
   C. 精子分析仪软件系统可对精子进行定量分析
   D. 精子分析仪运用了现代图像识别技术
   E. 精子分析仪可对静态的精子进行分析

3. 下列对全自动阴道分泌物分析仪描述错误的是
   A. 阴道分泌物检测又称为"白带检测"
   B. 阴道分泌物检测可减小常规检测中结果受主观判断的影响
   C. 阴道分泌物分析仪可批量进行检测
   D. 由于仪器操作简单，工作时不用看说明书，可直接上手
   E. 该仪器种类繁多，目前尚未有统一标准，有待进一步研发

二、问答题

1. 精子分析仪的工作原理是什么？其结构由哪几部分构成？
2. 全自动阴道分泌物分析仪的工作原理是什么？

（梁红军）

第七章 临床生物化学检验常用仪器

第七章数字资源

学习目标

1. 掌握　临床生物化学检验常用仪器的基本原理和主要构造。
2. 熟悉　临床生物化学检验常用仪器的类型和特点。
3. 了解　临床生物化学检验常用仪器的临床应用及简单故障排除。
4. 能够按照操作规程熟练操作临床生物化学检验常用仪器，并对仪器进行日常保养和维护。
5. 能够对临床生物化学检验常用仪器的检测结果进行初步分析。

第一节　自动生化分析仪

自动生化分析仪是将生化分析中的取样、加试剂、混匀、保温反应、检测、结果计算、数据处理、显示和打印报告，以及检验后的清洗等步骤组合进行自动操作的仪器，具有快速、准确、灵敏、标准化、可批量进行检测、减少人为误差等特点，已经在临床生化分析中得到越来越广泛的应用。

一、自动生化分析仪的类型和特点

自动生化分析仪种类繁多，根据不同的分类标准，可将自动生化分析仪分为不同的类型。

（一）根据可检测项目数量

可分为单通道自动生化分析仪和多通道自动生化分析仪。单通道自动生化分析仪每次只能检测一个项目，多通道自动生化分析仪可同时检测多个项目。

（二）根据自动化程度

可分为全自动生化分析仪和半自动生化分析仪。全自动生化分析仪从取样至出结果的全过程均由仪器自动完成。半自动生化分析仪是相对全自动生化分析仪而言的，整个检验流程中多了一些手工操作的过程。

（三）根据仪器的功能和复杂程度

可分为小型、中型、大型、超大型自动生化分析仪。按以往国际惯例，每小时完成400项生化测试的为小型自动生化分析仪,每小时完成1000项生化测试的为中型自动生化分析仪,每小时完成1000项以上生化测试的为大型自动生化分析仪。

(四)根据反应装置结构原理

可分为连续流动式(管道式)、离心式、分立式、干化学式自动生化分析仪。按照反应装置结构原理分类是最常用的分类方法。

1. 连续流动式(管道式)自动生化分析仪 是第一代自动生化分析仪,世界上第一台自动生化分析仪是在1957年制造的一台连续流动式自动生化分析仪。它的原理是测定项目相同的各待测样品与试剂混合后的化学反应,是在同一管道中流动完成的,故又称管道式自动生化分析仪。在检测过程中,样品与样品之间须用空气隔离开,或者用空白试剂或缓冲液隔离开。以空气隔离分段的仪器较为常见和典型,整套仪器的主要部件有样品盘、比例泵、混合管、透析器、恒温器、比色计和记录器。连续流动式自动生化分析仪的特点是结构简单、价格便宜,使用同一比色杯比色,因此消除了比色杯间的透光性差异,但有管道系统复杂、不能克服交叉污染、故障率高、操作繁琐等缺点。

2. 离心式自动生化分析仪 是1969年以后发展起来的一种生化分析仪,因全过程在离心条件下完成而得名。工作原理:将样品和试剂放在特制圆形反应器内,该圆形反应器称为转头,装在离心机的转子位置,当离心机开动后,圆形反应器内的样品和试剂受离心力的作用而相互混合发生反应,经过一段时间的温育后,反应液最后流入圆形反应器外圈的比色凹槽内,垂直方向的单色光通过比色孔进行比色,最后计算机对所得吸光度进行计算,显示结果并打印。离心式自动生化分析仪的特点:①属于"同步分析",样品与试剂的混合、反应和检测等每一步骤几乎同时完成。②分析速度较快,每小时可分析600个以上样品。因为使用了不同的反应比色杯,无需在测定过程中清洗反应池。③样品和试剂需要量少,其中样品量多为$1 \sim 50\ \mu l$,试剂量多为$100 \sim 130\ \mu l$。

3. 分立式自动生化分析仪 于20世纪60年代问世,是目前国内外应用最多的一类自动生化分析仪。特点:①属于"顺序式"分析,各环节用传送带连接,按顺序依次操作;②检测使用了不同的反应比色杯,且反应杯同时作为比色杯进行比色测定,减少了交叉污染。

4. 干化学式自动生化分析仪 20世纪80年代问世。其原理多采用以Kubelka-Munk理论或Williams-Clapper方程为基础的多层薄膜固相试剂技术。将待测液体样品直接加到已固化于特殊结构的试剂载体上,以样品中的水将固化于载体上的试剂溶解,再与样品中的待测成分发生化学反应。是集光学、化学、酶工程学、化学计量学及计算机技术于一体的新型生化检测仪器。

干化学式自动生化分析仪尤其适用于急诊检测和微量检测。特点:①操作简便;②测定速度快;③灵敏度和准确性与典型的分立式自动生化分析仪相近;④使用后的反应单元可以焚烧处理,对环境没有太多污染。

> **要点提示**:自动生化分析仪的类型和特点。

二、分立式自动生化分析仪的工作原理

目前临床使用的自动生化分析仪大多是分立式自动生化分析仪。其工作原理是按手工操作的方式编排程序,并以有序的机械操作代替手工操作,用加样探针将样品加入各自的反应杯中,试剂探针按一定时间自动定量加入试剂,经搅拌器充分混匀,在一定条件下反应后,进行

比色测定。各环节用传送带连接，按顺序依次操作。

三、分立式自动生化分析仪的基本结构

分立式自动生化分析仪的基本结构主要包括样品处理系统、检测系统、清洗系统和计算机系统。

（一）样品处理系统

样品处理系统包括样品架、试剂仓、样品和试剂取样单元、搅拌混匀系统。

1. 样品架 有圆盘状和传送条带状等类型，用以放置样品杯或原始样品管。带条形码阅读器的仪器可以直接阅读样品管上的条形码信息。

2. 试剂仓 试剂以试剂盒存放于试剂仓，一般都带有冷藏装置，温度为 4～15 ℃，常与试剂转盘结合在一起，可同时放置几十种试剂。有条形码的分析仪，可以自动识别试剂的种类。应注意试剂放置位置必须与反应通道号相匹配。目前，大多数全自动生化分析仪都有两个或多个试剂仓，可将测定同一指标的多个试剂分开存放。

3. 样品和试剂取样单元 由取样臂、采样针、采样注射器、步进马达等组成。取样臂根据计算机的指令携带样品针或试剂针移动至指定位置。采样针和采样注射器构成一个密闭的结构，内充去离子水形成水柱。步进马达准确控制吸量，通过活塞推进或缩回使密闭系统内的水柱移动，达到吸取样本或将样本注入反应杯的目的。试剂取样单元中的取样臂中还有加温装置，能把从试剂仓中吸取的试剂加热至常温或 37 ℃。

探针系统包括样品探针和试剂探针。探针通常装有液面感应器，一旦接触到液面即停止下降而开始吸取样品或试剂，并在遇到障碍时能自动停止并报警，以免探针损坏。样品探针具有凝块或气泡检出功能，以及防堵塞的功能；试剂探针通过探测液面高度可获得试剂的可检测数量和剩余量，同时具有气泡检出功能。

4. 搅拌混匀系统 搅拌器使反应液和样品充分混匀，由电机和搅拌棒组成。搅拌棒的下端是一个扁金属杆，表面涂有特殊的疏水材料，能降低液体黏附，减少交叉污染。在计算机指令下，电机运动使搅拌棒高速转动，执行混匀功能。

（二）检测系统

检测系统是仪器的核心部分，由反应系统和比色系统构成。反应系统主要由反应盘和恒温装置组成；比色系统主要由光源、比色杯、单色器和检测器组成。

1. 反应盘 多为转盘形式，且置于恒温装置中，转载着很多个反应杯进行生化反应。

2. 恒温装置 通过温度控制系统保证反应在恒温环境下进行，反应温度通常为 25 ℃、30 ℃、37 ℃。理想的孵育温度波动应小于 0.2 ℃。保持恒温的方式有三种：①水浴循环恒温式，即在比色杯周围充盈有循环水，加热器控制水的温度。优点是温度恒定，缺点是需要定期更换循环水，需要特殊的防腐剂以保证水质的洁净。②空气浴恒温式，即在比色杯与加热器之间隔有空气，优点是方便、加热速度快、不需特殊材料，缺点是稳定性和均匀性较差。③恒温液循环间接加温式，恒温液为热容量高、蓄热能力强、无腐蚀性的液体，无味、无污染、不变质、不蒸发，流动在比色杯周围，使温度均匀稳定，且保养简单，目前应用较为广泛。

3. 光源 大多采用卤素灯，工作波长为 340～800 nm，少数采用氙灯，工作波长为 285～750 nm。如灯的发光强度降低，仪器自动报警，则需更换灯泡。

4. 比色杯 种类繁多，常为石英、硬质玻璃或优质塑料，光径为 0.5～1 cm。大多数全自动生化分析仪的比色杯也是反应杯，反应过程在比色杯中直接完成，然后经检测系统测定其

吸光度值，再计算出检验结果。比色杯自动冲洗装置对检测后的比色杯进行自动冲洗和吸干，并自动做空白检查，检测合格的比色杯可循环使用，不合格会自动报警或停止工作，提示需更换比色杯。

5. 单色器 即分光装置。它采用的分光系统有两种。①干涉滤光片分光系统：分光元件采用干涉滤光片，各滤光片安置于圆盘中，可通过旋转圆盘来选择不同波长的滤光片（如340 nm、380 nm、405 nm、500 nm、550 nm、600 nm、660 nm等波长）。将同一检测项目的标本集中检测后，再变换滤光片进行下一个项目的测定，以达到一定的检测速度，一般不能进行不同波长项目的不间断检测。②光栅分光系统：常在340～850 nm选择10～13种固定的单色光。光栅分光有前分光和后分光两种方式，目前自动生化分析仪多采用后分光，即光源光线直接透过样品，通过光栅分光，再进行吸光度的检测。使用后分光技术，可以在同一体系中测定多种成分。如果比色池中有多种吸收特征不同的组成物质，当复色光通过后，各物质分别对各自的特征性光波产生吸收，之后再分成光谱对不同的波长进行测定，可以在同一体系中同时得到多组分结果，分析精确度和准确度高、稳定性好、速度快，无需移动仪器的任何部分，噪声低、故障少。光栅使用寿命长，无需任何保养。采用340 nm波长，酶类测定结果稳定可靠。

6. 检测器 由光敏二极管和放大电路组成，检测各反应杯的光信号后转换为电信号，再送至数据处理单元。理想的检测器应具有灵敏度高、线性范围宽及噪声低的特性。

（三）清洗系统

清洗系统一般包括吸液针、吐液针和擦拭块。清洗过程包括吸取反应液、注入清洗液、吸取清洗液、注入洁净水、吸取洁净水、吸水擦干等步骤。清洗液有酸性和碱性两种，为保证检测的精度和准确性，可根据需要选择能清洁管道、比色杯和探针，又不损伤管道的清洗液。

（四）计算机系统

计算机系统是自动生化分析仪的核心，整个分析过程均依据其指令有条不紊地进行。它的功能主要包括：识别功能、指挥控制功能、数据处理功能、监控功能、数据共享功能等。①识别功能：主要包括条形码阅读器扫描标本管和试剂管条形码、录入相关信息到计算机系统；②指挥控制功能：主要包括样品和试剂的自动吸加、自动混合、反应温度调控等；③数据处理功能：主要包括实时记录反应进程中的相关数据（如温度、吸光度值等），根据测定方法和设定的计算公式选取有效数据计算出测定结果、进行质控图的绘制等；④监控功能：包括对仪器性能指标、运行情况、试剂（含清洗液）余量的监控，以及仪器故障出现时的报警等；⑤数据共享功能：包括患者的基本信息数据、检测项目、检测结果等，均可通过自动生化分析仪的计算机与实验室信息系统和医院信息系统联网、共享、打印（或发送）检验报告。

> **要点提示：** 自动生化分析仪的工作原理与基本结构。

四、分立式自动生化分析仪的工作过程

分立式自动生化分析仪的测定过程按照设定的程序由仪器进行检测，具体工作过程主要包括以下内容。

（一）取样、加试剂和混匀

样品盘转动，使样品进入待测位置，样品针定量吸取样品加入反应杯内；反应盘旋转；试

剂盘转动使所需试剂进入试剂吸取位置，试剂针定量吸取试剂加入反应杯中；搅拌器将反应杯内液体搅拌混匀。

（二）保温反应和吸光度测定

反应杯内液体在恒温条件下进行化学反应；反应盘旋转，当反应杯通过吸光度检测窗口时被检测得到一个吸光度值，再按规定的间隔时间检测反应过程中的吸光度值，直至总反应结束。

分析仪能显示和（或）打印出反应全过程的时间 - 吸光度曲线。从曲线上能观察和计算化学反应的速度、时间，以及呈线性反应期的时间，从而为确定分析方法类型、参数设置等提供依据。

（三）计算并显示或打印出结果

分析仪对检测得到的数据按照设定的计算公式进行计算后，可显示或打印出检测最终结果。

五、自动生化分析仪的参数与性能指标

（一）自动生化分析仪的参数

自动生化分析仪必须设置正确的参数才能控制仪器完成各种操作指令。自动生化分析仪的大多数参数由厂家提供，无需人为设定。仪器一般还预留有部分空白通道，可由使用人员在使用前根据各自实验室实际情况增设某些检验项目、参数。

1．试验名称及代号　常以项目的英文缩写来设置，如总蛋白设置为 TP，白蛋白设置为 Alb，试剂代号以数字编号。

2．分析方法　常用的分析方法有终点分析法（包括一点法、两点法）、连续监测法（可分为两点速率法、多点速率法）、免疫透射比浊法等。

3．检测波长　单波长检测是用一个波长检测物质的吸光度的方法。当测定体系中只有一种组分或混合溶液中待测组分的吸收峰与其他共存物质的吸收峰无重叠时，可用单波长检测。自动生化分析仪常用两个波长或多个波长进行检测：根据吸收曲线选择最大吸收峰作为主波长，副波长的选择原则是干扰物在主波长处的吸光度与在副波长处的吸光度越接近越好，测定时主波长处的吸光度减去副波长处的吸光度可消除脂血、溶血、浊度等干扰物的影响，提高测定结果的准确性。免疫透射比浊法测定时，副波长距离主波长越远越好，能有效提高检测灵敏度。

4．线性范围　不同厂家的试剂，其试剂说明书上一般均标注有线性范围。反应吸光度处于线性范围内时，检测结果与吸光度变化呈正比，准确反映待测物浓度。

5．反应温度　自动生化分析仪通常设有 25 ℃、30 ℃、37 ℃三种温度，为了使酶反应的温度与体内温度一致，一般选用 37 ℃。

6．反应类型　有正向反应和负向反应两种，反应过程中吸光度上升为正向反应，吸光度下降为负向反应。

7．质控参数　为保证检验结果的准确性，自动生化分析仪中对每个检测项目要求设立两个水平的质控品，将质控品名称、批号、靶值、标准差等输入仪器中。

8．样品量与试剂量　一般按照试剂说明书上的比例，并结合仪器的特性进行设置，亦可按比例缩减或重新设计，但需考虑仪器的检测灵敏度及线性范围，尽可能使稀释倍数大些，以降低样品中其他成分的影响。

9．分析时间　包括反应时间、延迟时间、监测时间等，选择不同的分析方法应选择相应

的分析时间。

10. 校准的设置 自动生化分析仪有多种校正方法，常用的有一点校正、两点校正、多点校正、线性和非线性校正等。一点校正多用于酶类项目测定，如天冬氨酸转氨酶（AST）、丙氨酸转氨酶（ALT）、乳酸脱氢酶（LDH）等；二点校正多用于工作曲线呈直线的项目测定，如 TP、Alb 等，可用于终点法及连续监测法；多点校正是多个具有浓度梯度的标准品用非线性方法进行校正，多用于免疫浊度法等工作曲线呈各种曲线形式的项目等。

11. 底物耗尽值 在负反应的酶活性测定中，可设置此参数，以规定一个吸光度下限。若低于此下限，说明底物已太少，会影响检测结果的准确性。

（二）自动生化分析仪的性能指标

不同厂家的自动生化分析仪的性能指标不一样，实验室在配置自动生化分析仪时，可根据实际情况进行选择。以下是自动生化分析仪常见的一些性能指标。

1. 自动化程度 指仪器能够独立完成生物化学检测操作程序的能力。一般而言，生化分析仪自动化程度越高，功能越强，操作相对来说更简单，但维护要求较高。标本量大、检验项目多的综合型大医院可选用大中型甚至超大型全自动生化分析仪；标本量小、检验项目少的小医院或专科医院，可选用小型自动生化分析仪或半自动生化分析仪。

生化分析仪的自动化程度主要表现在以下方面：①能否自动处理样品、自动加样、自动清洗、自动开关机等；②单位时间处理样品的能力、可同步分析的项目数量等；③软件支持功能是否强大，如是否有样品针和试剂针的自动报警功能、探针的触物保护功能、试剂剩余量的预示功能、数据分析和处理能力、故障自我诊断功能等。

2. 分析效率 是指在分析方法相同的情况下分析速度的快慢。分析效率与以下因素有关。

（1）检测方法：单通道自动生化分析仪每次只能检测一个项目，分析效率较低；多通道自动生化分析仪可同时检测多个项目，分析效率较高。目前，全自动生化分析仪多数采用同步分析设计原理，加样品、加试剂、混匀、比色、清洗管道和比色杯等同时进行，大大提高了分析效率。

（2）仪器的构造：如加样和加试剂方式影响检测速度。小型生化分析仪使用单针加样和加试剂，速度较慢，分析效率较低。目前，全自动生化分析仪使用样品针和试剂针分别加样加试剂，甚至使用多针采样方式，使分析效率大大提高。

（3）检测项目的优化组合设计：用户可根据需要灵活选择不同的模块和模块数，对检测项目进行优化组合设计，可大大提高仪器的分析效率。

3. 检测准确度 包括精密度和正确度，是自动生化分析仪保证测定结果准确的重要环节。它取决于各部件（加液、温控、波长、计时等）的加工精确度以及良好的工作状态。目前，自动生化分析仪采用先进的液体感应探针准确吸样，采用特殊的搅拌装置和搅拌方式充分混匀，采用高效清洗装置和技术控制交叉污染，改进恒温方式和测光方式等手段，来提高检测结果的准确度。

4. 应用范围 是衡量自动生化分析仪的一个综合指标，与仪器的设计原理及结构有关。包括可检测项目（生化项目、微量元素、各种特种蛋白、药物浓度监测等）；分析方法（分光光度法、比浊法、离子选择电极法、荧光法等）的种类等；双波长或多波长光路设计，可有效消除"背景噪声"，排除样品中脂血、胆红素、溶血等成分的干扰；双试剂的使用，排除试剂或样品空白的干扰。技术的发展和多种方式的应用，拓宽了自动生化分析仪的应用范围。

5. 其他性能指标 包括仪器取液量、最小反应液体积、检测线性范围、分析时间、仪器的寿命、仪器的维修保养方式、试剂和消耗品及零配件的供应、售后服务等。其中，最小反应液体积指可被仪器的分光光度计准确检测的最小的反应液体积，该体积小时，可节省试剂，减少开支。

六、自动生化分析仪的使用、维护与常见故障处理

自动生化分析仪是精密仪器，必须严格遵守操作流程，并注意日常维护保养与定期保养相结合，才能获得准确可靠的检测结果，并延长仪器的使用寿命。

（一）自动生化分析仪的使用

1. 检验前 要有合适的实验环境和条件：①实验室整洁，环境温度控制在 15～30 ℃，仪器配有专用电路且有地线，并配有不间断电源（UPS），实验室用水符合要求，有废液处理装置等。②仪器操作人员需要经培训、考核合格后才能上岗，且要严格遵守仪器操作规程。③打开仪器电源，让仪器预热一定时间达到最佳状态。④检查仪器是否正常，如样品针、试剂针、搅拌棒是否沾有水滴、脏污，是否弯曲、堵塞，各清洗槽是否有脏污或堵塞。⑤检查试剂、清洗液的余量，不足时添加。倒掉废液，清理废液桶。检查打印纸是否足够并已正确安装。⑥检验项目的输入，一般情况下在仪器初次使用时设定，以后根据情况可以增减检验项目。仪器一般留有急诊样品的分析位置或专用样品架，以及急诊分析的专用编号、标识，用于对急诊样品的加急检测。⑦配好质控品，添加质控品入仪器中。⑧将经检查合格后的患者标本放入试管架（标本架）备用。

2. 检验中 工作人员点击配套的分析系统，启动检测。检测期间，工作人员应随时对仪器的运行情况进行巡查、监控，发现异常情况及时处理。

3. 检验后 ①检验人员对整批次的检验结果进行查看、分析，审核实验数据，发送检验报告单；②对仪器报警的一些异常标本或可疑检测结果进行分析以便采取相应措施及时处理；③对仪器进行保养。

（二）自动生化分析仪的维护、保养

自动生化分析仪属于精密仪器，检验科应安排专人对自动生化分析仪的使用情况进行登记、检查和严格管理，并进行维护和保养。仪器的维护保养一般分为每日、每周、每月、每季度、每半年或按需维护保养，内容主要为清洗管道、零部件的检查和更换等。

1. 每日保养 包括仪器外部的清洁；开机前仪器的自检与管道冲洗；关机前清洁样品针、试剂针、搅拌棒等；废液的处理等。

2. 每周保养 包括反应杯清洗及反应杯的空白测定；仪器部件的运行情况检查；仪器管道系统的清洗、检查等。

3. 每月保养 主要包括清洗滤网、擦洗机械部件的试剂残留物等。

4. 每季度保养 主要是仪器关键部件的检查、维护保养。

5. 半年或按需维护保养 主要由仪器厂家的仪器售后维修人员对仪器进行大的检修、维护、保养、更换零部件（如比色杯、光源灯）等，以保证仪器检测结果的准确性。

（三）自动生化分析仪的常见故障处理

自动生化分析仪在使用过程中难免会出现一些故障，若不能及时排除故障，会影响检验结果的准确性，甚至造成严重后果。因此，检验工作人员熟悉自动生化分析仪可能会出现的一些常见故障（表7-1），以及掌握相应的排除方法很有必要。对于不能自行排除的故障，可联系厂家派专业维修人员进行维修。

表7-1 自动生化分析仪常见故障、可能原因分析及排除方法

常见故障	原因分析	排除方法
样品针堵塞	血清分离不彻底；样品针被纤维蛋白粘连或堵塞	彻底分离血清；疏通、清洗样品针
试剂针堵塞	试剂质量不好；有些试剂，如苦味酸易堵塞针孔	更换优质试剂；疏通、清洗试剂针
探针液面感应失败	感应针被纤维蛋白严重污染导致其下降时感应不到液面	用去蛋白液擦洗感应针，并用蒸馏水擦洗干净
样品针、试剂针运行不到位	水平和垂直感应器故障	用棉签蘸取无水乙醇仔细擦拭传感器；如为传感器与电路板插头接触不良引起，可以用砂纸打磨插头除去表面氧化层
所有检测项目重复性差	注射器或稀释器漏气导致样品或试剂吸量不准，搅拌棒故障导致样品与试剂未能充分混匀	更换新垫圈；检修搅拌器使其正常运行
试剂仓冰箱和比色仓恒温室温度失控	试剂仓盖未盖好；控制冰箱和恒温室的电流接触器损坏	盖好试剂仓；更换电流接触器
零点漂移	光源强度不够或不稳定	更换光源或检修光源光路
报警		根据仪器提示的报警原因，按照说明书进行操作、排除故障
打印异常	缺纸；卡纸	添加打印纸；关闭打印机，按照说明书取出卡纸

七、自动生化分析仪的临床应用

自动生化分析仪在临床生化检验、免疫学检验、临床治疗药物浓度监测等方面应用广泛。其检测结果可作为疾病的辅助诊断、治疗的依据等。

（一）在临床生化检验中的应用

自动生化分析仪可以开展常规生化检验项目的检测，如肝功能、肾功能、血脂、血糖、血清酶、激素等的检测，有的生化分析仪还配有离子选择电极，能测定电解质和pH。检测结果可供医生结合患者临床表现，对多种疾病（如肝肾疾病、糖尿病、内分泌疾病等）进行诊断、鉴别诊断、疗效观察、预后判断等。

（二）在临床免疫学检验中的应用

多数大型自动生化分析仪配有紫外光、散色光/透射光等，能进行一些免疫检验，如可检测多种免疫球蛋白、补体、类风湿因子、抗链球菌溶血素O、C反应蛋白、尿微量白蛋白等，可用于评价人体的免疫功能，以及进行免疫性疾病、糖尿病肾病等疾病的诊断或辅助诊断。

（三）在临床治疗药物浓度监测中的应用

有的自动生化分析仪能测定某些药物（如强心苷类药物、抗癫痫药、抗心律失常药等）的浓度，用于临床用药的监测；有的自动生化分析仪能测定某些违禁药品（如鸦片、美沙酮等）的浓度，为相关部门提供证据。

第二节 电解质分析仪

电解质分析仪是在 20 世纪 60 年代发展起来的测定体液标本中钾（K^+）、钠（Na^+）、氯（Cl^-）、钙（Ca^{2+}）等电解质浓度的仪器，具有设备简单、操作方便、快速、准确、灵敏度和选择性好、成本低、标本用量少、无需预处理、不破坏被测试样，可与血气分析仪、自动生化分析仪联用进行检测等优点。目前，电解质分析仪已在临床检验中得到了广泛应用。

一、电解质分析仪的工作原理

离子选择电极（ion selective electrode，ISE）是一种用特殊敏感膜制成的化学传感器，对溶液中特定离子具有选择性响应的电极。溶液中待测离子在对应的 ISE 敏感膜上产生特异性响应，膜上发生离子交换或扩散，形成膜电位，产生电极电位的变化。电极电位的大小与待测离子浓度之间的关系符合能斯特方程，即在一定条件下，离子选择电极的电极电位与被测离子浓度的对数呈线性关系。

ISE 的特点是电极敏感膜不受标本颜色、浊度等的影响，响应迅速。它能将溶液中某种特定离子的浓度或活度转变成电位信号，利用膜电位测量溶液中溶质的浓度并与标准曲线相比较，计算样品溶液中待测成分的浓度。

离子选择电极通常由电极管、内参比电极、内参比溶液和敏感膜四个部分组成（图 7-1）。可测量 pH，以及 K^+、Na^+、Ca^{2+}、Mg^{2+} 等离子的活度或浓度。

电解质分析仪的工作原理是利用离子选择电极作为指示电极、甘汞电极作为参比电极，与测量毛细通路中的待测样品接触，共同组成电化学电池，通过测量电化学电池的电动势，便可求得被测离子的活度或浓度。

ISE 法又分为直接法和间接法。前者指血清不经稀释直接由电极测量，后者为血清经一定离子强度缓冲溶液稀释后由电极测量。

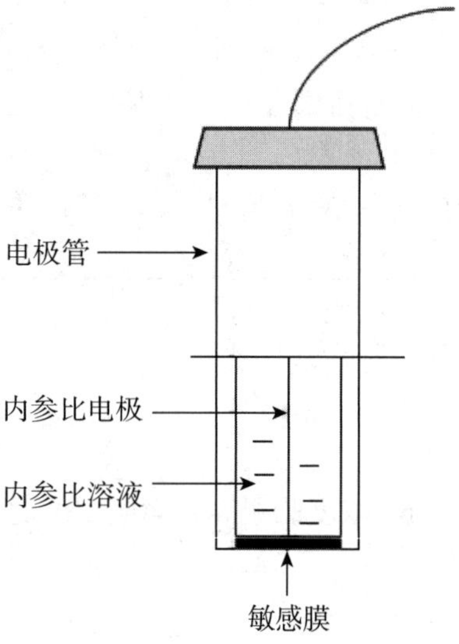

图 7-1 离子选择电极结构

> **要点提示**：电解质分析仪的工作原理。

二、电解质分析仪的分类

（一）按自动化程度分类

按自动化程度可分为半自动电解质分析仪和全自动电解质分析仪。

（二）按工作方式分类

按工作方式可分为湿式电解质分析仪和干式电解质分析仪。①湿式电解质分析仪：是将离子选择性电极和参比电极插入被测样品中组成电化学电池，然后通过测量电化学电池电动势进行测试分析。湿式电解质分析仪需要先用标准液进行定标，建立工作曲线后才能进行测量工作。②干式电解质分析仪：是半导体技术和电化学技术相互渗透而产生的能够敏感离子和分子的半导体化学传感器，采用基于离子选择电极的差示电位法进行分析测试。此法需要用到干片，干片上包含两个完全相同的离子选择电极的多层膜片，一边为样品电极，一边为参比电极，测定时，加 10 μl 样品液入样品电极孔，加 10 μl 参比液入参比电极孔，测试两孔的差示电位即可测得电解质浓度。干式电解质分析仪具有使用简单、方便、快速等优点。

目前，检测电解质的仪器很多，电化学法检测电解质可分为电解质分析仪、含电解质分析的血气分析仪、含电解质分析的自动生化分析仪三大类。

三、电解质分析仪的基本结构

电解质分析仪主要由电极系统、液路系统、电路系统、软件系统等部件组成。

（一）电极系统

电极系统包括指示电极和参比电极。指示电极包括 pH 及 K^+、Na^+、Cl^-、Ca^{2+}、Li^+、Mg^{2+} 等离子选择电极。参比电极一般是甘汞电极。电极系统是决定样品测定结果的准确度和灵敏度的关键部件。

（二）液路系统

液路系统通常由标本盘、溶液瓶、吸样针、三通阀、电极系统、蠕动泵等组成。蠕动泵为各种试剂的流动提供动力，液路系统中的通路由定标液/冲洗液通路、标本通路、废液通路、回水通路、电磁阀通路等组成。液路系统会直接影响到样品浓度测定的准确性和稳定性。

（三）电路系统

电路系统主要由五大模块组成，分别是电源电路模块、微处理器模块、输入输出模块、信号放大及数据采集模块、蠕动泵和三通阀控制模块。每个模块都有相应的功能，例如电源电路模块主要提供打印机接口电路和其他各种部件所需的电源。

（四）软件系统

软件系统是控制仪器运行的核心，类似于人体的"大脑"。它提供仪器微处理系统操作、仪器设定程序操作、仪器测定程序操作和自动清洗等操作程序。

四、电解质分析仪的使用方法

（一）电解质分析仪操作流程

临床实验室的电解质分析仪型号、品牌较多，但基本操作步骤一致。

1. 开机准备 接通电源，仪器自检，检查定标液和清洗液状态，检查管道是否堵塞、活化电极等。

2. 仪器定标 按照仪器程序定标，确定工作曲线。

3. 质控分析 定标通过后，选择质控分析。经 5 次以上质控测试后，可自动生成和打印质控报告，计算平均值、标准差、变异系数。

4. 样本测试 进入样本测试程序，抬起吸样针进样，仪器自动测定。

5. 数据收集及结果打印 通过按键或条形码扫描输入患者样品信息，仪器输出测定结果、保存、打印、发出报告。

(二) 电解质分析仪操作注意事项

1. 样本采集 样本采集后1小时内分析，应避免溶血，否则钾含量会升高。使用止血带会导致钾水平升高10%~20%，建议采血时不要用止血带，或应在拔出针前释放止血带。

2. 标准液和样品 标准液和样品的pH应保持在6~9，否则易干扰钠含量的测定。

3. 抗凝剂 不要使用肝素铵、EDTA或NaF抗凝样本，否则易干扰测定结果。

4. 不能吸入气泡和凝血块 仪器吸入样品过程中不能吸入气泡，否则易引起误差；不能吸入凝血块，以免堵塞管道。

5. 环境温度 如果环境温度变化大于10℃，须重新校正一次。

五、电解质分析仪的维护、保养与常见故障处理

(一) 电极系统的维护与保养

仪器在工作过程中，电极的内充液与样品之间存在着不同程度的离子交换，使电极内充液的浓度逐渐降低，从而使膜电位下降，导致测量结果偏低。故需要定期对电极内充液中的离子含量进行调整。

1. 钠电极 内充液的浓度降低比较明显，要经常检查调整内充液浓度。许多仪器的程序设计中已包含每日保养项，定期使用厂家提供的清洁液和钠电极调整液对仪器进行清洗和调整。调整液含有氟化钠，为玻璃腐蚀剂。根据经验，调整后最好不要立即定标，要让电极平衡10分钟左右再进行定标，这样仪器更稳定。

2. 钾电极 使用过程中会吸附蛋白质，影响电极的灵敏度。每月至少更换一次钾电极内充液。

3. 氯电极 使用过程中也会吸附蛋白质，影响电极的灵敏度。最好用物理法进行氯电极的清洁。其方法是取出氯电极，用柔软的棉线穿过电极（如穿针眼），轻轻地来回擦拭电极内壁，将电极膜处聚集的污物磨下。对于新换的氯电极，电极膜处很容易吸附蛋白，用此法清除方便、安全、快捷。

4. 参比电极 每周均须检查电极内是否有足够的饱和氯化钾溶液及氯化钾残片。一般3个月要换一次参比电极膜，清洗电极套，保持毛细管通透，使盐桥导通。

(二) 液路系统的维护与保养

由于检测标本（血清）中含有部分纤维蛋白，蛋白将附着在液流通道的泵、管路和电极系统毛细管的内壁上。当测量标本量较大时，内壁所附的蛋白增厚，造成阻塞管路和电极敏感膜性能下降，影响正常工作和测试结果的准确性。

因此，每天工作结束关机前要进行管路的清洗，或者发现多通路、管路、电极系统内有异物而导致管路不通畅时也要进行管路的清洗，以保证电解质分析仪液路中没有蛋白质、脂类沉积和盐类结晶。

清洗方法为：进入仪器液路保养程序进行清洗，吸入或注射清洗液、去蛋白液或蒸馏水冲洗液路，重复2~3次。冲洗完毕，应当对仪器进行重新定标。

(三) 日常维护与保养

应按照使用说明书上的要求，对电解质分析仪进行每日维护、每周维护、每月维护和半年

维护。

1. 每日维护 检查试剂余量；清洁仪器表面灰尘及吸样探针，保持探针的畅通；及时弃去废液瓶中的废液。

2. 每周维护 使用蛋白清洗液清洗管道，除去蛋白质、脂类沉积和盐类结晶；针对不同电极的特点进行电极清洗或活化；及时添加电极内充液。

3. 每月维护 清洁泵管，用乙醇溶液棉球清洁泵管和不锈钢转轴，在泵管的弯处涂硅油或白色凡士林等润滑剂。

4. 半年维护 通常每隔 6 个月要更换蠕动泵管、液路塑胶管。

（四）常见故障及其处理

仪器在使用过程中难免会出现一些故障，出现故障时应先排除维护和使用不当等因素，如管道松动或破裂、参比电极液长期未换、长期没有活化去蛋白、进样针（或三通、或电极）堵塞、泵管老化等，然后检查电极的电压和斜率是否正常，再用电极检查程序确认电极输出是否稳定。一些常见故障、产生原因和排除方法如下。

1. 仪器不工作 检查是否发生停电、电源插座松动、保险丝熔断等。

2. 管路堵塞 在使用过程中，因采血时间、离心程度、血液质量等原因，血液中的蛋白、脂类、纤维及血凝块可在管路中积聚、阻塞。整个管路从血液进入采样针到废液管末端，易堵塞的地方主要有采样针与空气检测器部分、电极腔前端与末端部分、混合器部分以及泵管和废液管四个部分。这四个部分故障的排除方法如下。

（1）采样针与空气检测器：确定这部分阻塞后，可直接用清洗液保养管路。如达不到目的，可拆下空气检测器，用注射器注入 NaCl 溶液反复冲洗进样针和空气检测器，通畅后再用蒸馏水冲洗干净即可。

（2）电极腔前端与末端：这部分管路较细，一旦有蛋白质与脂类积聚，如不及时处理，容易造成顽固性的阻塞，清洗较难，平时可用清洗液进行管路清洗保养。如达不到目的，可将电极全部拆下，将电极腔用 NaCl 溶液浸泡 2 分钟左右，再反复清洗，用蒸馏水冲洗干净，擦干水分装回即可。

（3）混合器：主要用清洗液或去蛋白液进行混合器清洗程序。如达不到目的，可将混合器拆下，用注射器将 NaCl 溶液注入混合器浸泡几分钟，然后反复冲洗，待看上去干净后，用蒸馏水冲洗干净，擦干水分即可。

（4）泵管和废液管：如堵塞，用注射器吸入清洗液或蒸馏水冲洗管路。

3. 样品不能吸入、管路有气泡 进样针堵塞，应拆下进样针用注射器疏通冲洗；三通堵塞，拆下电极用注射器疏通冲洗三通；电极堵塞，拆下电极，并分解单个电极，用吸球吹净电极；泵管老化，应更换泵管；管道有破裂或松动，应更换管道或装好管道。

4. 定标不能稳定 检查试剂是否在有效期内；泵管是否老化、漏气、堵塞；电极没有稳定，可以在电极稳定 30 分钟后进行定标。

5. 重复性不良 电极未活化，应活化电极；电极间有漏液，应装紧电极或更换密封圈；参比电极有 KCl 结晶，应擦净；电极毫伏偏低，应更换电极内液或电极；电极斜率低于规定值，应更换电极或重新校准。

6. 准确性不够 质控结果不通过，则查找原因，重新定标和做质控，直至符合质控要求。如果所有测定项目准确性差，应更换参比电极。

7. 电极漂移与失控 ①最常见的原因是地线未接好，应检查地线，或者检查漂移的电极银棒是否未插入信号插座或接触不良；②检查标准液及清洗液是否已用完；③检查流通池中参比内充液是否太少，应及时注满；④ Na^+、pH 电极漂移时应用玻璃电极清洗液清洗，再用蒸馏水反复冲洗即可；⑤如果电极全部漂移，则应检查参比电极是否到期；⑥参比电极上方有气泡，应轻拍流通池，将气泡移至 Na^+ 电极上方。

8. 电极斜率降低 会造成测试线性不好，有时也影响电极的重复性。其主要原因：①电极膜板上吸附蛋白质过多；②空气湿度太大；③温度太低；④寿命限将至，需要更换电极。

六、电解质分析仪的临床应用

水、电解质和酸碱平衡是维持人体内环境稳定的三个重要因素。当人体发生病变时，如发生严重呕吐、腹泻、肾衰竭、糖尿病酮症酸中毒、渗出性胸膜炎或腹膜炎等病症，都会引起电解质浓度偏离参考值范围，严重时甚至会危及生命。电解质分析仪应用广泛，在临床检验中主要通过测定患者体液标本中钾（K^+）、钠（Na^+）、氯（Cl^-）、钙（Ca^{2+}）等电解质的浓度，尤其是对手术、烧伤、腹泻、急性心肌梗死等需要大量均衡补液的患者，可作为判断和纠正电解质紊乱，保持体液酸碱平衡和维持渗透压的依据。

第三节 血气分析仪

血气分析仪（blood gas analyzer）是利用电极对人全血中的酸碱度（pH）、二氧化碳分压（PCO_2）和氧分压（PO_2）进行测定的仪器。根据所测得的 pH、PCO_2、PO_2 参数及输入的血红蛋白值，血气分析仪可进行计算而求出血液中的其他参数。如血液中的实际碳酸氢根（AB）浓度、标准碳酸氢根（SB）浓度、血液缓冲碱（BB）、血浆二氧化碳总量（TCO_2）、血液碱剩余（BE_{blood}）、细胞外液碱剩余（BE_{ecf}）、血氧饱和度（SO_2）等。血气分析仪广泛应用于昏迷、休克、严重外伤等危急患者的临床抢救、外科大手术的监控、临床效果的观察和研究等。在正常情况下，人体的这些气体和血液的酸碱度等指标处在一定的范围（表7-2）。

表7-2 人体血气酸碱生理指标常用参数

	正常生理指标		非正常生理指标		
pH	7.35 ~ 7.45		< 7.35 酸血症	> 7.45 碱血症	
PCO_2	4.655 ~ 5.985 kPa（均值 5.32 kPa）		< 4.655 kPa 低碳酸血症	> 5.985 kPa 高碳酸血症	
PO_2	10.64 ~ 13.3 kPa		< 7.3 kPa 呼吸衰竭	< 4 kPa 有生命危险	
Hb	男 120 ~ 160 g/L	女 110 ~ 150 g/L	< 90 g/L 中度贫血	< 60 g/L 重度贫血	< 30 g/L 极重度贫血

一、血气分析仪的工作原理

血气分析仪的型号多，自动化程度也不相同，但是其原理基本一致（图7-2）。测量毛细管的管壁上开有四个孔，孔内分别插有 pH、PCO_2 和 PO_2 三支测量电极和一支参比电极。在管路系统的抽吸下，被测样品进入测量毛细管，充满四个电极表面并被感测，电极分别产生对应于 pH、PCO_2 和 PO_2 三项参数的电信号，这些电信号分别经放大、模数转换后送到仪器微机单

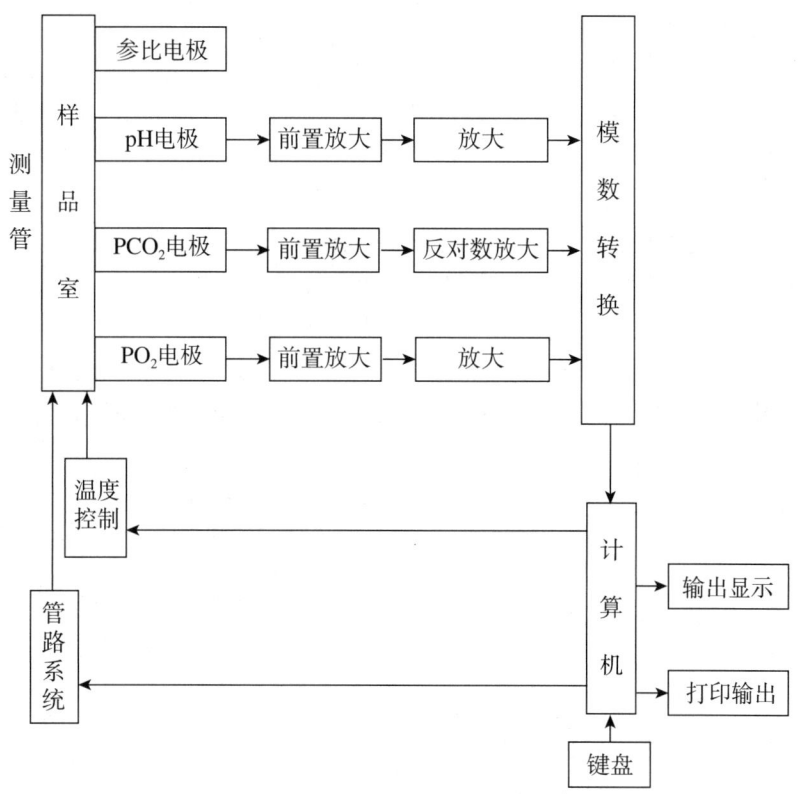

图 7-2 血气分析仪的工作原理图

元，经计算机处理运算，可输出显示或通过打印机打印出结果。

血气分析方法是一种相对测量方法，即在测量样品之前，须用标准液及标准气体来确定 pH、PCO_2 和 PO_2 三套电极的工作曲线，这个过程通常称为定标（或校准）。每种电极都要有两种标准物质来进行定标，以便确定建立工作曲线最少需要的两个工作点。

要点提示：血气分析仪的工作原理。

二、血气分析仪的基本结构

血气分析仪主要由电极系统、管路系统和电路系统三大部分组成。

（一）电极系统

电极是血气分析仪的电化学传感器，不同公司生产的，甚至同一公司不同时期生产的电极都不能通用，但它们的工作原理相同，结构也类似。一般的血气分析仪使用四支电极，分别是 pH、PCO_2、PO_2 电极及 pH 参比电极。其中，pH 和 pH 参比电极共同组成对 pH 的测量系统；而 PCO_2 电极和 PO_2 电极是复合电极，无需再与参比电极配对。

1. pH 电极和 pH 参比电极 pH 电极是玻璃电极，其核心为玻璃敏感膜，敏感膜对 H^+ 具有选择性响应。pH 电极与 pH 参比电极结构见图 7-3。分析时，pH 电极为负极，pH 参比电极为正极，与待测血液样品组成电化学电池。电池的电动势的大小与样品溶液的 pH 大小之间的关系符合能斯特方程。

2. PCO_2 电极 是气敏电极，实质上是由 pH 玻璃电极和银-氯化银参比电极组成的复合电极（图7-4）。两个电极整合在有机材料的电极套中，内装 $NaHCO_3$-NaCl 缓冲液。电极最前端为 CO_2 半透膜，为聚四氟乙烯膜、聚丙烯膜或硅橡胶膜，它只允许血液样品中 CO_2 分子通过，从而引起缓冲液 pH 的改变。由二氧化碳分压电极的工作原理可知，待测溶液中 pH 的变化与 $lgPCO_2$ 有线性关系。由 pH 电极测得 pH 的变化量，经反对数放大器转换为 PCO_2，再用数字显示。

3. PO_2 电极　也是气敏电极，又称 Clark 电极（图7-5）。对氧的测定是基于电解氧的原理实现的。电极套内铂丝阴极和 Ag-AgCl 阳极浸在磷酸盐缓冲液中，电极前端为一层为半透膜，它只允许血液样品中 O_2 分子通过。当 O_2 分子到达铂丝阴极表面时，在极化电压的催化下 O_2 分子不断被还原，产生氧化还原反应，导致阴极、阳极之间产生电流。此电解电流的大小与 PO_2 呈正比。经仪器将电流信号放大、转换等数据处理，报告 PO_2 测定结果。

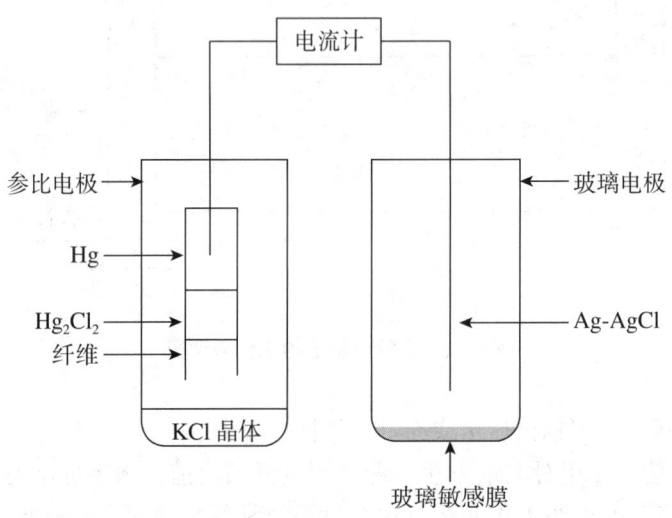

图 7-3　毛细管玻璃 pH 电极与 pH 参比电极结构示意图

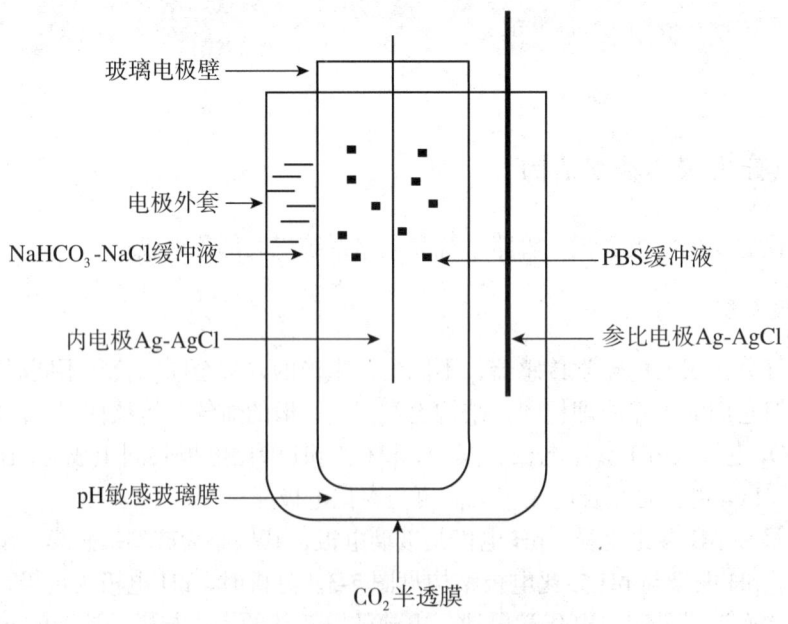

图 7-4　PCO_2 电极结构示意图

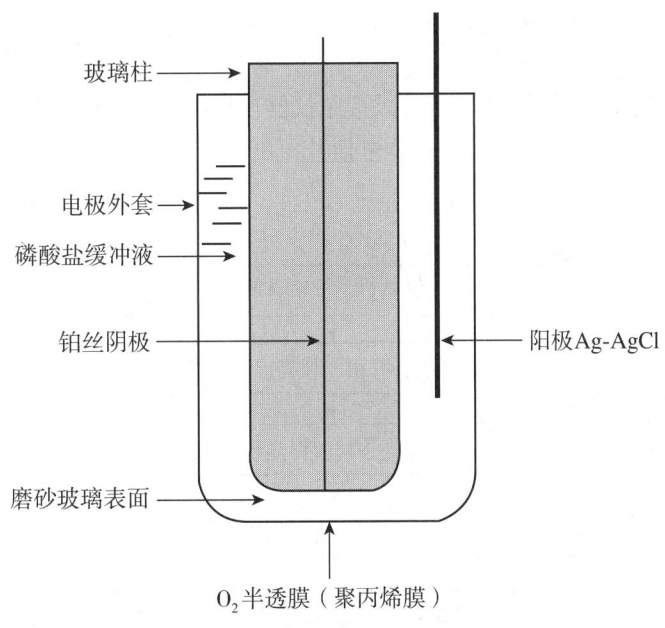

图 7-5 PO_2 电极结构示意图

> **要点提示**：血气分析仪 pH、PCO_2、PO_2 电极测定的原理。

（二）管路系统

血气分析仪的管路系统比较复杂，是血气分析仪很重要的组成部分。功能有自动定标、自动测量、自动冲洗等。通常由气瓶、溶液瓶、连接管道、电磁阀、正压泵、负压泵和转换装置等部分组成。气路系统用来提供 PCO_2 和 PO_2 两种电极定标时所用的两种气体。液路系统具有两种功能，一是提供 pH 电极系统定标用的两种缓冲液，二是自动将定标和测量时停留在测量毛细管中的缓冲液或血液冲洗干净。

（三）电路系统

电路系统将仪器测量信号进行放大和模数转换，对仪器实行有效控制、显示和打印结果。并可以通过键盘输入指令。

被测定样品通过样品预热器后，被吸入到样品室内，分别被各电极测量系统有选择性检测，并转化成相应的电极信号，这些信号被放大、模数转换后变成数字信号，经计算机处理、运算后，由荧光屏显示出来或打印机打印出结果，电路系统原理见图 7-6。整个定标和测量过程都是在 37 ℃下完成的，高精度的恒温系统由微机控制。

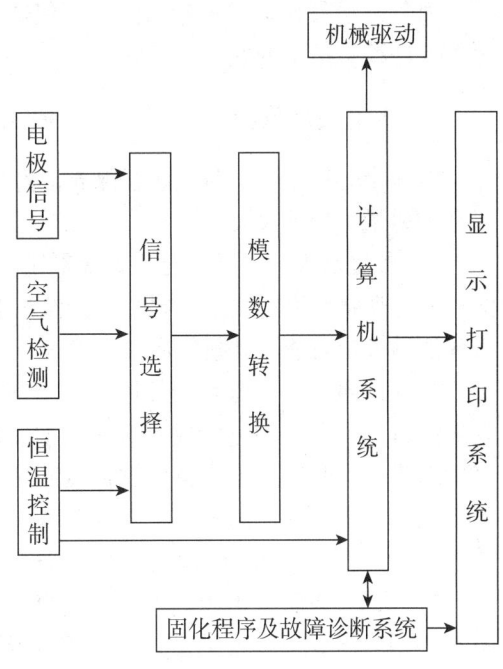

图 7-6 电路系统原理示意图

三、血气分析仪的使用方法

血气分析仪型号、品牌多,使用时可以按照仪器自带的使用操作说明书进行操作。血气分析仪的操作流程基本一致(图7-7),一般包括开机准备、仪器校准、样品测定、数据采集及结果打印等。

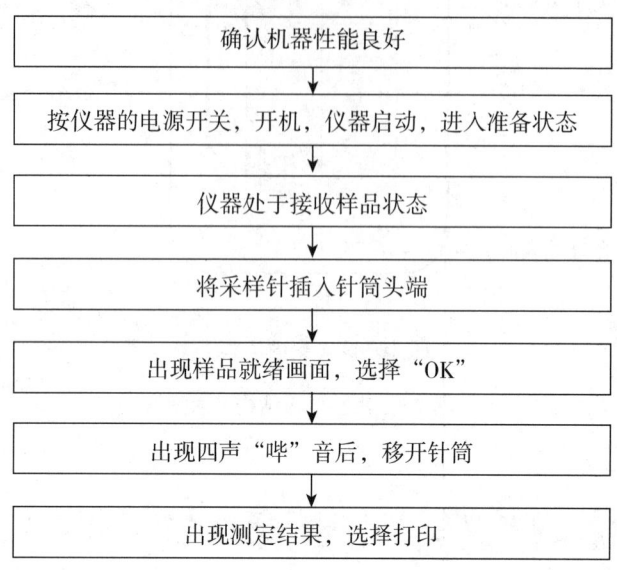

图 7-7 血气分析仪操作流程图

四、血气分析仪的维护与保养

血气分析仪作为一种精密的分析仪器,操作比较简单,关键要做好日常维护与保养工作,才能保证检验结果的准确、可靠。

(一)电极的维护

电极十分贵重,平时应注意保养。若长期不开机,应将电极卸下并浸泡在各自的电极液中保存,尽量延长其寿命。

1. 参比电极 注意补充、更换参比电极内的 KCl 溶液;定期更换参比电极套,根据测试的样品量调整更换的频率;同时防止参比电极存在气泡,否则会严重影响电极的功能;保持电极头清洁,及时清除黏附的蛋白质。

2. pH 电极 不管是否使用,pH 电极的使用寿命都为 1~2 年。因此,在购买时应注意其生产日期,以免因过期或一次购买太多备用电极而造成浪费;新的 pH 电极或 pH 电极在空气中暴露 2 小时以上,应将其放在缓冲液中浸泡 6~24 小时才能使用;血液中的蛋白质容易黏附在电极表面,可用随机附送的含蛋白水解酶的清洗液或自配的 0.1% 胃蛋白酶盐酸溶液浸泡 30 分钟以上,用生理盐水缓冲液洗净后浸泡备用;若清洗后仍不能正常工作,应更换电极。

3. PCO_2 电极 由内电极、半透膜、尼龙网和外缓冲液组成。多数缓冲液密封在电极内,但有些型号需要更换缓冲液,可用特殊针头从电极孔中吸出,然后注入新的缓冲液(注意要留一小气泡,以免温度升高时缓冲液溢出);电极要经常用专用清洁剂清洗,如果经清洗、更换缓冲液后仍不能正常工作,应更换半透膜;电极用久后,阴极端的磨砂玻璃上会有 Ag 或 AgCl 沉积,可用滴有外缓冲液的细砂纸磨去沉积物,再用外缓冲液洗干净。清洗沉积物、半透膜和电极的更换应定期进行。

4. PO_2 电极 PO_2 电极中的内电极端部和四个铝丝点应该明净发亮。每次清洗时，都应该用电极膏对 PO_2 电极进行研磨保养。

PCO_2 电极和 PO_2 电极在保养后，均须重新二点定标，才能使用。

(二) 仪器的日常保养

血气分析仪的日常保养应包括以下几个方面。

1. 日保养 每天检查大气压力、钢瓶气体压力；每天检查定标液、冲洗液是否过期，检查气泡室是否有蒸馏水。

2. 周保养 每周更换一次内电极液，定期更换电极膜；每周至少冲洗一次管道系统，擦洗分析室。

3. 季度保养 检查蠕动泵管，必要时更换。

4. 电极系统保养 若电极使用时间过长，电极反应变慢，可用电极活化液对 pH、PCO_2 电极活化，对 PO_2 电极进行轻轻打磨，除去电极表面氧化层。仪器避免测定强酸/强碱样品，以免损坏电极。若偏酸或偏碱液测定时，可对仪器进行几次一点校正。

5. 保持环境温度恒定 避免高温，以免影响仪器准确性和电极稳定性。

(三) 常见故障及排除方法

1. 样品吸入不良 可由蠕动泵管老化、漏气或泵坏引起，需要更换管道或维修蠕动泵。

2. 样品输入通道堵塞 ①血块堵塞：一般用强力冲洗程序将血块冲出排除。如冲不走，可换上假电极，使转换盘处于进样位置，用注射器向进样口中注蒸馏水，便可将血块冲走。②玻璃碎片堵塞：如毛细管断在进样口内等，可将样品进样口取下来，将玻璃碎片捅出即可。

3. pH 电极定标不正确 可由 pH 定标液过期、两种定标液接反、仪器接地不良引起。如分析箱内管道脱落或阻塞，须连接管道或冲洗管道；如参比电极膜破裂、漏液或使用时间过长，更换电极膜；如参比电极的 KCl 溶液不饱和，须加 KCl 结晶；电极使用时间过长须活化；如参比电极或 pH 电极损坏，应更换电极。

4. PCO_2 定标不正确 可能为钢瓶中气体压力过低，应更换气瓶；可能为气体管道破裂、脱落或气路连接错误，应更换或重新连接管道；PCO_2 内电极液使用时间过长或内电极液过期，应更换内电极液；气室内无蒸馏水或蒸馏水过少，使通过气体未充分湿化，应补充蒸馏水；电极膜使用时间过长或电极膜破裂，应更换电极膜；PCO_2 电极老化或损坏，应更换电极。

5. PO_2 定标不正确 常见原因与 PCO_2 定标不正确的原因类似。

6. 定标不正确，但取样时不报警，标本常被冲掉 分析系统管道内壁附有微小蛋白颗粒或细小血凝块，使管道不通畅，应冲洗管道；连接取样传感器的连线断裂，应重新连接；取样不正确，混入微小气泡，应重新取样。

五、血气分析仪的临床应用

在正常情况下，人体全血中的 pH、PCO_2 和 PO_2 等指标处在一定的参考范围内。根据血气分析仪测量和计算出的参数可以了解人体血液的酸碱平衡情况和输氧状态，从而为疾病病因的分析和治疗方案提供科学的依据。血气分析仪广泛应用于昏迷、休克、严重外伤等危急患者的临床抢救、外科大手术的监控、临床效果的观察和研究等。

第四节 原子吸收光谱仪

原子吸收光谱仪（atomic absorption spectrometer，AAS）又称原子吸收分光光度计，利用原子吸收光谱仪测定元素含量的方法称为原子吸收光谱法，又称原子吸收分光光度法，简称原子吸收法。原子吸收光谱仪自20世纪50年代出现，逐步发展至今，目前广泛应用于临床检验、卫生检验、食品药品检验和环境监测等领域。

一、原子吸收光谱仪的分类与特点

依据原子化方法不同，原子吸收光谱仪主要分为火焰原子吸收光谱仪、非火焰原子吸收光谱仪。原子吸收光谱仪具有如下特点。

1. 选择性高 一般情况下，共存元素不对待测原子吸收分析产生干扰，不需要分离共存元素。

2. 灵敏度高 火焰原子吸收光谱仪的检出限在 $10^{-9} \sim 10^{-6}$ g/ml，无火焰原子吸收光谱仪的检出限在 $10^{-14} \sim 10^{-10}$ g/ml。

3. 准确度高 火焰原子吸收光谱仪的相对误差＜1%，非火焰原子吸收光谱仪的相对误差为 3%～5%。

4. 分析速度快 仪器操作简便，测定快速，可在短时间内完成大量试样的连续测定。

5. 应用范围广 可测定的元素达70余种。既可测定金属元素，又可间接测定非金属元素和有机化合物。

> **要点提示**：原子吸收光谱仪的概念与特点。

二、原子吸收光谱仪的工作原理

原子吸收光谱仪是将待测元素在高温下进行原子化形成原子蒸气，由光源发射待测元素的特征谱线穿过一定厚度的原子蒸气时，一部分光被基态原子吸收，根据特征谱线的吸收程度来测定试样中待测元素含量。

（一）共振吸收线

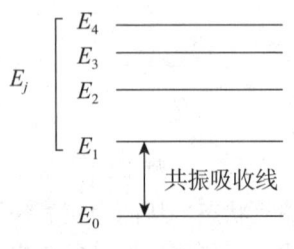

图 7-8 共振吸收线

在正常状态下，原子处于能量最低、最稳定的状态称为基态（E_0）。当基态原子受外界能量（光能、热能等）的激发时，其外层电子可跃迁到能量较高的能级，较高能级的状态称为激发态（E_j）。每种元素的原子只有一种基态和一系列确定能级的激发态，外层电子只能在特定的能级间跃迁。当原子受到外界能量激发时，外层电子从基态跃迁至第一激发态（能量最低的激发态，E_1）所产生的吸收谱线称为共振吸收线（图7-8）。共振吸收线由于所需能量最低，跃迁最容易发生，产生的共振吸收最强。不同元素的原子结构和外层电子排布不同，外层电子从基态跃迁至第一激发态所需能量不同，产生的共振吸收线不同。因此，共振吸收线是大多数元素所有吸收谱线中最灵敏的谱线，即元素的特征谱线。原子吸收光谱仪常用元素的特征谱线作为分析线进行定量分析，具有较高的选择性。

（二）原子吸收光谱仪定量分析依据

原子吸收光谱仪是基于待测元素基态原子对该元素共振吸收线的吸收程度来进行测量的。试样中的被测元素经原子化产生一定浓度的气态基态原子，在实验温度范围内，极少量的激发态原子数可以忽略不计。因此，可用气态基态原子数（N_0）来代表原子总数（N）。实际测定的试样组分浓度（c）又与原子总数（N）呈正比。因而，在一定的火焰宽度和温度条件下，吸光度（A）与组分浓度（c）遵从比尔定律，即公式为：

$$A = Kc$$

该公式为原子吸收光谱仪常用的定量公式，表示吸光度（A）与试样中被测元素的浓度（c）呈线性关系。式中 K 为常数（可由实验测定）。

知识链接

比尔定律

物质对光吸收的定量关系很早就受到了科学家的注意和研究。1852年，奥古斯特·比尔（August Beer）提出，当一束平行的单色光通过液层厚度一定的溶液时，假设入射光的波长、强度及溶液的温度等不变时，溶液对光的吸收程度和溶液的浓度呈正比。比尔定律是一个有限的定律，其成立条件是待测物为均一的稀溶液、气体等，无溶质、溶剂及悬浊物引起的散射，且入射光为单色平行光。

要点提示：原子吸收光谱仪的工作原理。

三、原子吸收光谱仪的基本结构

原子吸收光谱仪由锐线光源、原子化器、单色器和检测系统四部分组成（图7-9）。

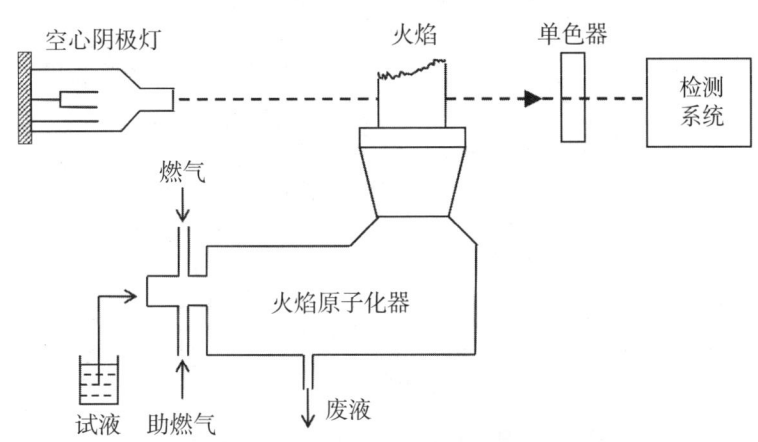

图7-9　原子吸收光谱仪结构示意图

(一)锐线光源

锐线光源的作用是提供待测元素基态原子所吸收的特征谱线。要求光源必须具有辐射光强度足够大、稳定性好、使用寿命长等特点。常见的光源有空心阴极灯、蒸气放电灯、高频无极放电灯及可调激光器等。应用最广泛的是空心阴极灯（图7-10）。

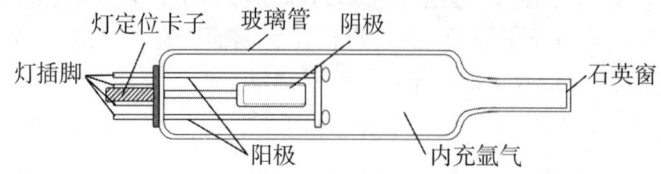

图7-10 空心阴极灯结构示意图

空心阴极灯是一种低压气体放电管，主要有阳极和空腔圆筒形的阴极。阳极是镶钛丝或钽片的钨棒，阴极由待测元素的金属或合金制成。两电极密封于带有石英窗的硬质玻璃管内，管中充有低压惰性气体（氖气或氩气）。空心阴极灯发射的谱线是阴极元素的特征谱线，因此测定时应选择由待测元素制成的空心阴极灯。阴极只有一种元素的称为单元素空心阴极灯，阴极有多种元素的称为多元素空心阴极灯。

(二)原子化器

将待测元素转为气态基态原子的过程，称为原子化过程。原子化器的作用就是提供足够的能量，使待测元素转化为能吸收特征谱线的基态原子蒸气。要求原子化器的原子化效率要高、准确度高，且记忆效应要小、稳定性好、重现性好及噪声低。常用的原子化器有火焰原子化器和石墨炉原子化器。

1. 火焰原子化器 作用是将试样溶液雾化成气溶胶，气溶胶与燃气混合进入燃烧的火焰中，试样被干燥、蒸发、离解，实现原子化。火焰原子化器具有结构简单，操作方便、快速，重现性和准确度比较好，适用范围广等优点。但原子化效率低，基态原子在吸收区域停留时间短，无法直接分析黏稠状液体和固体试样，通常只可以液体进样。

火焰原子化器分为全消耗型和预混合型两种类型。全消耗型是将试样溶液直接喷入火焰，原子化效率低、火焰不稳定、噪声高。预混合型是将试液的雾滴、燃气和助燃气于雾化室内预先混合均匀，然后再进入火焰，原子化效率较高、气流稳定、噪声低。目前应用较广泛的原子化器是预混合型火焰原子化器，由雾化器、雾化室和燃烧器三部分组成（图7-11）。

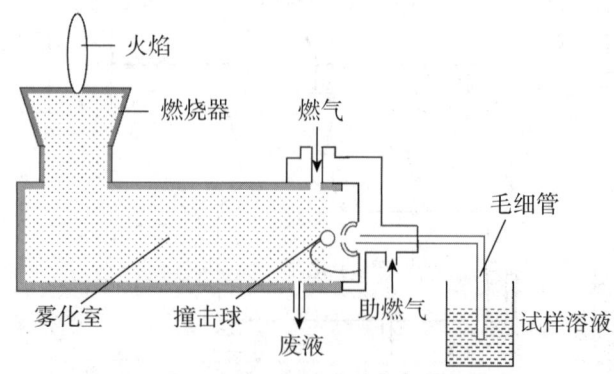

图7-11 预混合型火焰原子化器结构示意图

（1）雾化器：作用是将试液雾化成均匀、细小的雾滴，使其在火焰中能产生较多且稳定的基态原子。目前常用的是同心型雾化器，其工作原理是当高压载气高速通过毛细管口时，在毛细管口形成负压区，试液沿毛细管吸入，并被高速气流分散成雾滴。喷出的雾滴撞在撞击球上，进一步分散成更小的细雾。

（2）雾化室：又称预混合室，其作用是进一步细化雾滴，并使之与燃气均匀混合形成气溶胶后进入火焰。而一些未被细化的雾滴则在雾化室壁冷凝，经下方废液管排出。

（3）燃烧器：作用是使燃气在助燃气的作用下形成稳定的高温火焰，在高温下使试样中的待测元素原子化。最常用的是乙炔-空气火焰，能为35种以上的元素充分原子化提供最适当的温度，最高火焰温度约为2300℃。火焰的类型关系到测定的灵敏度和稳定性，因此对不同的元素应选用不同的火焰。按燃气和助燃气比不同，将火焰分为三类：正常火焰、富燃火焰和贫燃火焰。正常火焰是指燃气和助燃气之比与化学反应计量关系相接近的火焰，温度高、火焰稳定、干扰小、背景低，适用于许多种元素的测定。富燃火焰是指燃气大于计量关系的火焰，燃烧不完全，温度略低于正常火焰，具有还原性，干扰较多，背景高，适用于易形成难解离氧化物的元素（如Al、Si、Zr、Ti、B、Be）测定。贫燃火焰是指助燃气小于计量关系的火焰，火焰温度较低，具有较强的氧化性，有利于测定易解离、电离的元素，如碱金属元素。

2．非火焰原子化器　是利用电热、阴极溅射、高频感应或激光等方法使试样中待测定元素原子化。应用最广泛的是石墨炉原子化器。

石墨炉原子化器利用电能加热盛放样品的石墨容器，使之达到高温，以实现试样的蒸发和原子化。石墨炉原子化器具有以下优点：①试样用量少，固体试样0.1～10 mg，液体试样1～50 μl；②试样全部蒸发，原子化效率几乎达到100%；③基态原子在吸收区域停留时间长，许多元素的检出限比火焰原子化法低2～3个数量级；④试样在充有惰性保护气的石墨管里直接原子化，有利于难熔氧化物的原子化，提高了测定的选择性和灵敏度；⑤可以直接进行黏度较大试样、悬浮液和固体试样的进样。石墨炉原子化器也有缺点：背景干扰较大、设备复杂、昂贵、精密度较差（相对偏差约为3%）等。

管式石墨炉原子化器由电源、石墨炉管和保护气控制系统三部分组成（图7-12）。

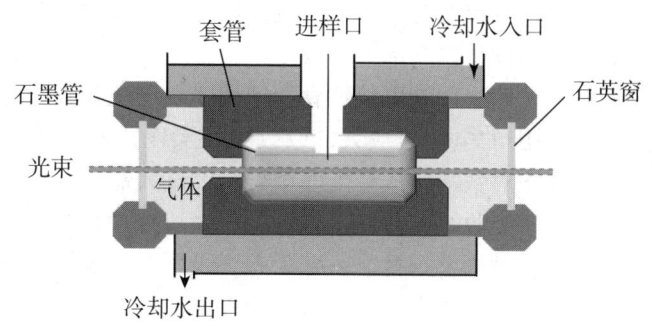

图7-12　电热高温石墨炉原子化器结构示意图

（1）电源：加热电源利用低电压、大电流的交流电为石墨管供给能量。为保证炉温恒定，要求电流稳定，炉温可在1～2秒升温到3000℃。

（2）石墨炉管：由致密石墨制成，为外径6 mm、内径4 mm的石墨管，管两端有铜电极，通过铜电极为石墨管供电。管中央有一小孔，直径1～2 mm，试样用微量进样器从此注入。石墨管作为电阻发热体，通电后产生高温，实现试样的蒸发和原子化。

（3）保护气控制系统：常用的保护气是氩气。仪器启动，保护气流通，空烧完毕，切断保护气流。进样后外气路中的氩气沿石墨管外壁流动，以保护石墨管不被烧蚀，内气路中氩气从管两端流向管中心，由管中央小孔流出，以有效地除去在干燥和灰化过程中产生的基体蒸气和溶剂，防止石墨管被氧化，同时保护已原子化的原子不再被氧化。

石墨炉原子化器按所指令的控温程序自动分段完成干燥、灰化、原子化、净化操作，从而提高测定的选择性和灵敏度。

(1) 干燥：目的是蒸发除去溶剂或其他低沸点的挥发性成分。常选择100 ℃、60秒进行试样的干燥，进样体积较大时可以适当延长干燥时间。该阶段要求平稳缓和以避免溅跳和起泡。

(2) 灰化：目的是在不损失被测元素的前提下，除去高沸点的挥发性酸、有机复合物及非挥发性的无机化合物等成分。通过绘制吸光度与灰化温度的关系曲线来确定最佳灰化温度，在低温下吸光度保持不变，当吸光度下降时对应的较高温度即为最佳灰化温度，灰化时间约为30秒。

(3) 原子化：试样灰化后，加大石墨炉功率，快速升温进行试样原子化，原子化时间取决于被测元素完全原子化所需的最少时间，为3~5秒。原子化的温度因元素不同而异，其最佳温度也可通过绘制吸光度与原子化温度的关系曲线确定。对多数元素来说，当曲线上升至平顶形时，与最大吸光度值对应的温度就是最佳原子化温度，但为了延长石墨管的使用寿命，只要有足够的灵敏度，可采用较低的温度进行原子化。

(4) 净化：试样测定完毕后，应升高温度空烧数秒，烧尽上一次测定时余留的待测元素残渣，净化石墨管，以减小试样残留产生的记忆效应，避免影响下一次测定。

(三) 单色器

单色器又称分光系统，通常配置在原子化器以后的光路中，其作用是将待测元素的特征谱线与邻近谱线分开，从而使分析线选择性地进入检测器，避免光电倍增管的疲劳。单色器由入射狭缝、出射狭缝、凹面镜和色散元件组成，其关键部位是色散元件，现多用光栅。由于锐线光源发射的谱线比较简单，因此对单色器的分辨率要求不高。在实际工作中，通常根据谱线结构和待测共振线邻近是否有干扰来决定狭缝宽度，适宜的缝宽可通过实验来确定。

(四) 检测系统

检测系统的作用是将单色器分出的光信号转换成电信号，经放大器处理后，由读数器显示结果。主要由检测器、放大器和读数器三部分组成。

原子吸收光谱仪的检测器一般采用光电倍增管，使用时要避免强光照射，降低灵敏度。放大器的作用是将光电倍增管输出的电信号放大，以改善信噪比，符合显示装置对电信号的要求，再将吸收前后的光强度变化对数转换成吸光度信号，经读数器显示出吸光度或光谱图。

目前，国内外商品化的原子吸收光谱仪几乎都配备了微机处理系统，具有自动调零、曲线校正、浓度直读、标尺扩展、自动增益等性能，并附有记录器、打印机、自动进样器、阴极射线管荧光屏及计算机等装置，大大提高了仪器的自动化程度。

四、原子吸收光谱仪的性能指标

(一) 灵敏度

1%吸收灵敏度是原子吸收光谱法中灵敏度的常用表示方式，又称特征灵敏度，是指能产生1%吸收[即吸光度为0.0044 L/(g·cm)]信号时所对应的待测元素的浓度或质量。特征浓度或特征质量越小，灵敏度越高。

（二）检出限

检出限是原子吸收光谱仪很重要的综合性指标，既反映仪器质量和稳定性，也反映仪器对某元素在一定条件下的检测能力。检出限越低，说明仪器的性能越好，对待测元素的检测能力越好。

检出限（D）是在选定的试验条件下，被测元素溶液能给出的测量信号 3 倍于标准偏差（σ）时所对应的浓度，单位用 mg/L 表示，表达公式为：

$$D = \frac{c \times 3\sigma}{A}$$

式中：c 为被测元素的含量，A 为吸光度，σ 是用空白溶液进行 10 次以上的吸光度测定所计算得到的标准偏差。

非火焰光谱法中常用绝对检出限表示，单位是 g。

五、原子吸收光谱仪的使用与维护

（一）原子吸收光谱仪的使用

1. 开机前准备 检查各气路接口或石墨炉原子化器是否安装正确，气密性是否良好。安装空心阴极灯。

2. 开机 接通主机、计算机的电源。启动工作站，选择并调节空心阴极灯位置及电流，进行仪器初始化，预热 20 分钟。待仪器及灯预热一段时间稳定后打开排风机。

3. 仪器参数设置 火焰原子吸收光谱仪需调节燃烧器位置，设定火焰燃助比；非火焰原子吸收光谱仪需调节石墨管炉的位置及能量，编辑加热程序。

4. 设置测定参数 设置标准样品及试样参数，测定次数一般选择 3 次，测定方式为连续。

5. 测量 启动原子化器，依次进行标准样品和试样的测定，保存或打印测定吸光度等数据。

6. 关机 测试完毕后清洁进样管路，关火、关灯、关气、关闭空气压缩机或冷却水等。退出工作站，关主机、计算机，关电源开关。

（二）原子吸收光谱仪的维护

1. 空心阴极灯的维护 安装或取放空心阴极灯时，应拿灯座。测定完毕，待空心阴极灯冷却后才能取下。定期检查空心阴极灯的背景、光强及稳定性，测定灵敏度。

2. 火焰原子吸收光谱仪的维护 定期清洁雾化室和燃烧器，检查撞击球是否缺损、毛细管是否堵塞，检查乙炔钢瓶是否漏气，表头是否能正常工作。

3. 非火焰原子吸收光谱仪的维护 更换石墨管时要清洗石墨锥的内表面。新的石墨管安装后，要空烧。对基体复杂的试样，要进行灰化处理。为获得最佳性能，热解石墨管的原子化温度一般不应超过 2650 ℃。

六、原子吸收光谱仪的临床应用

测定生物组织中的有关元素的含量和分布，可以为疾病的预防、诊断和监测、病理研究等提供重要信息。目前利用原子吸收光谱仪可测定 70 多种元素，基本上可以满足临床分析的应用。根据在人体新陈代谢中所起的作用，临床分析中测定的金属元素可分为三类。

(一) 基本元素

基本元素主要包括钙、镁、钠、钾、铁、铜、锌、铬、锰、钼、钴、矾、硒和镍等元素。

(二) 有毒元素

有毒元素指妨碍新陈代谢过程的元素，包括铅、汞、砷、铊、镉、铝、硼、锑等。

(三) 治疗性元素

治疗性元素指用于治疗某些疾病的元素，如金、铂、锂等。对患者体内治疗性元素含量进行监控，以控制其用量和治疗进度。

第五节 色谱仪

色谱仪是近代迅速发展起来的一类新型分离分析仪器，主要用于复杂的多组分混合物的分离分析。

一、色谱仪的工作原理

色谱仪的工作原理基于色谱分析法（简称色谱法，chromatography），是一种物理或物理化学分离分析方法。色谱法是利用混合物中性质不同的各个组分在做相对运动的两相（固定相和流动相）之间反复多次的分配差异而产生差速迁移，从而实现混合物分离的一种方法。色谱仪是利用色谱分离技术再加上检测技术，对分离后的混合物依次进行检测，从而实现对多组分的复杂混合物进行定性、定量分析（图 7-13）。

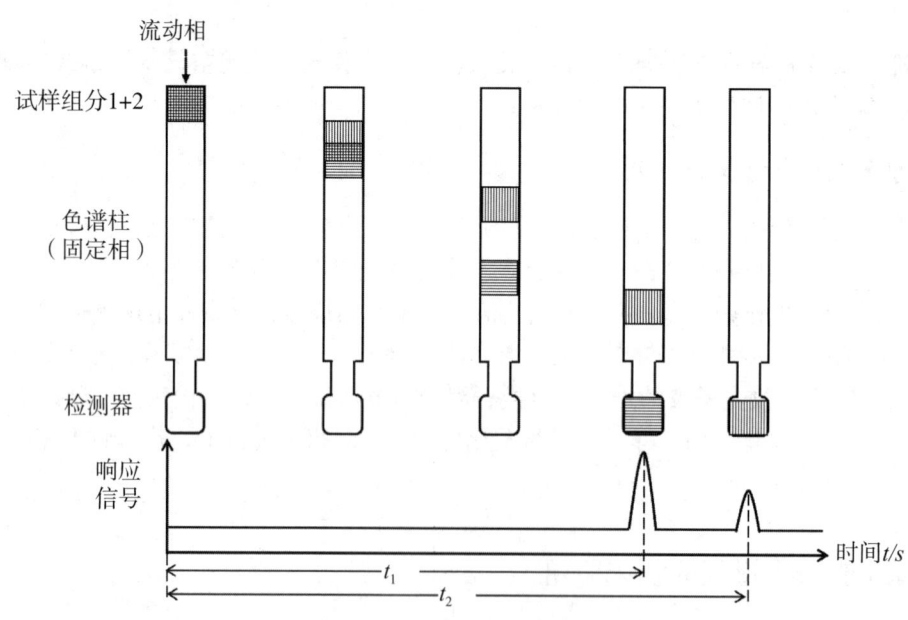

图 7-13 色谱仪分析原理示意图

> **知识链接**
>
> **色谱法**
>
> 20世纪初，俄国植物学家茨维特将碳酸钙粉末放在竖立的玻璃管中，从玻璃管顶端注入含植物色素的石油醚提取液，然后不断用纯石油醚由上而下淋洗。植物色素慢慢下移，最后在玻璃管的不同部位形成不同颜色的色带。1906年，茨维特在论文中将这种分离方法命名为色谱法，装有碳酸钙的玻璃管称为色谱柱，管内填充物称为固定相，淋洗用的溶剂称为流动相。色谱法发展至今，不仅用于有色物质的分离，而且广泛用于无色物质的分离，但"色谱法"一词仍然沿用。

要点提示：色谱仪的工作原理。

二、色谱仪的分类与特点

目前，临床分析应用的色谱仪主要分为气相色谱仪和高效液相色谱仪两大类。

气相色谱仪主要用于气体或易挥发、受热稳定的小分子物质的分离、检测，约占20%的有机化合物可以直接使用气相色谱仪。不能直接分析分子量大、极性强、不易挥发或受热分解、具有生物活性的物质。

高效液相色谱仪主要用于高沸点、不易挥发、受热不稳定和分子量大的样品，样品无需汽化而直接进入色谱柱进行分离、检测。通常认为有机物质分子量＜400时，用气相色谱仪；有机物质分子量在400~1000时，最好用高效液相色谱仪。

色谱仪以高超的分离能力为特点，具有灵敏度高、分离效能高、分析速度快、样品用量少、选择性好、重复性好及应用范围广等优点。

三、气相色谱仪

气相色谱仪是利用气相色谱法（gas chromatography，GC）分离技术，对多组分的复杂混合物进行定性和定量分析的仪器。气相色谱法是以气体为流动相的色谱分析方法，主要用于分离分析易挥发的物质。

（一）气相色谱仪的工作原理

气相色谱仪是以气体为流动相（载气）。当样品由微量注射器"注射"入进样器后（液体试样瞬间汽化），被载气携带进入填充柱或毛细管色谱柱。由于样品中各组分在色谱柱中的流动相（气相）和固定相（液体或固体）间分配或吸附系数的差异，在载气的冲洗下，各组分在两相间做反复多次分配，使各组分在柱中得到分离后，依次进入检测器检测，响应信号经放大后，在显示系统呈现数据或谱图。

（二）气相色谱仪的基本结构

气相色谱仪一般由气路系统、进样系统、分离系统、检测系统、显示系统及温控系统六部分组成（图7-14）。

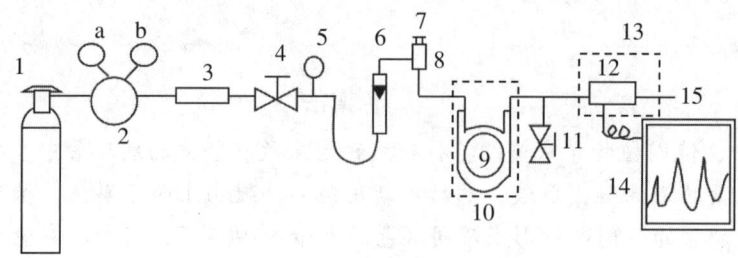

图 7-14 气相色谱仪结构示意图

1. 载气钢瓶；2. 压力调节器（a. 瓶压、b. 输出压）；3. 净化器；4. 稳压阀；5. 柱前压力表；6. 转子流量计；7. 进样器；8. 汽化室；9. 色谱柱；10. 色谱柱恒温箱；11. 馏分收集口；12. 检测器；13. 检测器恒温箱；14. 记录仪；15. 尾气出口

1．气路系统 是一个载气连续运行的密闭管路系统，能够提供纯净、流速稳定且准确的载气。载气由高压钢瓶或高纯度气体发生器提供，经压力调节器、净化器、流量控制和测量装置，以一定的流速经过进样器和色谱柱，由检测器排出，形成气路系统。气相色谱仪常用的载气有氮气、氦气、氩气、氢气和二氧化碳，纯度要求 99.999% 以上，化学惰性好，不与有关物质发生反应。

2．进样系统 作用是引入气体或液体试样并使液体试样瞬间汽化，然后快速定量进入色谱柱中。包括进样器、汽化室和加热系统。进样器有手动进样和自动进样两种。液体试样一般采用尖头微量进样器，常用的规格有 0.5 μl、1 μl、5 μl、10 μl 和 50 μl。汽化室由一根不锈钢管制成，管外绕有加热金属丝，管内有石英或玻璃衬管，便于清洗。加热系统为试样汽化提供热量。

3．分离系统 核心是色谱柱，其作用是将多组分试样中的各组分分离开。色谱柱分为填充柱和毛细管柱（空心柱）两类。填充柱通常是不锈钢或硬质玻璃制成的 U 形管或螺旋形管。管内填装固定相，内径为 2～4 mm，长 1～5 m。填充柱制备简单，可供选用的载体固定液、吸附剂种类多，具有广泛的选择性，但传质阻力大，分离效率较低。毛细管柱材质为玻璃或石英，内径为 0.1～0.5 mm，长度 15～300 m，通常弯成螺旋状。毛细管柱渗透性好、柱效高、分析速度快，但柱容量小，价格较贵。

4．检测系统 将经色谱柱分离出的各组分的质量（含量）或浓度转变为电信号（如电压或电流）。包括检测元件、放大器、数模转换器，若作制备用，则在检测器后接上馏分收集器。被色谱柱分离后的组分依次进入检测器，按其浓度或质量随时间的变化转换为相应电信号。根据检测器的响应原理，可将其分为浓度型检测器和质量型检测器。①浓度型检测器，如热导检测器（TCD）和电子捕获检测器（ECD）等。此类检测器测量载气中组分浓度的变化，响应值与组分浓度呈正比，与载气流速无关。②质量型检测器，如氢火焰离子化检测器（FID）、火焰光度检测器（FPD）和热离子检测器（TID）等。此类检测器测量载气中组分质量的变化，响应值与单位时间进入检测器的组分质量呈正比。

5．显示系统 作用是放大检测器的响应信号，由记录仪记录成色谱图并进行数据处理。包括放大器、记录仪和数据处理装置。

6．温控系统 用于控制和测量汽化室、色谱柱和检测器的温度，是气相色谱仪的重要组成部分。控温方式分为恒温和程序升温两种，一般气体和沸程较窄的简单液体试样可以采用恒温模式；对于沸程较宽的复杂试样，如恒温模式下很难达到好的分离效果，应选择程序升温模式。

（三）气相色谱仪的性能指标

1．噪声（N）和漂移（d） 噪声是指无样品进入检测器时，由仪器本身和工作条件（如载气流量、温度、电压等）的偶然因素引起的基线起伏。噪声的大小用基线波动的最大宽度来衡量，单位一般用 mV 表示。基线随时间向某一方向的缓慢变化称为漂移，通常用 1 小时内基线水平的变化来表示，单位为 mV/h。

2. 响应时间　是指进入检测器的某一组分的输出信号达到其真值的 63% 所需的时间。检测器的死体积小，电路系统的滞后现象小，响应速度就快。

3. 线性范围　是指利用一种方法取得的精密度、准确度均符合要求的实验结果呈线性的待测物浓度的变化范围，也就是其最大量与最小量之间的间隔。线性范围的确定，可以用作图法或计算回归方程来研究建立。线性范围越大，越有利于准确测定。样品种类不同，检测器不同，线性范围可能不同。

4. 灵敏度（S）　就是响应信号对进样量的变化率。即单位量的物质通过检测器时，产生响应值的大小。浓度型检测器常用 S_c 来表示，S_c 为 1 ml 载气携带 1 mg 的某组分通过检测器时所产生的毫伏数，单位为 mV·ml/mg。质量型检测器常用 S_m 来表示，S_m 为每秒 1 g 组分通过检测器时所产生的毫伏数，单位为 mV·s/g。

5. 检出限（D）　又称敏感度。检出限是指检测器恰能产生 3 倍于噪声信号时的单位时间内引入检测器的样品量（质量型）或单位体积载气中样品的含量（浓度型）。检出限越低，检测器性能越好。

（四）气相色谱仪的使用

1. 开机
（1）检查气路密闭性：打开气体发生器的电源开关（或载气钢瓶总阀），调节输出压力；打开气体净化器，注意观察载气柱前压力上升并稳定。
（2）打开仪器主机、计算机电源开关：打开色谱工作站软件，联机，等待仪器初始化完毕。

2. 参数设置
（1）设置温度：设置汽化室温度、色谱柱恒温箱温度、检测器温度。
（2）设置样品信息：设置样品名称、采样时间、进样量、积分方法等。

3. 数据采集　待基线稳定后，调节基线零点，然后进样。如手动进样，用微量注射器吸取适量的试样。微量注射器的针头垂直穿刺进样口顶部的硅橡胶垫，迅速注入，同时点击"数据采集"按钮进行数据采集与分析。结束后保存实验数据，对数据进行分析处理，生成报告。

4. 关机　如使用 FID，应先关闭氢气和空气气源，熄灭氢火焰。将各部件温度设置为 40 ℃以下，待温度降至设置温度后，退出工作站，切断仪器主机、计算机电源。关闭载气。登记离室。

四、高效液相色谱仪

高效液相色谱仪是以液体为流动相，应用高效液相色谱法（high performance liquid chromatography，HPLC）原理的色谱分离仪器，主要用于分析高沸点、不易挥发的、受热不稳定的和分子量大的有机化合物。

（一）高效液相色谱仪的工作原理

高效液相色谱仪利用高压输液泵将流动相恒定地输入色谱系统，试样溶液由进样器注入色谱系统后，由流动相携带进入色谱柱并完成分离。检测器对分离后的各组分依次进行检测，获得试样的色谱信息，进而定性、定量分析。

(二)高效液相色谱仪的基本结构

高效液相色谱仪的基本结构包括输液系统、进样系统、分离系统、检测系统和数据处理与计算机控制系统(图7-15)。

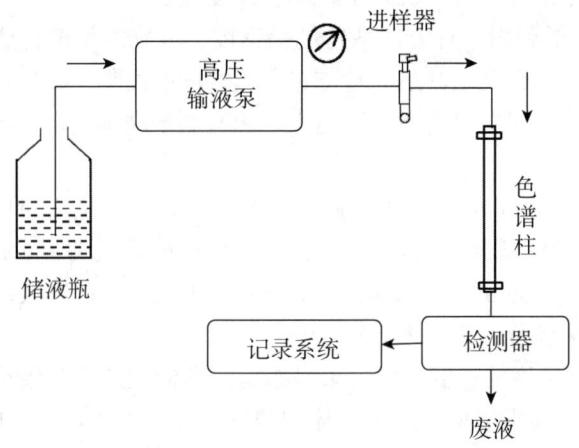

图7-15 高效液相色谱仪结构示意图

1. 输液系统 包括储液瓶、脱气装置、高压输液泵、流量控制器和梯度洗脱装置。储液瓶用来储存数量足够、符合要求的流动相。其材质一般为玻璃、不锈钢或氟塑料,容量为1~2 L。储液瓶对溶剂必须惰性,且须经常清洗,防止长霉。高效液相色谱仪的流动相中若存在气泡,将影响泵的工作、柱的分离效率、检测器的灵敏度、仪器稳定性,甚至导致仪器无法检测,常采用排气阀或真空脱气机进行脱气。高压输液泵将储液瓶中的流动相连续不断地以高压输送入色谱系统。对输液泵的基本要求是:脉动小、流量恒定且可以调节、耐高压、耐腐蚀等。输液泵的种类很多,目前多用柱塞往复泵。

2. 进样系统 作用是将试样送入色谱系统,主要部件是进样器。进样器装在色谱柱的入口处,常用六通进样阀见图7-16。在"Load"准备状态,用微量注射器将样品注入样品环。进样后,转动六通进样阀手柄至"Inject"进样状态,样品环内的试样随流动相进入色谱柱。六通进样阀进样,具有进样量准确、重复性好、可带压进样等优点。批量试样的常规分析往往需要自动进样装置。取样、进样、复位、清洗等都按预设的程序由系统控制自动进行,重现性好。

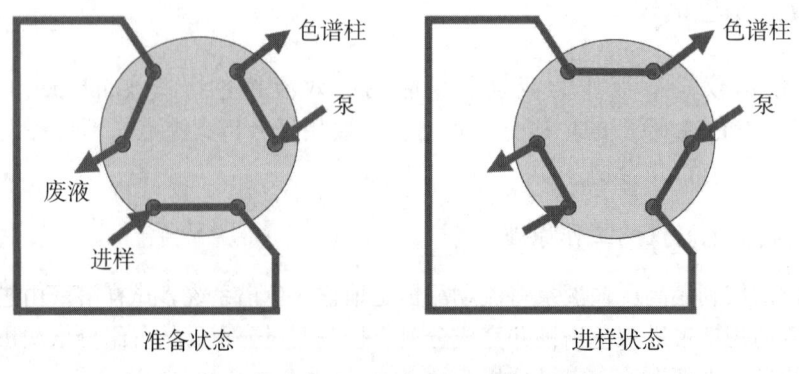

图7-16 六通进样阀示意图

3. 分离系统（色谱柱） 色谱柱是高效液相色谱仪最重要的部件。色谱柱由内部抛光的不锈钢管柱、色谱柱填料、滤片、压帽、柱接头和螺丝组成，通常为直形。

4. 检测系统（检测器） 目前应用最多的是紫外检测器、荧光检测器和电化学检测器。①紫外检测器：是当前高效液相色谱仪普遍配置的检测器，由光源、流通池、检测元件等组成，主要用于检测具有共轭结构的化合物。紫外检测器灵敏度高、噪声低、线性范围宽，且不破坏样品。②荧光检测器：适用于能产生荧光或其衍生物能发荧光的物质。由于灵敏度高，是体内药物分析常用的检测器之一。③电化学检测器：适用于检测没有紫外吸收或不能发出荧光但具有电化学活性的物质，灵敏度高，可用于痕量组分分析，对温度和流速比较敏感。

5. 数据处理与计算机控制系统 现代高效液相色谱仪配备有相应的色谱工作站，既能进行数据采集和分析工作，又能用程序控制仪器的各个部件（如在梯度洗脱中控制溶剂比例或流速、控制自动进样、色谱柱的程序升温等），还能在分析一个试样之后自动改变条件而进行下一个试样的分析，实现了仪器运行的自动化。

（三）高效液相色谱仪操作条件的选择

使用高效液相色谱仪时，要选择最佳的色谱条件以实现待测试样的最理想分离。

1. 载体 高效液相色谱仪固定相填料，包括陶瓷性质的无机物载体以及有机聚合物载体。无机物载体主要是硅胶和氧化铝，要求检测器的灵敏度高；有机聚合物载体主要是交联苯乙烯-二乙烯苯、聚甲基丙烯酸酯。大部分的高效液相色谱柱使用硅胶填料，适用于检测小分子量物质。聚合物填料用于大分子量的被测物质，主要是用来制成分子排阻和离子交换柱。

2. 化学键合固定相 高效液相色谱法常用的固定相为化学键合相。化学键合相是将固定液的官能团通过化学反应键合到载体表面制得，简称键合相。键合相使用过程中具有不流失、化学稳定性好、适用梯度洗脱、载样量大等优点。按键合基团的极性可将其分为极性键合相和非极性键合相。

（1）极性键合相：该键合相表面基团为极性较大的基团，如氰基（—CN）、氨基（—NH_2）等，是分别将氰乙硅烷基和氨丙硅烷基键合在硅胶上制成的。一般用作正相色谱法的固定相。

（2）非极性键合相：该键合相表面基团为非极性烷基，如十八烷基硅烷键合相。常用于反相色谱法。

3. 流动相 HPLC对流动相的基本要求是：①化学稳定性好，不与固定相发生化学反应。②对试样有适宜的溶解度。③必须与检测器相适应，如用紫外检测器时，不能选用对紫外光有吸收的溶剂。④纯度高，黏度小。低黏度的流动相可以降低柱压，提高柱效，如甲醇、乙腈等。⑤样品易于回收。

流动相使用之前，须用微孔滤膜（0.45 μm）滤过，以除去固体颗粒；还要进行脱气，因为气泡在色谱柱和检测器中会对分离和检测产生影响。

溶剂的配比影响流动相的洗脱能力，主要改变保留时间；溶剂种类影响流动相的选择性，改变分离效果。

溶剂的洗脱能力直接与其极性相关。在正相键合相色谱法中，固定相为极性，所以溶剂的极性越强，洗脱能力越强；在反相键合相色谱法中，固定相是非极性的，所以溶剂的洗脱能力随溶剂极性的降低而增强。一般情况下，甲醇-水能满足多数样品的分离要求，黏度小且价格低，因而是反相键合相色谱法中最常用的流动相；正相键合相色谱法常选用乙醚、三氯甲烷和二氯甲烷为极性调节剂，正己烷为溶剂。

4. 柱温 温度对溶剂的溶解能力、色谱柱的性能、流动性的黏度都有影响，因此色谱柱要求恒温，恒温精度在±0.5 ℃。为保持柱温恒定，高效液相色谱仪一般都配有色谱柱恒温箱

(简称柱温箱),根据检测方法要求设置柱温,以获得较好的分离度和色谱图。

色谱系统适用性试验是用规定的对照品溶液或系统适用性试验溶液在规定的色谱系统进行试验,必要时,可对色谱操作条件进行适当调整,以符合要求。

(1) 色谱柱的理论板数(n):用于评价色谱柱的分离效能。

(2) 分离度(R):用于评价待测物质与被分离物质之间的分离程度,是衡量色谱系统分离效能的关键指标。除另有规定外,待测物质色谱峰与相邻色谱峰之间的分离度应大于1.5。

(3) 灵敏度:用于评价色谱系统检测微量物质的能力,通常以信噪比(S/N)来表示。系统适用性试验中可以设置灵敏度试验溶液来评价色谱系统的检测能力。

(4) 拖尾因子(T):用于评价色谱峰的对称性。以峰高作定量参数时,除另有规定外,T值应在0.95~1.05。

(5) 重复性:用于评价色谱系统连续进样时响应值的重复性能,要求相对标准偏差应不大于2.0%。

(四)高效液相色谱仪的使用

1. 开机 打开仪器主机、计算机电源开关。打开色谱工作站软件,联机,等待仪器初始化完毕。

2. 更换流动相 联合使用排空阀和"purge"可以将管路中(泵前)的气体快速排出或快速更换泵前管路中的流动相。打开泵,流动相被恒压泵入色谱系统。

3. 参数设置
(1) 设置色谱仪操作条件:设置流动相流速、柱温箱温度、检测器波长等。
(2) 设置样品信息:设置样品名称、采样时间、进样量、积分方法等。

4. 数据采集 待基线稳定后,调节基线零点,然后进样。如手动进样,在六通进样阀"Load"状态,用微量注射器将适量试样注入样品环。进样后,迅速将六通进样阀旋向"Inject"状态,仪器自动触发数据采集功能,并记录实验数据,获取色谱图。保存实验数据,对数据进行分析处理,生成报告。

5. 关机 冲洗色谱柱,清洗进样器。关泵,退出色谱工作站,依次关闭色谱仪各模块电源,关闭计算机电源。登记离室。

五、色谱仪的日常维护与常见故障处理

(一)气相色谱仪的日常维护与常见故障处理

为保证气相色谱仪能够正常运行,确保分析数据的准确性、及时性,需要对气相色谱仪进行定期维护。气相色谱仪维护周期一般为3个月,实际工作中,可根据仪器工作量和运转情况适当延长或缩短维护周期。

1. 气路系统检查 检查气体发生器或者气体钢瓶是否处于正常状态,检查脱水过滤器、活性炭、脱氧过滤器,定期更换其中的填料。定期检查管线是否泄漏,可使用肥皂沫滴涂在接口处检查。

2. 汽化室的维护 及时更换进样口密封垫,防止漏气或堵塞进样口。保持汽化室的惰性和清洁,防止样品的吸附分解。每周应检查一次进样衬管,如有污物,先用洗液清洗,然后用丙酮溶液浸泡,清洗烘干后再使用;及时更换或添加石英棉。定期清洗进样器螺帽、隔垫吹扫出口、载气入口及分流气出口,小心将其从汽化室上拆卸下来,放在盛有丙酮溶液的烧杯中浸泡,并超声清洗2小时,烘干后使用。各部件如有损坏应及时更换。

3．色谱柱的老化　能延长色谱柱的使用寿命，有助于获得好的分析结果。新购进的色谱柱、长期使用的色谱柱以及长时间不使用的色谱柱，在使用前通常需要进行老化处理。色谱柱老化的方法多采用气体流动法，注意不要接检测器。

4．检测器的维护　检测器的收集器、检测器接收塔、火焰喷嘴、检测器基部、色谱柱螺帽等处可卸下用丙酮溶液浸泡，再超声清洗 2 小时，洗净后晾干备用。

5．柱温箱的维护　柱温箱的外壳、容积区间可用脱脂棉蘸取乙醇溶液擦洗。

气相色谱仪的常见故障及处理方法见表 7-3。

表7-3　气相色谱仪的常见故障及处理方法

故障现象	故障原因	故障排除
温度异常	1．加热器损坏 2．触发板损坏 3．保险丝损坏 4．温控电路板故障	1．更换加热器 2．更换触发板 3．更换保险丝 4．维修或更换
峰形异常	1．载气流量低 2．进样口漏气 3．汽化室温度太低 4．存在死体积 5．色谱柱污染 6．柱温过高或过低 7．进样器温度过高或过低 8．检测器温度过高或过低	1．增大载气流量 2．更换进样口密封垫 3．升高汽化室温度 4．检查柱接头 5．更换色谱柱 6．调节柱温 7．调节进样器温度 8．调节检测器温度
基线不稳	1．电压波动 2．数据处理器故障 3．检测器电路板故障 4．检测器被污染 5．气路污染 6．色谱柱污染 7．汽化室污染 8．载气不纯	1．使用交流稳压电源 2．检查数据处理器 3．维修或更换 4．清洗或更换 5．清洗或更换管路 6．更换色谱柱 7．清洗汽化室 8．净化过滤或更换
噪声过大	1．电压波动 2．进样口污染 3．检测器电路板故障 4．检测器被污染 5．数据处理器故障	1．使用交流稳压电源 2．清洗进样口，更换石英棉 3．维修或更换 4．清洗或更换 5．检查数据处理器

（二）高效液相色谱仪的日常维护与常见故障处理

1．输液泵的日常维护　流动相在使用前要脱气，同时避免使用挥发性很大的溶剂，防止系统产生气泡。经常检查压力限制开关，检查流速。腐蚀性溶剂或缓冲液在泵内不可过夜，否则会腐蚀泵。使用腐蚀性物质后应冲洗，先用水，再用水 - 甲醇混合液，最后用纯甲醇。

2．进样器日常维护　进样阀注射孔的导管不易拧得太紧，防止垫圈被挤压过度而封死，导致无法进样。进样阀的通道十分微细，样品需预先过滤处理，同时避免注射浓溶液，防止其在进样器内析出结晶引起堵塞，使系统压力异常上升。

3．色谱柱日常维护　开机时逐渐加强流速和柱压，避免柱头凹陷；柱头螺帽不要拧得太紧，过紧易损坏接头螺纹，引起渗漏。

高效液相色谱仪的常见故障及处理方法见表7-4。

表7-4　高效液相色谱仪的常见故障及处理方法

故障现象	故障原因	故障排除
无压力指示	泵密封垫圈磨损	更换泵密封垫圈
压力异常升高	液路有堵塞	清除异物并清洗液路
压力降低	液路有泄漏	调节色谱柱接头螺帽
流速不稳定	系统中有气泡	排除气泡
异常峰	光源问题或混有气泡	更换光源或排除气泡
基线漂移	系统中有气泡	排除气泡

六、色谱仪的临床应用

气相色谱仪常用于人体微量元素的快速分析；血液、尿液等体液中乙醇、脂肪酸、氨基酸、甘油三酸酯、甾体化合物、糖类、蛋白质、维生素、巴比妥等化合物的分析；鉴定药物的组成和含量分析；通过气相色谱与质谱串联质谱，在兴奋剂检测中，可分析100余种违禁药品等。

高效液相色谱仪常用于分析人体体液内正常与异常代谢物质；分析药物的组成和含量，在药物生产中进行中间控制；分析药物在体内的残留量，测定药物在各器官中的代谢产物，进行治疗药物监测；定性测定细胞核中的核苷及核苷酸，分析核酸、氨基酸、酶、糖；激素水平的测定；微生物的鉴定等。

第六节　质谱仪

质谱仪（mass spectrometer）是在真空系统中，应用多种离子化技术使物质分子转化为气态离子，在电场或磁场的作用下，按照质量 m 与电荷 z 比值（m/z，质荷比）的大小差异对这些离子进行分离检测的分析仪器。具有灵敏度高、试样用量少、分析速度快、信息直观、应用范围广等优点。质谱仪与色谱仪联用可以将分离和鉴定一体化进行，广泛应用于生物医药、生命科学等各个领域。质谱仪在临床检验中的应用正在快速发展。

一、质谱仪的工作原理

质谱仪应用离子化技术（如电子轰击电离、化学电离、电喷雾电离等），使试样分子失去外层电子而形成分子离子或不同质量的碎片离子，其中带正电荷的离子进入质量分析器，具有不同质荷比的离子获得不同的速度，分离开的离子依次进入检测器，记录各离子质荷比的相对强度，绘制成质谱图，进行定性和定量的分析。

质谱图以离子质荷比为横坐标，离子相对强度（丰度）为纵坐标（图7-17）。相对强度是以质谱图中最强峰为100%，并定为基峰，其他峰的离子相对强度与其相比所得为相对强度。

利用质谱图中峰的位置和峰高比可以进行定性分析,利用质谱峰的离子强度可以进行定量分析,利用提供的综合信息还可以进行物质结构分析和分子量的测定。

(一)分子离子峰

分子失去一个电子而生成的离子称为分子离子,形成的峰称为分子离子峰。分子离子峰是确定化合物相对分子量的主要依据。

(二)碎片离子峰

分子离子受到高能量轰击造成分子离子进一步裂解成更小的碎片离子,这些碎片离子形成的峰称为碎片离子峰。碎片离子的峰位可推测出原化合物的结构信息。

(三)同位素离子峰

有些元素(如C、H、O、Cl等)有同位素,含有同位素的离子形成的峰称为同位素离子峰。同位素天然丰度比及分子中同位素原子数目决定重质同位素峰和轻质同位素峰的峰强度比。

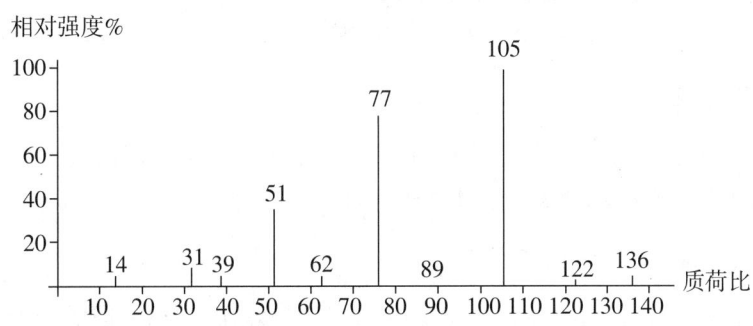

图7-17 质谱图

要点提示:质谱仪的工作原理。

二、质谱仪的基本结构

质谱仪主要组成部分包括真空系统、进样系统、离子化系统(离子源)、质量分析器、检测系统和数据处理系统(图7-18)。

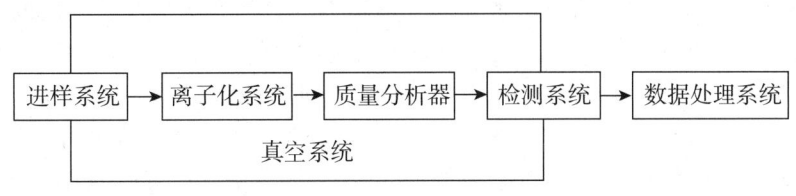

图7-18 质谱仪基本结构示意图

(一)真空系统

为了降低背景以及减少离子间或离子与分子间的碰撞,离子源、质量分析器和离子检测器必须处于高真空状态（真空度为 $1.3 \times 10^{-6} \sim 1.3 \times 10^{-4}$ Pa）。质谱仪的抽真空系统一般由机械旋转泵或涡轮分子泵串联组成。机械泵将系统的真空度预抽到 $10^{-2} \sim 10^{-1}$ Pa，再通过高效扩散泵抽吸至更高的真空度并维持所需真空度。

（二）进样系统

进样系统的作用是在不引起离子源真空度降低、具有可靠重复性的条件下，将试样高效、重复地引入离子源。进样系统由蠕动泵、雾化器、雾室和排废液系统等部分组成。目前常用的进样方式有三种：间接进样、直接进样及色谱进样。

1. 间接进样　适用于较纯的试样组分、气体或易挥发的液体试样。通过可拆卸式的试样管将少量（10～100 μg）固体或液体试样引入贮样器。调节温度，使试样蒸发，依靠压差使试样蒸气经分子漏孔以分子流的形式扩散进入离子源。

2. 直接进样　适用于高沸点的液体及挥发性小的固体试样。采用探针或直接进样器将试样送入离子源，调节温度加热离子源，使试样汽化为气体。此方法引入离子源的试样可少至几纳克，且进样简单，应用越来越广泛。

3. 色谱进样　适用于组分复杂的混合试样，须利用色谱技术将试样分离成单一组分进行分析。试样经色谱技术分离后的馏出组分，经接口元件直接导入离子源。

（三）离子化系统

离子源的作用是使试样分子或原子离子化。常用的方法有电子轰击法、化学电离法、基质辅助激光解吸离子化、电感耦合等离子体离子化等。

（四）质量分析器

质量分析器的作用是将离子源产生的试样离子，经高压电场加速后，按质荷比不同将其分离聚焦。常用质量分析器有单聚焦分析器、双聚焦分析器、四极杆质量分析器、离子阱分析器、飞行时间分析器、傅立叶变换分析器等。

（五）检测系统和自动控制数据处理系统

检测系统的作用是接受离子经过质量分析器后形成的不同强度的微弱离子流信号并放大。常用的检测器有电子倍增管、光电倍增管、电荷耦合器件等。

现代质谱仪配有完善的计算机系统，能够进行数据处理，得到分析试样的质谱图和数据信息。而且能实时监控质谱仪各部件的工作状态，实现质谱仪的自动化操作。

三、质谱仪的分类

质谱仪种类非常多，分类的方法也较多。最基本的分类方法是按所使用的质量分析器类型，分为磁质谱仪（单聚焦质谱仪、双聚焦质谱仪）、四极杆质谱仪（Q-MS）、离子阱质谱仪（IT-MS）、飞行时间质谱仪（TOF-MS）和傅立叶变换质谱仪（FT-MS）等。

按应用范围可分为放射性核素质谱仪、无机质谱仪和有机质谱仪。应用最多的是有机质谱仪，它还较多地与色谱仪联用。它的基本原理是：先利用色谱仪将有机混合物分离成纯组分后再进入质谱仪分析，为每个组分提供分子量和分子结构信息。充分发挥了色谱仪分离特长与质谱仪的定性鉴定特长，使分离和鉴定同时进行。

按分辨能力还可分为高分辨、中分辨和低分辨质谱仪。按工作原理可分为静态仪器和动态仪器。

四、质谱仪的性能指标

质谱仪的主要性能指标包括分辨率、灵敏度、质量范围、质量稳定性和质量精度等。

（一）分辨率

分辨率指仪器区分相邻两个质谱峰的能力，常用 R 表示。分辨率由离子源的性质、离子通道的半径、狭缝宽度与质量分析器的类型等因素决定。分辨率在 500 左右的质谱仪，可以满足一般有机分析的需要。若要进行放射性核素质量及有机分子质量的准确测定，则需要使用分辨率 5000～10000 及以上的高分辨率质谱仪。

（二）灵敏度

质谱仪的灵敏度有绝对灵敏度、相对灵敏度和分析灵敏度等几种表示方法。绝对灵敏度是指产生具有一定信噪比的分子离子峰所需的最少样品量；相对灵敏度是指仪器可以同时检测的大组分与小组分含量之比；分析灵敏度则是指在稳态下仪器输出信号变化与样品输入量变化的比值。

（三）质量范围

质量范围指仪器所检测的离子质荷比范围，通常用原子质量单位（D）来量度。如果是单电荷离子，表示质谱仪检测样品的相对原子质量（或相对分子质量）范围。质量范围的大小取决于质量分析器，不同的分析器有不同的质量范围。

（四）质量稳定性

质量稳定性指仪器在工作时质量稳定的情况，通常用一定时间内质量漂移的质量单位来表示。如某仪器的质量稳定性为 0.1 amu/12 h，该仪器在 12 小时之内质量漂移不超过 0.1 amu。

（五）质量精度

质量精度指仪器测定质量值与理论值的接近程度，常用相对误差表示，又称质量准确度。如某化合物的质量为 1520473 amu，用某质谱仪多次测定该化合物，测得的质量与该化合物理论质量之差在 0.003 amu 之内，则该仪器的质量精度约为十亿分之二（2 ppb）。质量精度只是高分辨率质谱仪的一项重要指标，对于低分辨率质谱仪没有太大意义。

五、质谱仪的使用、日常维护及常见故障处理

以电感耦合等离子体质谱仪（ICP-MS）为例。

（一）ICP-MS 的使用

ICP-MS 的离子源是电感耦合等离子体离子化，质量分析器是四级杆分析器。

1. 开机　打开计算机、ICP-MS 主机电源，启动工作站，启动真空系统，通氩气，启动蠕动泵，等待仪器自检完毕。

2. 调谐　在工作站中进行质谱自动调谐。

3. 建立分析方法　设置参数，选择相应的离子源、源电压、质谱扫描速度等。

4. 测试　进行试样测试，采集数据，分析质谱数据。

5. 关机　进入放空程序，退出工作站，依次关闭电源。

（二）ICP-MS 的维护

1. 仪器安装环境 防尘、防震、避光、稳压，温度 15～25℃，相对湿度 5%～80%；同时应避免磁场和高频电场干扰。

2. 仪器维护 为确保仪器处于最佳状态，日常维护极为重要，这将影响仪器的性能和使用寿命。

（1）进样系统：①蠕动泵泵管。经常检查蠕动泵泵管的状态，尤其是分析量大或者分析腐蚀性极强的溶液，仪器不进样时，及时释放泵管上的压力。②雾化器。注意确保雾化器的喷嘴没有被堵塞。③雾室。确保废液管正常排液。

（2）等离子体炬管：①检查石英炬管外管上的变色、沉积情况、热变形情况。②检查样品喷射管的堵塞情况。③重新安装炬管时，确保炬管位置在负载线圈的中心，并与采样锥之间保持正确的距离。④检查 O-形圈和球形磨口接头的磨损和腐蚀情况。⑤如果采用金属屏蔽炬与线圈接地，须确保屏蔽炬处于正常的运行状态。

（3）接口区域：正确的维护保养有助于延长接口和锥的寿命。①检查采样锥和截取锥是否洁净，是否有样品沉淀。②应用仪器制造商推荐的方法拆卸和清洗锥。③不要用任何金属丝戳锥管。④分析某些样品基体时镍锥会很快退化，建议使用铂锥分析强腐蚀性溶液和有机溶剂。⑤用 10～20 倍的放大镜周期性检查锥管的直径和形状。⑥待锥彻底干燥后方能安装回仪器。⑦检查循环水系统的冷却水可以发现接口区域的腐蚀信息。

（4）离子光学系统：每 3 个月检查和清洗该系统。

（5）机械泵：暗棕色泵油提示泵油的润滑特性已下降，需要更换。更换泵油时切记关闭仪器电源。

（6）空气过滤器和循环水过滤器：经常检查、清洗或更换。

（7）定期检查检测器、涡轮分子泵和质量分析器等组件。

（三）ICP-MS 常见故障处理及排除方法

仪器工作站配置有在线帮助功能，操作人员可在线查阅需要的资料，及时解决问题。

六、质谱仪的临床应用

质谱仪以其高灵敏度、低检出限、样品用量少、高通量、检测速度快、样品前处理简单等优势显示出巨大的应用前景，尤其和色谱仪的联用，极大地扩展了质谱仪在临床检验中的分析范围。质谱技术在新生儿疾病筛查、药品浓度检测、体内激素和营养素检测等方面发挥着重要作用，尤其运用于微生物鉴定方面。临床免疫学检验生物学标志物检测是现在质谱技术运用于临床上的热点。

第七节 电泳仪

电泳是指带电荷的溶质或粒子在电场中向着与其本身所带电荷相反的电极方向移动的现象。利用电泳现象将多组分物质（如氨基酸、多肽、蛋白质及核酸等）进行分离分析的技术，称电泳分析技术。实现电泳分析技术的仪器称为电泳仪，具有高效、灵敏、快速、所需样品量少、应用范围广等优点，广泛应用于核酸和蛋白质的分离检测。

根据自动化程度不同，可将电泳仪分为半自动电泳仪和全自动电泳仪；根据分离原理，可将电泳仪分为移动界面电泳仪、区带电泳仪和稳态电泳仪。

一、电泳仪的工作原理

待分离样品中的各种分子（如蛋白质、核酸、氨基酸、多肽及核苷酸等）都具有可电离基团，它们在某个特定的 pH 下可以带正电或负电。由于不同分子的带电性质、分子大小以及形状等差异，在电场作用下，带电分子产生不同的迁移速率，电泳仪利用该特点从而对样品进行分离、鉴定或纯化（图 7-19）。

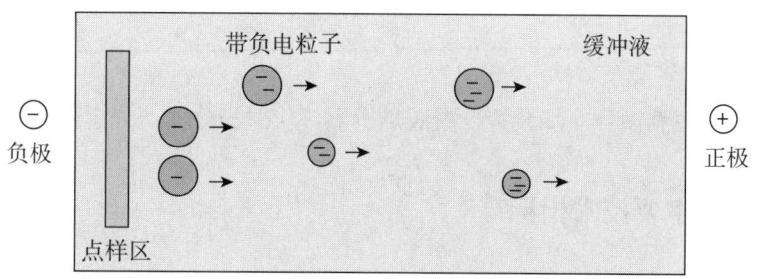

图 7-19　电泳仪工作原理示意图

电泳过程中同时发生电解、电泳、电沉积和电渗四种作用，是一个复杂的电化学反应过程。影响电泳的外界因素有电场强度、溶液 pH、溶液的离子强度、离子的迁移率、电渗作用、吸附作用、焦耳热、溶液黏度、湿度、电压稳定度及支持物筛孔等。

> **要点提示**：电泳仪的工作原理。

二、电泳仪的基本结构

电泳仪的基本结构包括电泳仪电源、电泳槽、附加装置三个部分。

（一）电泳仪电源

电源的作用是在电泳槽中产生电场驱动带电粒子的迁移，常用稳流、稳压及稳功率的三恒电源，保证电泳结果具有良好的重复性，提高准确度。电泳过程中，正负电极之间的电流由缓冲液和带电粒子来传导，因此电泳的速率与电流大小呈正比。为了获得最佳重复性，应保持电流的恒定。一般要求电流的波动应小于 1 mA，电压的波动控制在 1% 以内。电泳仪的电源一般为长压交流电（220 V±10%，50 Hz±2%），也有高压交流电（500～10000 V）。

（二）电泳槽

电泳槽（图 7-20）是样品分离的场所，槽内装有电极、导电槽、电泳支持介质等。常用的有平卧式电泳槽、垂直式电泳槽。电泳槽上有一个盖子，防止缓冲液蒸发和防止触电。有的电泳槽设有"盖开关"。盖子一打开，电源自动切断。电泳槽内装有两个电极，电极多为耐腐蚀的金属（如镍铬合金丝和铂金丝等）。电泳槽有 3 个导电槽，两侧各一个，分别注入电泳缓冲液，并各自连接电源的正极和负极；中间槽放置电泳支持介质，支持介质架于两侧导电槽之间，与槽内的缓冲液相接触。一般要求支持介质不溶于电泳缓冲液、不导电、无电渗、不带电荷、热传导度大、结果均一而稳定、吸液量多而稳定、不吸附蛋白质等其他电泳物质、分离后的成分易析出等。

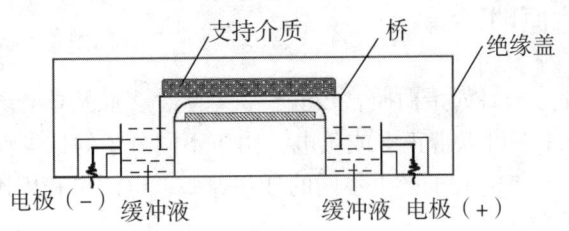

图 7-20　电泳槽装置示意图

（三）附加装置

有的电泳仪还有恒温循环冷却装置、凝胶烘干器、伏时积分器、分析检测装置等附加装置。

三、电泳仪的主要技术指标

一般电泳仪的主要技术指标是指电泳电源的性能指标，主要有以下几项。

1. 输出电压　直流电压为 0～600 V。

2. 输出电流　直流电流为 1～1000 mA。

3. 输出功率　直流功率为 1～400 W。

4. 分辨率　电压 1 V，电流 1 mA，功率 1 W。

5. 电压稳定度　电泳仪输出电压的变化量与输出电压的比值，稳定度与性能呈反比，即稳定度越小，性能越高；反之性能越低。

6. 电流稳定度　电泳仪输出电流的变化量与输出电流的比值，稳定度与性能呈反比，即稳定度越小，性能越高；反之性能越低。

7. 功率稳定度　电泳仪输出功率的变化量与输出功率的比值，稳定度与性能呈反比，即稳定度越小，性能越高；反之性能越低。

8. 连续工作时间　可连续正常工作时间为 0～24 小时。

电泳仪工作时还应注意其他几个方面的指标。①显示方式：工作电流、电压的显示方式有指针式仪表和数字式显示两种。②定时方式：电泳时间常用电子石英钟控制。③保护措施：电源电路采用过流或过压保护方式。④恒温温度：主要用于冷却凝胶温度，临床自动化电泳仪在凝胶板下装有半导体冷却装置。

四、电泳仪的操作流程

一般实验室采用的电泳仪多为手工操作，电源部分与电泳槽是分离的，加样多采用手工方法。临床使用较多的是自动化电泳分析仪，将手工繁琐的程序进行自动化处理，具有计算机程序化管理、快捷方便的人机对话等功能。

（一）手工操作流程

1. 放置样品　将点好样品的电泳介质（凝胶、醋酸纤维素薄膜等）放置在准备好的电泳槽中，盖上盖子。

2. 连接电源　插上电源插头，用导线将电泳槽的两个电极与电泳仪电源的直流输出端连接。

3. 调节电压或电流　先关闭电泳仪电源，将电压调到最小值，再选择稳压稳流方式及电压、电流范围。

4. 电泳 接通电源，将电压（电流）调节到设定值，设定电泳时间，开始电泳。

5. 关闭电源 电泳结束后，将各旋钮调至零位，关闭开关，切断电源。

（二）自动化电泳分析仪操作流程

1. 开机 依次打开计算机、电泳仪和扫描仪电源，仪器自检完毕，显示工作界面。

2. 输入样品信息 进入工作界面，输入相应资料。

3. 加样及电泳 在电泳片上加样，设置好实验程序，开始电泳。

4. 染色及扫描 电泳结束后，自动保温、显色（染色）、烘干、自动扫描。

5. 结果编辑、打印 编辑实验数据、打印报告单。

6. 关机 退出计算机运行程序，依次关闭计算机、电泳仪和扫描仪电源。

五、电泳仪的维护与常见故障处理

（一）电泳仪的维护

电泳仪是精密仪器，在操作过程中要严格遵守操作规程。在日常的运行过程中应做到：①仪器应放置在干燥、清洁的环境中；②电泳仪如长时间不用，应关闭电源，同时拔下电源插头，并盖上保护罩。在平时的工作过程中做到每日维护和每月维护。

1. 每日维护 电泳工作结束后，应当用干滤纸擦净电极，避免电泳缓冲液在电极上沉积，避免酸/碱腐蚀电极。

2. 每月维护 清洁扫描系统的鼻塞滤镜。

（二）常见故障处理

若运行时出现故障报警，应立即停止电泳，检查负载是否短路或开路，检查输出电压或电流的设定值、检查电泳仪装置。

六、电泳仪的临床应用

电泳仪的临床应用较广泛，目前临床最常用的是血清蛋白电泳，通过血清蛋白电泳图谱可以对某些疾病进行诊断及鉴别诊断。一般常见的是白蛋白降低，某个球蛋白区域升高，提示不同的临床意义。另外，电泳仪还可进行核酸电泳、尿蛋白电泳、血红蛋白及糖化血红蛋白电泳、免疫固定电泳以及同工酶电泳等。

自测题

一、选择题

1. 以下不属于自动生化分析仪的优点为
   A. 快速　　　　　　　　　　B. 准确
   C. 灵敏　　　　　　　　　　D. 标准化
   E. 增加人为误差

2. 血气分析仪不能直接测定的项目为
   A. 酸碱度（pH）　　　　　　B. 二氧化碳分压（PCO_2）

C．氧分压（PO_2） D．血红蛋白浓度
E．乙肝病毒表面抗原

3．能够指示血液样本中 pH 大小的电极是
A．铂电极 B．玻璃电极
C．银-氯化银电极 D．甘汞电极
E．饱和甘汞电极

4．PO_2 电极属于
A．离子选择电极 B．金属电极
C．氧化还原电极 D．离子交换电极
E．玻璃电极

5．PCO_2 电极属于
A．离子选择电极 B．金属电极
C．氧化还原电极 D．离子交换电极
E．气敏电极

6．临床上大量使用的电解质分析仪，测定样本溶液中离子浓度的电极是
A．离子选择电极 B．金属电极
C．氧化还原电极 D．离子交换电极
E．气敏电极

7．血气分析仪 pH 电极的使用寿命
A．约为 3 个月 B．约为 6 个月
C．约为 1 年 D．为 1～2 年
E．为 3～6 年

8．通常 3 个月要更换 1 次电极膜的是
A．钠电极 B．钾电极
C．氯电极 D．钙电极
E．参比电极

9．电解质分析仪长期使用后，电极内充液下降最严重、需要经常调整内充液浓度的电极是
A．钠电极 B．钾电极
C．氯电极 D．钙电极
E．参比电极

10．经常需要添加饱和氯化钾或氯化钾固体的电极是
A．钠电极 B．钾电极
C．氯电极 D．钙电极
E．参比电极

11．原子吸收分光光度法的选择性好，是因为
A．原子化效率高
B．光源发出的特征辐射只能被特定的基态原子所吸收
C．检测器灵敏度高
D．原子蒸汽中基态原子数不受温度影响
E．结果准确度高

12．在原子吸收分光光度计中，目前常用的光源是
A．火焰 B．空心阴极灯
C．氙灯 D．氢灯

E. 氖灯
13. 色谱仪分离系统的核心是
   A. 检测器　　　　　　　　　　　B. 色谱柱
   C. 恒温器　　　　　　　　　　　D. 气源
   E. 进样装置
14. 色谱法可用于
   A. 分离性质相似的物质　　　　　B. 测化合物分子量
   C. 无机物定量分析　　　　　　　D. 有机物结构分析
   E. 测化合物熔点
15. 利用质谱法进行分离是按照
   A. 质荷比的差异　　　　　　　　B. 吸收光的不同
   C. 发射光的不同　　　　　　　　D. 物质分子质量不同
   E. 物质吸附力的不同

二、问答题

1. 简述分离式自动生化分析仪的特点。
2. 请回答电解质分析仪的类型。
3. 简述血气分析仪的临床应用。
4. 请回答原子吸收光谱仪常用的原子化方法。
5. 简述色谱仪的临床应用。

（李庆华　蔺首睿）

第八章 临床免疫检验常用仪器

学习目标

1. 掌握 酶免疫分析仪、发光免疫分析仪、免疫比浊分析仪和放射免疫分析仪的工作原理。
2. 熟悉 酶免疫分析仪、发光免疫分析仪、免疫比浊分析仪和放射免疫分析仪的基本结构、性能评价、使用维护及常见故障的处理。
3. 了解 酶免疫分析仪、发光免疫分析仪、免疫比浊分析仪和放射免疫分析仪的临床应用。
4. 能指认酶免疫分析仪、发光免疫分析仪、免疫比浊分析仪和放射免疫分析仪的基本结构；能正确使用酶免疫分析仪、发光免疫分析仪、免疫比浊分析仪和放射免疫分析仪并进行日常维护。

免疫分析技术是利用抗原-抗体特异性反应对样本中微量物质进行检测的方法，是临床检验中最为重要的技术之一，主要分为非标记免疫分析和标记免疫分析两大类。非标记免疫分析主要采用免疫比浊分析，即通过比浊测定对免疫复合物进行定量分析。标记免疫分析则将免疫反应和标记技术相结合，现已有酶免疫分析、发光免疫分析和放射免疫分析等标记技术，其中酶免疫分析和发光免疫分析技术目前在临床免疫学检验中应用较为广泛。免疫分析仪器在临床疾病的发病机制研究、感染性疾病和肿瘤诊断等方面发挥着重要作用。本章介绍酶免疫分析仪、发光免疫分析仪、免疫比浊分析仪和放射免疫分析仪。

第一节 酶免疫分析仪

酶免疫分析（enzyme immunoassay，EIA）是以酶标记抗体（抗原）作为示踪物，结合特异性免疫反应和酶催化底物显色反应对待测物质进行定性和定量分析的方法，因其具有高特异性、高敏感性、操作简便快速、试剂稳定和无放射性污染等优点，成为目前诊断感染性疾病、内分泌疾病和肿瘤等疾病的主导检测技术。酶免疫分析分为均相酶免疫分析和非均相酶免疫分析两种方法。均相酶免疫分析在均匀的液相中进行，无需分离结合游离的酶标志物，直接根据抗原-抗体反应前后酶活性的改变对待测物质进行测定，其检测对象主要是激素、药物等小分子抗原或半抗原等。非均相酶免疫分析以固相载体吸附试剂抗原（或抗体），在抗原-抗体反应平衡后，再经洗涤分离去除未结合的游离标志物后进行测定，又称为酶联免疫吸附测定（enzyme linked immunosorbent assay，ELISA）。目前常用的酶免疫分析仪通常基于ELISA技术，简称酶标仪。

一、酶免疫分析仪的工作原理

酶免疫分析仪通常是在光电比色计或分光光度计的基础上根据酶联免疫吸附测定技术进行设计（图8-1），其基本工作原理是分光光度法。光源发出复合光在经过单色器（滤光片或光栅）色散后获得一束单色光，垂直通过微孔板，微孔板上的待测样本吸收一部分光后，透过的光照射至光电检测器，光电检测器将接收的光信号转换成电信号，再经前置放大、对数放大和模数转换等处理后，进入微处理器进行数据处理和计算，最后由显示器或打印机显示结果。

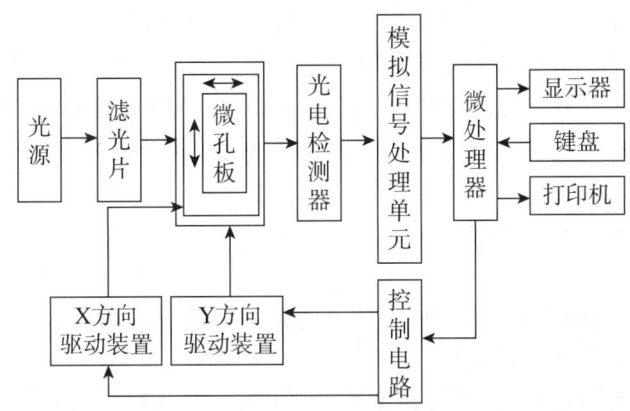

图 8-1 酶免疫分析仪工作原理示意图

酶免疫分析仪的光路系统见图8-2，相当于一台特殊的光电比色计或分光光度计，与普通分光光度计相比，不同之处在于：酶免疫分析仪盛放待测溶液的容器采用塑料微孔板，而不是吸收池；测量时光束垂直透过微孔中的待测溶液；通常采用光密度（OD）来表示吸光度（A）。

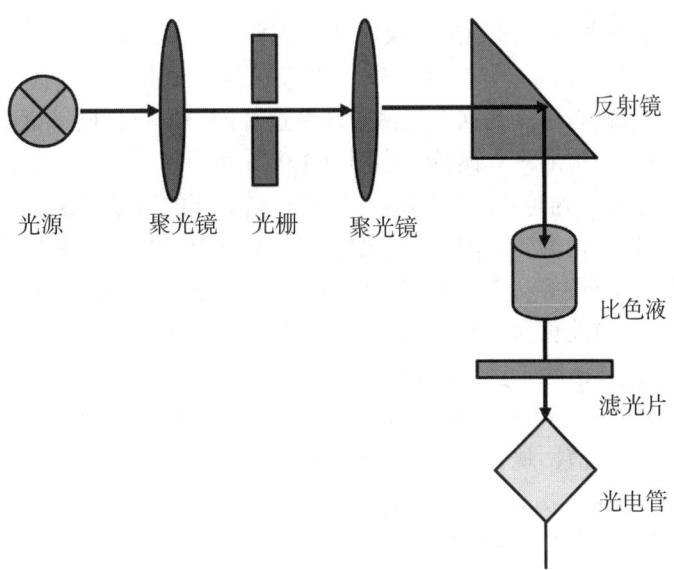

图 8-2 酶免疫分析仪光路系统示意图

要点提示：酶免疫分析仪的工作原理。

二、酶免疫分析仪的分型

酶免疫分析仪根据固相支持物类型（如微孔板、试管和磁微粒等）的不同，可分为微孔板固相酶免疫分析仪、管式固相酶免疫分析仪、微粒固相酶免疫分析仪和磁微粒固相酶免疫分析仪等。目前常用的酶免疫分析仪通常为微孔板固相酶免疫分析仪。

三、酶免疫分析仪的基本结构

酶联免疫分析仪通常由光源、滤光片、微孔板、光电检测器、模拟信号处理单元、微处理器（显示器、键盘、打印机）、控制电路（微孔板 X 方向和 Y 方向驱动装置）组成。临床常采用的全自动微孔板式酶免疫分析仪是在酶免疫分析仪的基础上，增加了加样系统、温育系统、洗板系统、机械臂系统、液路动力系统和软件控制系统。加样系统可进行试样和试剂的分配，具有液面感应和自动清洗等功能；温育系统使温度可控，可同时孵育多块微孔板；洗板系统采用 8 针或 12 针洗板头，注液量可自动检测；软件控制系统可对检测结果进行综合分析判断。

四、酶免疫分析仪的性能评价

酶免疫分析仪在临床实验室中应用广泛。为提高酶免疫分析仪检测结果的准确性和可靠性，须对酶免疫分析仪进行系统评价。

1. 滤光片波长精度检查 采用高精度紫外 - 可见分光光度计（波长精度 ±0.3 nm）对不同波长的滤光片或光栅在可见光区进行光谱扫描，检测值与标定值之差即为波长精度。其差值越接近于零且峰值越大表明单色元件的质量越好。

2. 灵敏度评价 将准确配制的重铬酸钾溶液加入微孔中，以硫酸溶液调零，其吸光度 $A \geqslant 0.01$。

3. 准确度评价 将准确配制的对硝基苯酚溶液加入微孔中，以氢氧化钠调零，其吸光度应在 0.4 左右。

4. 通道差与孔间差检测 多通道型仪器通常需要进行通道差检测，可用极差值或通道间差异率表示，通常要求通道间差异率 $\leqslant 1.5\%$。极差值与通道间差异率越小，表明同一样品于不同通道检测结果一致性越好。孔间差的测定通常选择同一厂家、同一批次的酶标板条分别加入甲基橙溶液进行双波长检测，其误差大小用 $\pm 1.96\,S$ 衡量。

5. 精度评价 在每个通道中，分别加入 3 种不同浓度的甲基橙溶液，采用双波长做双份平行检测。分别计算批内精度、日内批间精度、日间精度和总精度及相应变异系数值。

6. 双波长评价 取同一厂家、同一批号酶标板条，于每孔中加入甲基橙溶液，采用单波长和双波长测定。计算单波长和双波长测定结果的均值和离散度，比较各组结果之间是否存在统计学差异，考查双波长清除干扰因素的效果。

7. 零点漂移 取小孔杯至通道相应位置，以蒸馏水调零，采用单波长或双波长在一定时间内多次测定通道吸光度值，观察吸光度值的变化，其吸光度与零点的差值即为零点漂移。通常观察各个通道 4 小时内的吸光度值的变化。

8. 线性测定 准确配制一系列浓度的甲基橙溶液，以蒸馏水调零，平行测定。计算回归方程、相关系数和标准误差等，并确定其测定范围。

五、酶免疫分析仪的使用、维护与常见故障处理

(一) 酶免疫分析仪的使用

酶免疫分析仪仪器型号较多,操作者使用前须经过仪器操作培训,严格按照仪器的操作说明书进行。其基本操作流程见图 8-3。

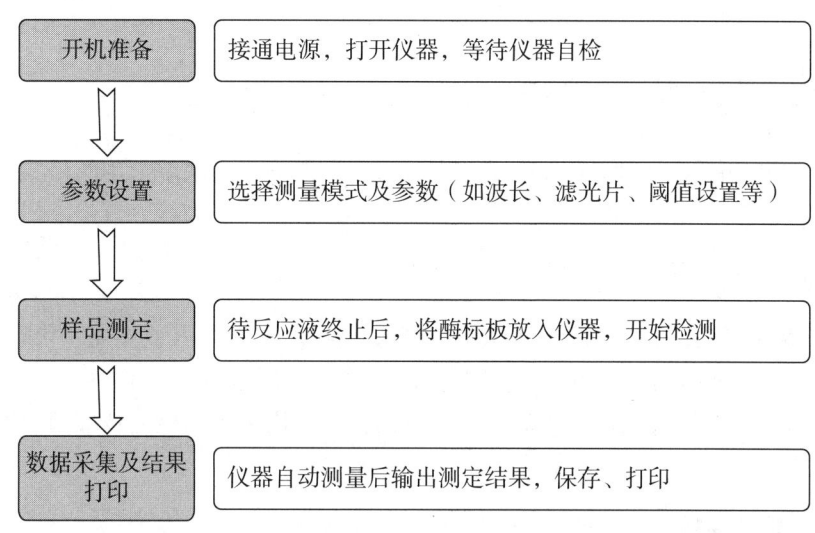

图 8-3　酶免疫分析仪的操作流程图

(二) 酶免疫分析仪的维护

1. 日常维护
(1) 保持仪器工作环境清洁、无灰尘。
(2) 保持仪器清洁,用湿布蘸取中性清洗剂擦拭仪器外壳、样品盘和微孔板托架。
(3) 保持加样针清洁,如加样针外壁出现蛋白沉积,须手动清洁加样针。
(4) 清洁洗液管路及洗板机头。
(5) 定期检查微孔板卡夹、滑槽和滤光片轮等。
(6) 定期检查管路有无泄漏或破损,及时更换老化的管道。

2. 光学部件的维护　酶免疫分析仪维护的重点是光学部件,应注意防止滤光片霉变,定期进行滤光片波长精度和检测通道差与孔间差检查等。

(三) 酶免疫分析仪的常见故障与处理

为保证临床检验工作的顺利进行,应了解酶免疫分析仪常见故障发生的原因并能及时排除故障。酶免疫分析仪常见故障及处理方法见表 8-1。

表8-1　酶免疫分析仪常见故障与处理

常见故障	故障原因	处理方法
开机后无反应	电源未接通	检查电源线和保险丝
加样针堵塞	加样针吸入纤维蛋白凝块堵塞;加样针插入真空管的分离胶导致管道堵塞	拆下加样针进行物理清通,再用去蛋白液浸泡

续表

常见故障	故障原因	处理方法
洗板头堵塞	样本中纤维蛋白堵塞，洗涤液结晶或洗涤液中的漂浮物堵塞	在洗板头注液和吸液口施加压力冲洗，必要时用针头挑出纤维蛋白块或结晶
酶标板错误	酶标板条放置不当造成卡板	暂停洗板，将高出的板孔压平；检查有无异物

六、酶免疫分析仪的临床应用

由于具有高度的敏感性和特异性，酶免疫分析仪已成为各级医院常用的检验诊断设备，在临床中广泛应用。

（一）免疫学检验

常用于 C 反应蛋白、免疫球蛋白、循环免疫复合物、类风湿因子、抗甲状腺球蛋白抗体、微粒体抗体等检测。已用于病原体抗原及抗体的检测，如用于各型肝炎病毒、乙型脑炎病毒、人类免疫缺陷病毒（艾滋病病毒）等病毒，链球菌、布鲁氏菌、结核分枝杆菌等细菌感染和寄生虫感染等检测。

（二）血液学及细胞因子检测

用于血小板相关抗体、D-二聚体、血清纤维蛋白降解产物等检测；干扰素、白细胞介素、肿瘤坏死因子、促肾上腺皮质激素等的检测。

（三）肿瘤标志物检验

用于甲胎蛋白、癌胚抗原、糖类抗原、前列腺特异性抗原等检测。

第二节 发光免疫分析仪

发光免疫分析是将发光分析和免疫反应相结合的标记免疫分析方法，通过检测发光信号对抗原或抗体进行定量分析。根据发光分析原理的不同，又可分为化学发光分析和光致发光分析。化学发光分析是利用化学反应发光进行测定的一类方法，其激发能量来自于化学反应，物质须发生了化学反应才可使特定分子或原子被激发而发光。光致发光分析的激发能量则是来自于外光源的激发照射，荧光分析属于光致发光分析的范畴。发光免疫分析采用微量倍增技术，敏感度高、特异性好、试剂稳定性好，无放射性污染，检测快速、检测范围广泛，从传统的蛋白质、激素、酶至药物和核酸均可检测。本节主要介绍化学发光免疫分析的相关仪器。

一、化学发光免疫分析仪的工作原理

化学发光是指伴随化学反应过程而产生的光辐射现象。在化学反应的过程中，某些化合物分子，如发光剂分子吸收化学反应过程中的化学能，从稳定的基态跃迁至激发态，由于激发态不稳定，处于激发态的分子再返回基态时则可发射出光子，该过程被称为化学发光。

化学发光免疫分析（chemiluminescence immunoassay，CLIA）综合了抗体或者抗原标记、免疫反应和化学发光反应等技术，首先将某些化学物质标记在抗体或抗原上，通过免疫特异性

反应将待测组分从样本中分离，再通过标志物化学发光的反应强度与待测组分的浓度呈一定比例关系，确定检测抗原、抗体或相关物质的浓度，即化学发光免疫分析的基本原理。

（一）全自动化学发光免疫分析仪的工作原理

仪器利用某些化学物质，如吖啶酯类化合物标记在抗原或抗体上，该化学基团在被氧化后跃迁至激发态，在返回基态的过程中可释放出一定波长的光子并被光电倍增管接收。光电倍增管将接收的光能转变为电信号，电信号经转换后输送至显示装置，可计算待测组分的浓度（图8-4）。

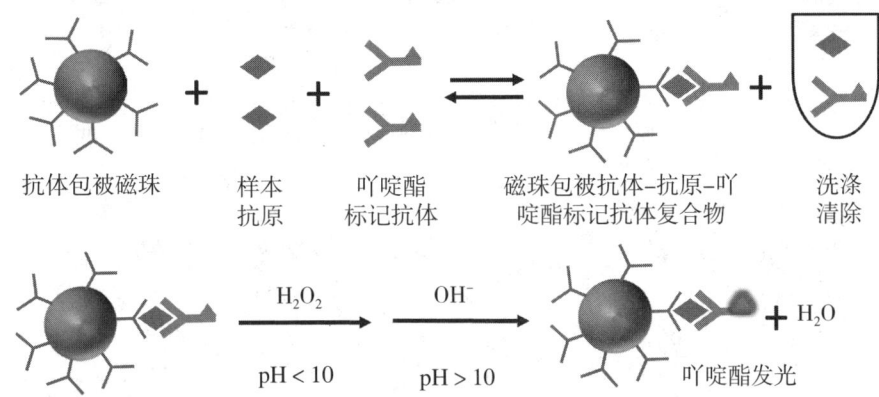

图 8-4 吖啶酯标记化学发光免疫分析反应原理示意图

（二）全自动微粒子化学发光免疫分析仪的工作原理

采用经典免疫学原理，小分子抗原物质测定采用竞争法，大分子抗原物质测定采用夹心法（图8-5）。夹心法通常是将包被抗体的磁性微粒、碱性磷酸酶标记的抗体和待测抗原经温育后形成免疫复合物，然后经洗涤去除未结合的酶标记抗体，再加入底物3—（2′—螺旋金刚烷）—4—甲氧基—4—（3″—磷酰氧基）—苯基—1，2—二氧杂环丁烷（AMPPD），AMPPD在碱性磷酸酶的作用下发生水解脱去磷酸基后可进一步生成激发态的间氧苯甲酸甲酯阴离子。该阴离子返回基态时可发射470 nm的光，仪器记录其发光强度并对照仪器中的多点定标曲线，即可计算待测抗原的浓度。

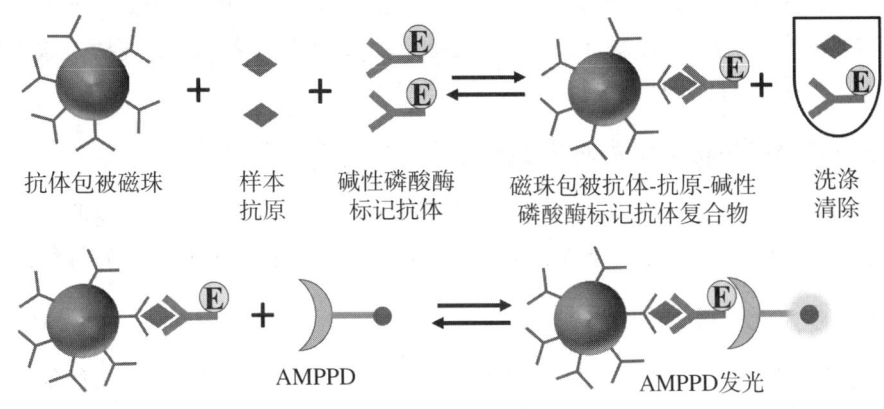

图 8-5 碱性磷酸酶标记的微粒子化学发光免疫分析反应原理示意图

(三）全自动电化学发光免疫分析仪的工作原理

电化学发光分析仪通常将包被抗体的磁珠、三联吡啶钌标记抗体和待测抗原共同孵育后形成免疫复合物，并用三丙胺（TPA）缓冲液冲洗。磁性微粒流经电极表面时，被电极下的磁铁吸引，使游离的发光剂与标记抗体被分离。当给电极加电压时，三联吡啶钌 $[Ru(bpy)_3]^{2+}$ 和 TPA 在电极表面发生电子转移产生电化学发光，光的强度与待测抗原的浓度呈正比。其反应原理如图 8-6 所示。

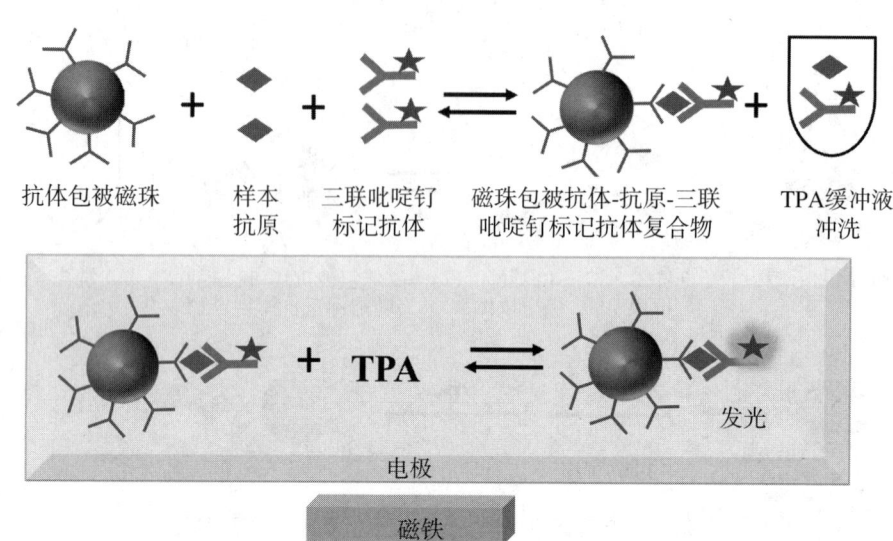

图 8-6　三联吡啶钌标记的电化学发光免疫分析反应原理示意图

> **要点提示**：化学发光免疫分析的反应原理。

二、化学发光免疫分析仪的分类及特点

（一）全自动化学发光免疫分析仪

将磁性微粒子分离技术和化学发光技术相结合，采用全自动、软件控制和随机存取的智能分析系统。在反应体系中，常采用直径仅为 1 μm 的磁性微粒作为固相载体，极大增加了包被表面积，使抗原或抗体的吸附量增加，反应速度加快，清洗和分离则更为便捷。该类仪器具有结果准确可靠、试剂保存时间长、自动化程度高等优点。

（二）全自动微粒子化学发光免疫分析仪

利用酶催化发光剂发光，线性范围宽，发光强度在 4～6 个数量级间与待测物质呈线性关系，光信号持续时间较长且稳定。该类仪器具有高特异性、敏感性和稳定性好等优点。

（三）电化学发光免疫分析仪

电化学发光免疫分析是在电极表面由电化学引发特异性化学发光反应，采用的标志物三联吡啶钌可与蛋白质、半抗原激素和核酸等物质结合，检测项目广泛。磁性微珠包被采用"链霉亲和素 - 生物素"新型固相包被技术。该类仪器具有灵敏度高、反应时间短和线性范围宽等优点。

三、化学发光免疫分析仪的基本结构

化学发光免疫分析仪主要由样本管理系统、试剂管理系统、加样系统、反应系统、清洗与分离系统、检测系统和计算机软件系统等部件组成。

(一)样本管理系统

通常由样本承载装置、转动传动装置和定位装置组成。承载样本的装置有样本盘和样本架两种。

(二)试剂管理系统

通常由试剂仓、试剂瓶和定位装置等组成。试剂仓通常具有多个试剂位。定位装置由定位器、感应器和条码识别器等组成。

(三)加样系统

机械部分由加样针、加样臂和步进马达等组成;电路控制部分由驱动电路、液面检测传感器、探针堵塞传感器、位置传感器等组成,负责将样本、缓冲液等加至反应管中。

(四)反应系统

主要由反应模块、混匀和温育模块等组成。反应模块由反应盘、反应杯和机械抓手等组成,负责将反应杯送至反应盘并精确定位至工作位置。混匀模块通常要分别完成样本和反应试剂的混匀、清洗分离后产物与底物的混匀、磁性微粒的防凝集混匀三项操作。温育模块需恒温,将温度波动调整至小于 ± 0.1 ℃。

(五)清洗与分离系统

采用离心或磁分离等方式去除化学发光反应中不需要的游离物。

(六)检测系统

通常采用单光子计数器。其为一种特殊的光电倍增管,将化学发光反应产生的光信号转为电信号并进行放大,再转变为数字信号。

(七)计算机软件系统

为仪器的指挥控制中心,其功能是程控、监测仪器操作、进行数据处理和故障判断等。

四、化学发光免疫分析仪的性能评价

仪器的良好性能对于保证检验结果的准确性极为重要。国家食品药品监督总局对于化学发光免疫分析仪的性能制订了具体的性能要求。

1. **反应区温度控制的准确性** 设定值为 ± 0.5 ℃,波动度不超过 1 ℃。
2. **分析仪的稳定性** 分析仪开机处于稳定的工作状态后,第 4 小时、第 8 小时的测试结果与处于稳定工作状态初始时的测试结果的相对偏倚不超过 $\pm 10\%$。
3. **批内测试重复性** 批内测试变异系数 $\leq 8\%$。
4. **线性相关性** 在不小于 2 个数量级的浓度范围内,线性相关系数 $r \geq 0.99$。
5. **携带污染率** 应 $\leq 10^{-5}$。

五、化学发光免疫分析仪的使用、维护与常见故障处理

（一）化学发光免疫分析仪的使用

化学发光免疫分析仪的种类、型号较多，各种仪器的具体操作略有不同，基本操作流程见图8-7。

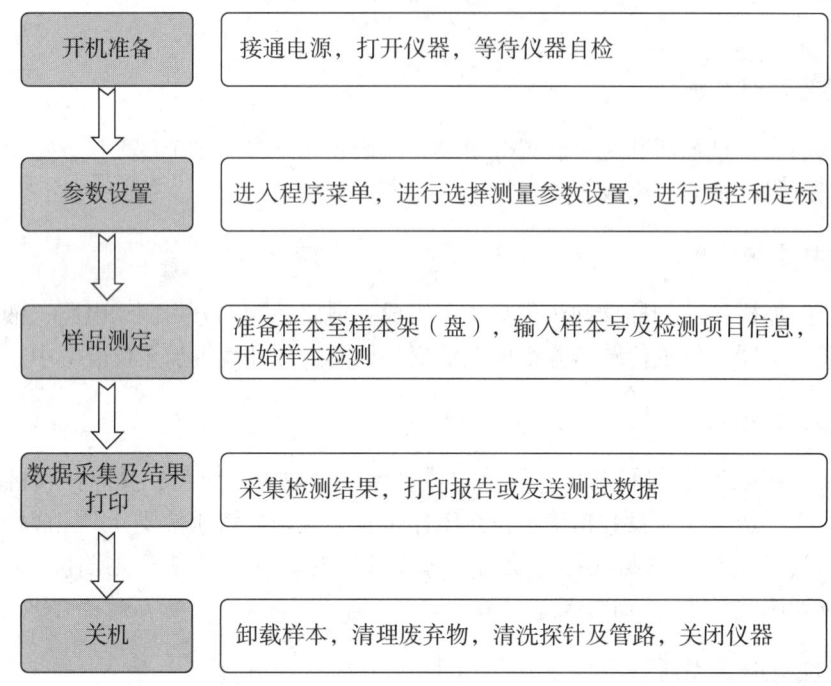

图8-7 化学发光免疫分析仪的操作流程图

（二）化学发光免疫分析仪的维护

1. 日保养 保持仪器表面洁净，检查仪器温度状态、耗材、液路系统和废液罐等是否符合要求，按照保养要求进行清洗程序。

2. 周保养 检查清洗主探针导轨，清洗完毕后用乙醇溶液擦洗主探针上部；检查废液罐过滤器；检查温育带感应点是否有尘土，用无纤维拭子擦拭；进行系统检测，确保系统检测数据在检测范围内。

3. 月保养 每月刷洗1次主探针、样本采样针和试剂针内部，刷洗后用注射器吸取生理盐水反复冲洗针内部，针的外部用乙醇溶液擦拭。

（三）化学发光免疫分析仪的常见故障与处理

该类仪器常见故障及处理方法见表8-2。

表8-2 化学发光免疫分析仪的常见故障与处理

常见故障	故障原因	处理方法
压力表指示为零	1. 管路漏气 2. 电磁阀不工作 3. 压力表损坏	1. 检查接口是否漏气 2. 修复管路或电磁阀 3. 更换压力表

续表

常见故障	故障原因	处理方法
真空压力不足	真空传感器感应异常	调整或清洗真空传感器
发光体错误	1. 管路或清洗池堵塞或漏液 2. 电磁阀进水或排水不畅；泵与废液探针管路连接处漏液或泵损坏	1. 清洗管路 2. 修复管路或电磁阀或泵
轨道错误	反应杯错位	检查水平升降装置，检查轨道，取出错位反应杯

六、化学发光免疫分析仪的临床应用

发光免疫分析法由于其方法的高灵敏度、宽线性范围和多样性的检测项目，在临床检验中应用广泛，如用于内分泌系统疾病中甲状腺激素、性腺激素、胰岛素、皮质醇等激素的检测；用于甲胎蛋白、癌胚抗原、糖类抗原和前列腺特异抗原等肿瘤标志物的检测；用于心血管疾病中肌红蛋白、肌钙蛋白、肌酸激酶同工酶（CK-MB）等心肌损伤标志物的检测；用于骨代谢相关标志物，如骨胶原酶、β胶原降解产物等的检测；用于各型肝炎等感染性疾病用药及地高辛、卡马西平和苯巴比妥等多种药物的监测等。

> **知识链接**
>
> **时间分辨荧光免疫分析技术**
>
> 近年来，时间分辨荧光免疫分析技术发展成为一种新型的非放射性免疫标记技术，其采用镧系三价稀土离子及其螯合物（如 Eu^{3+} 螯合物）作为示踪物标记抗原、抗体和核酸探针等物质。当免疫反应发生后，根据稀土离子螯合物的荧光光谱具有特异性强、Stokes 位移大、荧光寿命长等特征，利用时间分辨荧光分析仪延缓测量时间，待背景荧光降低至零后再测定，可排除样本中非特异性荧光的干扰，所得信号完全是稀土元素螯合物发射的特异荧光，根据荧光强度可判断反应体系中待测组分的浓度。时间分辨荧光免疫分析仪具有灵敏度高、特异性好、线性范围宽、稳定性好、试剂有效期长和易于自动化等优点，是临床医学实验室理想的免疫分析仪器之一。

第三节 免疫比浊分析仪

免疫比浊分析（immunoturbidimetric assay）是非免疫标记技术，是免疫学与比浊法原理相结合的一类分析技术，利用液相中的免疫沉淀反应进行检测。免疫比浊分析仪已广泛应用于临床各种体液中蛋白质、激素和药物浓度等的测定，成为临床免疫检测的重要手段之一。

一、免疫比浊分析仪的工作原理

可溶性抗原与抗体在液相条件下结合可快速形成抗原-抗体免疫复合物，引起反应体系浊度的改变。当光线通过免疫复合物溶液时，待测溶液透射光或散射光会发生改变，通过测定溶

液透射光减弱的程度或免疫复合物对光的散射程度,可定量检测相应抗原或抗体。

根据检测原理的不同,免疫比浊检测分析可分为透射免疫比浊测定(turbidimetric immunoassay)和散射免疫比浊测定(nephelometric immunoassay),如图8-8所示。前者是在 0°,即直射角度测定溶液的透射光强度,后者是在 5° ~ 96° 测定溶液中免疫复合物的散射光强度。

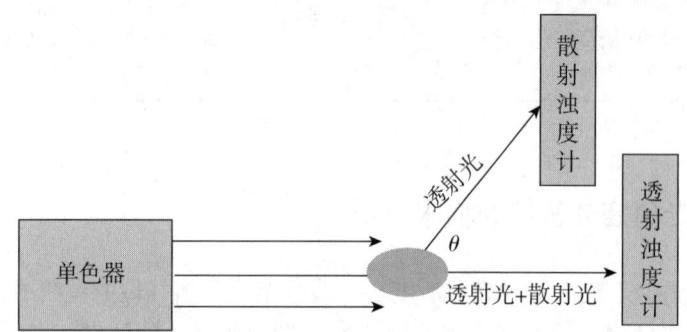

图 8-8　透射免疫比浊法和散射免疫比浊法的区别示意图

(一) 透射免疫比浊测定

透射免疫比浊测定可分为透射免疫浊度测定和胶乳增强免疫比浊测定。

1. 透射免疫浊度测定原理　抗原和抗体在特定缓冲液中快速形成抗原-抗体免疫复合物,使反应液出现浊度。当保持反应液中抗体量过剩时,形成的免疫复合物随抗原增加而增加,反应液浊度也随之增加,导致入射光的透过率降低,其透射光强度与免疫复合物的量呈正相关,可计算出待测抗原的含量。

2. 胶乳增强免疫比浊测定原理　将抗体预先吸附于均匀、粒径大小适中的胶乳颗粒表面,当其与相应抗原相遇时则发生凝集,形成抗原-抗体胶乳颗粒复合物。单个胶乳颗粒粒径在入射光波长之内,光线可透过;当两个胶乳颗粒凝集时,则能够透过的光线减少,其减少的程度与胶乳凝聚程度呈现正相关,即可用于测定相应抗原的含量。

(二) 散射免疫比浊测定

抗原、抗体在液相中形成免疫复合物可引起浊度改变,当用激光沿水平轴照射该溶液时,其中的小颗粒的免疫复合物会导致光线被折射而发生偏转。其散射光的强度与抗原-抗体免疫复合物浓度呈正相关,同时也和散射夹角呈正比、和波长呈反比。散射免疫比浊测定根据测定方式的不同分为终点散射比浊法、定时散射比浊法和速率散射比浊法。

1. 终点散射比浊法　在抗原-抗体反应达到平衡时,形成免疫复合物的量不再增加,反应体系的浊度不再变化时进行测定,需 30 ~ 120 分钟。此法易形成大颗粒的免疫复合物沉淀导致结果偏低,而且空白本底较高,测定时间较长。

2. 定时散射比浊法　通过扣除抗原-抗体反应初期不稳定的光信号来降低干扰,获得与待测抗原呈正相关的光信号值。定时法通常进行两次免疫复合物含量的测定,在抗体过量的前提下由抗原、抗体反应一定时间后进行免疫复合物的光信号值的第一次测定,再继续反应一段时间后进行光信号值的第二次测定,两次光信号的差值与待测抗原的浓度呈正相关。

3. 速率散射比浊法　是一种测定抗原-抗体结合反应的动力学方法。速率是指抗原-抗体在单位时间内结合形成免疫复合物的速度。该法是在抗原与抗体反应的最高峰(约在1分钟内)测定其免疫复合物形成的量,速率峰的高低与抗原含量呈正比,峰值出现的时间和抗体浓度、抗原-抗体的亲和力直接相关。该法快速，无须扣减样品和试剂的本底值，抗干扰能力强，灵敏度、特异性优于终点散射比浊法。尤其是将其与胶乳增强技术结合后，可降低非特异反应的影响，其灵敏度和准确性进一步提高。目前该法已被大量应用于各种类型的自动化免疫比浊分析仪中。

> **要点提示**：免疫比浊分析仪的工作原理。

二、免疫比浊分析仪的基本结构

免疫比浊分析仪种类较多，本节以临床使用较多的特定蛋白分析仪为例，介绍其基本结构。特定蛋白分析仪主要由主机、计算机以及辅助装置组成。主机包括散射比浊仪、加液系统、试剂管理系统和反应混匀系统等，其核心部件是散射比浊仪，包括光源、散射光路、恒温器和散射信号采集器。光源采用双光源碘化硅晶灯泡（400~620 nm）。自动温度控制装置可将仪器温度恒定在26 ℃±1 ℃，散射信号采集是由固体硅探头监测反应过程，收集5°~96°的散射光强度。

三、免疫比浊分析仪的性能评价

1．灵敏度 可以区分95%可信区间的最低检测浓度。

2．精度 分批内精度和批间精度，通常采用两种不同浓度的物质进行3次批内测试和批间测试，每次测定重复10次，计算变异系数。

3．正确度 采用仪器配套的定值质控血清，重复测定20次，评价仪器测定的正确度。

4．线性范围 精确配制5~8个系列浓度的定值参考血清，平均测定8次，分析评价线性范围。

5．测定速度 常用的评价参数为每小时能完成的测试数目。

四、免疫比浊分析仪的使用、维护与常见故障处理

（一）免疫比浊分析仪的使用

以特种蛋白分析仪为例，其操作简单便捷，基本操作流程见图8-9。

（二）免疫比浊分析仪的维护

1．日保养 每次开机前应检查注射器和试剂用量，检查废液桶中的废液是否已经装满并及时处理。对光路进行校正，关机后应冲洗管道以防止血液中蛋白成分沉积或者缓冲液中化学成分蒸发堵塞管路。

2．周保养 及时更换反应杯和小磁棒，清洁探针外部。

3．月保养 更换注射器插杆顶端以保证其密封性，取下空气过滤网并用清水冲洗，用细针疏通标本探针和抗体探针的内部。

4．半年保养 更换泵周管道和钳制阀上部的液路管道，给机械传动部位的螺丝涂润滑油。

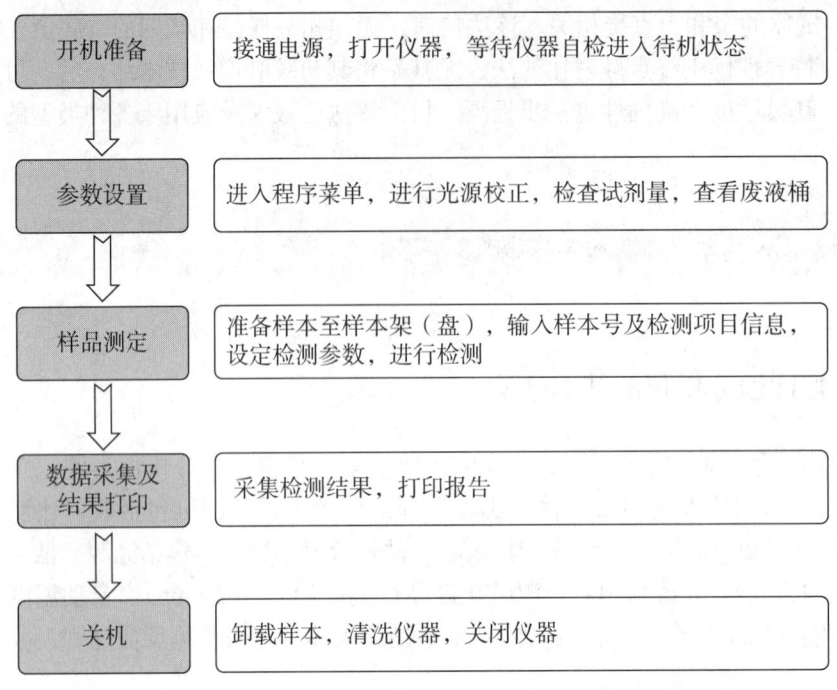

图 8-9 免疫比浊分析仪的操作流程图

(三) 免疫比浊分析仪的常见故障与处理

该类仪器常见故障及处理方法见表 8-3。

表8-3 免疫比浊分析仪常见故障与处理

常见故障	故障原因	处理方法
流动池溢液	1. 泵管运转不良 2. 管路堵塞 3. 废液桶满	1. 检查泵管是否老化，若老化则进行更换 2. 冲洗疏通管路 3. 倾倒废液
光路校正超出正常范围	1. 反应杯污染 2. 光源老化	1. 更换反应杯后重复校正和光路设置 2. 更换光源
机械传动异常	1. 样本或试剂针机械传动部分润滑不良或被异物阻挡 2. 传感器与遮光片配合不合理 3. 电路接触不良	1. 对样本或试剂针机械传动部分清洁及上油处理 2. 检查传感器与遮光片 3. 检查电路信号连线
系统无检测信号	1. 传输线脱落或接触不良 2. 程序设置不当 3. 信息处理系统故障	1. 检查传输线路 2. 检查程序设置 3. 检查信息处理系统，必要时联系工程师检修

五、免疫比浊分析仪的临床应用

免疫比浊分析仪目前在临床上主要用于特种蛋白质与药物浓度的测定，如用于免疫球蛋白、尿微量蛋白、载脂蛋白、C反应蛋白、纤维蛋白原、铜蓝蛋白、转铁蛋白及治疗性药物浓度测定等。

第四节 放射免疫分析仪

放射免疫分析（radio immunoassay，RIA）是以放射性核素为标志物的标记免疫分析技术，常用于待测样本中微量物质的测定。

一、放射免疫分析仪的工作原理

早期的放射免疫分析是以标记抗原和非标记抗原竞争结合特异性抗体来测定待检抗原量的方法。后期发展的免疫放射分析是从放射免疫分析的基础发展起来的核素标记免疫测定，其特点为用过量核素标记的抗体直接与受检抗原反应，采用固相免疫吸附载体将游离抗体和抗原-抗体免疫复合物分离，通过对免疫复合物中的标记抗体进行计数以测定待检样本中抗原的量。以上两种方法均在医学检验中得到了广泛应用，统称为放射免疫法。

放射免疫分析仪是进行放射性量测定的仪器，仪器将放射线和闪烁体相互作用转换成光脉冲，再通过光电倍增管将光脉冲转变为电脉冲，通过计数电脉冲在单位时间内出现的次数反映出放射线的频率，通过电脉冲的电压幅度反映反射线量的高低。

二、放射免疫分析仪的分类及特点

放射免疫分析仪测量仪器有两类，即液体闪烁计数仪和晶体闪烁计数仪两种。液体闪烁计数仪主要用于检测β射线，该仪器检测时将样品混入闪烁体溶液内，故不存在样品中的射线自吸收，是 ^3H、^{14}C、^{32}P 等低能β射线及α射线的辐射探测装置。闪烁计数仪主要用于检测 ^{125}I、^{131}I、^{57}Cr 和 ^{60}Co 等物质产生的γ射线。

三、放射免疫分析仪的基本结构

（一）液体闪烁计数仪的基本结构

液体闪烁计数仪目前多采用双管快符合对称系统，基本结构包括基本电子线路、自动换样器和计算机操作系统。基本电子线路主要由双管快符合、相加电路、线性门电路和多道脉冲幅度分析器等组成。自动换样器的使用可节省时间，且可保证样本有足够的暗适应和温度平衡时间。样品传送通常使用继电器控制的传送带、升降机和轮盘等，测量位置通道口通常设有快门、迷宫和转轮等以保证光密封。计算机系统具有工作条件选定、参数校正和数据读取等功能。

（二）晶体闪烁计数仪的基本结构

晶体闪烁计数仪基本结构主要由闪烁体、光电倍增管和多道脉冲分析器组成。闪烁体是将核辐射能激发分子转化成可探测闪光的荧光物质，常用有机闪烁体、无机闪烁体和特殊闪烁体，如玻璃闪烁体、气体闪烁体等。光电倍增管的基本结构主要包括光电转换、电子倍增和电子收集装置三个部件。多道脉冲分析器包括脉冲高度分析器、多道分析器等部件。

四、放射免疫分析仪的性能评价

1. 本底计数率 通常要求本底计数率不大于 60/min。

2. 计数精度　计数器的计数精度与辐射统计涨落的理论期望值无显著性差异。用 χ^2 双侧检验法重复测量 21 次，应符合 $10.851 \leqslant \chi^2 \leqslant 31.410$。

3. 稳定性　仪器在室温条件下，连续工作 8 小时，探测效率稳定性应通常在 5% 以内。

4. 装样容量　具有多核素选择测定功能。

五、放射免疫分析仪的使用、维护与常见故障处理

（一）放射免疫分析仪的使用

1. 样本闪烁液反应体系建立　将样本和闪烁液按一定比例装入测量瓶，向光电倍增管提供光信号。闪烁液包括溶剂和闪烁体，溶剂常用甲苯。测量瓶常用低钾玻璃、聚乙烯等材料制作，用聚四氟乙烯制作的测量瓶质量较好，通常测量瓶的规格容量为 20 ml，口径为 22 mm。对于样本须按照其可溶性进行不同方式的处理，对于样本在经固相分离后不能进行均相测定的情形可加乳化剂制成稳定的乳浊液或将样本吸附于滤纸上，再浸入闪烁液中测量。

2. 猝灭　样本、氧气、水及色素物质等加入闪烁体中可导致闪烁体的荧光效率降低。为减小猝灭，可在闪烁液中通入氮气或氩气去氧；将样本 pH 调至 7 左右避免酸的猝灭作用；对卟啉、血红蛋白等着色样品要进行脱色处理等。

3. 计数效率测定　液体闪烁计数器通常用于放射性相对测量，即通过对比样本的计数率与标准品的计数率来测定样本中抗原的含量。由于标准品与待测样本的猝灭情况不同，需要对猝灭进行校正后再计算样本相对于标准品的实际计数效率。常用的校正法有内源法、外源法和道比法等。目前广泛使用的是外部标准源校正法。

（二）放射免疫分析仪的维护

放射免疫分析仪的使用过程涉及放射性核素，须注意环境和工作人员的安全。放置仪器的环境应保持清洁、干燥。闪烁计数仪的工作点常因电源和仪器的放大倍数产生漂移，因此闪烁计数仪应在坪区工作以保持计数比较稳定。在日常维修或保养时如需拆开机器，应避免电流的冲击导致集成电路元件受到损坏。

（三）放射免疫分析仪的常见故障与处理

该类仪器常见故障及处理方法见表 8-4。

表8-4　放射免疫分析仪常见故障与处理

常见故障	故障原因	处理方法
计算机未进行初始化	1. 仪器未正确连接 2. 升降杆未复位至下端 3. 传感器工作状态不稳定，电路板损坏	1. 检查电路连接情况 2. 查看是否存在异物阻塞，升降杆复位至下端 3. 清洗滑膛，必要时联系仪器技术人员
升降杆升降异常	1. 升降导向杆未到达下位 2. 传感器损坏	1. 检查导向杆位置 2. 检查传感器线路和机械部分
机械传动异常	1. 样本或试剂针机械传动部分润滑不良或被异物阻挡 2. 传感器与遮光片配合不合理 3. 电路接触不良	1. 对样本或试剂针机械传动部分清洁及上油处理 2. 检查传感器与遮光片 3. 检查电路信号连线

续表

常见故障	故障原因	处理方法
检测结果值偏高	本底增高	1. 重新检测，清洗防护套内壁 2. 清洗更换尼龙头 3. 测试高压甄别阈电路稳定性
垂直电机始终运转	换样控制系统机械传动装置、接口电路或控制电路异常	1. 检查手动换样装置的工作状态等 2. 检查微动开关开闭状态和具体位置

六、放射免疫分析仪的临床应用

放射免疫分析技术灵敏度高、特异性强，常用于测定甲状腺激素、性激素、胰岛素等各种激素，甲胎蛋白、癌胚抗原和糖类抗原等肿瘤标志物，微量蛋白质，药物如苯巴比妥、氯丙嗪和庆大霉素等；还被用于研究新发现的生物活性物质和某些疾病发生及发展的关系。放射免疫分析技术由于存在接触性放射性核素以及测定后放射性废弃物处理等问题，而且近年来酶免疫分析、化学发光免疫分析等其他标记分析技术正在快速发展，从长远看，其有被取代的趋势。但目前放射免疫分析技术以其成熟的技术、较为低廉的检测设备等优势，还将在一定时期内被医学检验实验室所采用。

自测题

一、选择题

1. 酶免疫分析技术用于样品中抗原或抗体的定量测定是基于
   A. 固相化技术的应用，使结合和游离的酶标志物能有效分离
   B. 酶标志物参与免疫反应
   C. 含酶标志物的免疫复合物中酶可催化底物显色，其颜色深浅与待测物含量相关
   D. 酶催化免疫反应，免疫复合物中酶的活性与样品测值呈反比
   E. 酶催化免疫反应，复合物中酶的活性与样品测值无相关性
2. 关于电化学发光免疫分析，下列描述中错误的是
   A. 是一种在电极表面由电化学引发的特异性化学发光反应
   B. 包括电化学反应和光致发光两个过程
   C. 化学发光剂主要是三联吡啶钌
   D. 以磁性微珠作为分离载体
   E. 检测方法主要有夹心法、竞争法等模式
3. 速率散射比浊法之所以比传统的沉淀反应实验大大缩短了时间，主要是因为
   A. 在抗原-抗体反应的第一阶段判定结果
   B. 不需复杂的仪器设备
   C. 速率散射法反应快
   D. 反应的敏感度高
   E. 在抗原-抗体反应平衡时判定结果
4. 微孔板固相酶免疫测定仪器（酶标仪）的固相支持是

A. 玻璃试管 B. 磁性小珠
C. 磁微粒 D. 塑料微孔板
E. 胶乳颗粒

5. 电化学发光免疫分析中，电化学反应在
A. 液相中进行 B. 固相中进行
C. 电极表面上进行 D. 气相中进行
E. 磁铁表面进行

6. 释放 β 射线的核素是
A. ^{125}I B. ^{57}Cr
C. ^{60}Co D. ^{3}H
E. ^{131}I

6. 散射免疫比浊法检测的原理是
A. 测定光线通过反应混合液时，被其中免疫复合物反射的光的强度
B. 测定光线通过反应混合液时，被其中免疫复合物折射的光的强度
C. 测定光线通过反应混合液时，被其中免疫复合物吸收的光的强度
D. 测定光线通过反应混合液时透射光的强度
E. 测定光线通过反应混合液时透光率的大小

7. 酶免疫分析仪的维护重点是
A. 计算机 B. 光学部分，防止滤光片霉变
C. 传动装置 D. 电倍增管
E. 打印机

二、问答题

1. 酶免疫分析仪的基本工作原理是什么？
2. 化学发光免疫分析仪通常有几种类型？各自的工作原理是什么？
3. 免疫比浊分析仪的检测原理是什么？

(邹明静)

第九章 临床微生物检验常用仪器

第九章数字资源

学习目标

1. 掌握　自动血培养系统、微生物自动鉴定及药敏分析系统的工作原理、基本结构与功能。
2. 熟悉　自动血培养系统、微生物自动鉴定及药敏分析系统的临床应用。
3. 了解　自动血培养系统、微生物自动鉴定及药敏分析系统的性能特点。
4. 学会自动血培养系统、微生物自动鉴定及药敏分析系统的使用及日常维护与保养。
5. 能对自动血培养系统、微生物自动鉴定及药敏分析系统的常见故障作出正确的判断并进行初步排除。

第一节　概　述

　　临床微生物检验的主要任务是对临床标本做出病原学诊断与抗菌药物敏感性报告，为临床感染性疾病的诊断和治疗提供依据。过去的临床微生物检验实验室主要沿用传统的微生物学手工鉴定方法，这些方法不仅步骤繁琐，耗费大量的人员、时间与精力，并且在方法学和结果的判定、解释等方面容易因操作人员的主观、片面认识引起检验结果的误差，质量控制难以保证。因此，如何快速、准确地鉴定病原微生物一直是微生物检验的研究热点。

　　随着计算机、微电子学、分子生物学、物理、化学等先进技术的飞速发展并向微生物学交叉渗透，微生物鉴定逐渐向快速化、自动化、微机化的方向不断发展和完善，目前已经出现了许多自动化检测系统。这些快速、准确、敏感、简易、自动化程度高的方法技术，大大缩短了临床检测的工作时间，提高了检测的阳性率和准确性。

　　目前，微生物鉴定的自动化系统大致分为两大类：一类是自动血培养检测和分析系统，主要用于检测临床血液或无菌体液标本中是否有微生物存在，在培养过程中，计算机自动扫描进行连续监测，当培养瓶中有微生物生长代谢导致某些生长指数超标时，仪器自动报警提示有细菌生长；另一类是自动微生物鉴定及药敏分析系统，主要用于进行已分离纯化的微生物鉴定，同时进行药物敏感性试验，将培养基上的可疑致病菌进行纯培养后配制成合适浓度的细菌悬液，加入鉴定卡（板）、药敏卡（板），放入自动微生物鉴定及药敏分析系统中，通过计算机自动扫描、读数、分析，最后报告鉴定及药敏结果。

第二节　自动血培养系统

自动血培养系统主要用于检测临床血液、脑脊液、关节腔液、腹水及胸腔积液等无菌体液标本中有无微生物的存在。菌血症和败血症是临床上严重危及患者生命的疾病，快速、准确地培养并检测出血液中的细菌对感染性疾病的诊断和治疗具有极为重要的意义。特别是在感染的初期或抗生素治疗后，大部分患者血液循环中的细菌数量少，同时与菌血症或败血症有关的细菌种类多、范围广，其毒力、致病性和耐药性各异。因此，提高血培养阳性率，及时、准确地做出病原学诊断显得尤为重要。传统的血培养技术需要检验人员每天观察培养瓶的变化并进行盲目转种，费时、费力，阳性检出率低。随着科学技术的进步和微生物学的发展，出现了许多半自动化和自动化的血培养检测和分析系统，操作简便，用时缩短，阳性检出率大大提高。本节主要介绍目前临床常用的连续检测血培养系统（continuous-monitoring blood culture system，CMBCS）。

知识链接

自动血培养仪的发展史

从 20 世纪 70 年代至今，血培养技术的发展经历了观察指标从肉眼观察到放射性标记、再到非放射性标记；操作从手工操作到半自动、再到全自动；结果判断从终点到连续判读、出现阳性结果随时报告几个阶段。到目前为止，血培养仪的发展已经历了 3 代。第一代采用放射性 ^{14}C 标记血培养肉汤中碳源，若有微生物生长便可分解碳源产生 $^{14}CO_2$，用 γ 计数仪对 $^{14}CO_2$ 的含量进行检测，表示为生长指数（GI）；第二代培养基中不含放射性物质，检测 CO_2 非放射性的红外光谱仪，检测速度更快，操作更灵活；第三代采用光电原理监测的血培养系统，其工作原理是微生物在代谢过程中必然会产生代谢产物 CO_2，引起培养基 pH 及氧化还原电位改变，利用光电比色检测血培养瓶中某些代谢产物量的改变，可判断有无微生物生长。

一、自动血培养系统的工作原理

自动血培养系统的工作原理主要是利用放射性物质标记、二氧化碳感受器、荧光技术及压力检测等技术对微生物培养基（液）中细菌、真菌生长过程中所导致的培养基（液）中的混浊度、pH、代谢终产物 CO_2 的浓度、荧光标记底物或其他代谢产物的变化进行连续、无损伤瓶外监测，定性地检测微生物的存在。目前已有多种类型的自动血培养系统应用在临床微生物实验室，根据其检测原理的不同可分为以下三类。

（一）以检测培养基导电性和电压为基础的血培养系统

培养基中含有不同电解质使得其具有一定导电性。微生物在生长代谢过程中产生的质子、电子和各种带电荷的原子团（如在液体培养基中 CO_2 反应后变成 HCO_3^-）可使培养基的导电性和电压发生改变，通过电极连续检测培养基的导电性或电压变化可判断培养基中有无微生物生长。

(二)以测压原理为基础的血培养系统

许多微生物在生长繁殖过程中常伴有消耗或产生气体的现象,导致培养瓶内的压力发生变化,通过检测培养瓶内压力的改变可判断培养基中有无微生物生长。

(三)以光电原理监测为基础的血培养系统

以光电原理进行监测的血培养系统是目前国内外应用最广泛的自动血培养检测系统。微生物在生长繁殖过程中必然会产生终末代谢产物CO_2,导致培养基的pH、氧化还原电势或荧光物质的改变,利用光电比色检测血培养瓶中这些代谢产物量的变化可判断培养基中有无微生物生长。

要点提示:自动血培养系统的工作原理。

二、自动血培养系统的基本结构与功能

自动血培养系统的仪器型号较多,外观各有差异,但工作原理相似的同类仪器结构也基本相同。目前,临床常用到的自动血培养系统主要由培养瓶、培养仪和数据管理系统三部分组成。

(一)培养瓶

培养瓶为一次性无菌培养瓶,瓶内为负压,可配合一次性无菌真空采血器使用。根据培养要求的不同,如微生物对营养和气体环境的要求不同、受检者的年龄和体质不同及培养前是否使用抗菌药物等因素,可灵活选择不同类型的培养瓶,极大地提高了标本的阳性检出率。常用的血培养瓶种类(图9-1)包括需氧培养瓶、厌氧培养瓶、小儿专用培养瓶、分枝杆菌培养瓶、高渗培养瓶与中和抗生素培养瓶等。培养瓶采集标本后应立即送检,由检验人员扫描培养瓶上条形码,录入培养瓶上标本信息后放入血培养仪中培养检测。常用的血培养瓶的使用方法见表9-1。

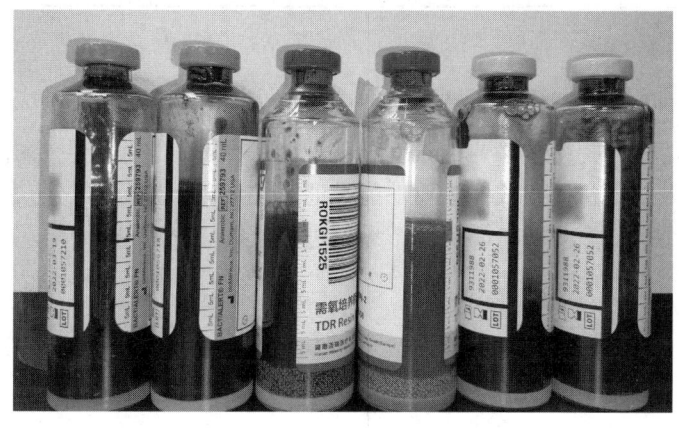

图 9-1　不同类型培养瓶

表9-1 常用血培养瓶使用方法

名称	采血量（ml）	培养基体积（ml）	适用标本
成年人需氧菌培养瓶	3～10	25	未使用过抗生素患者的标本
成年人厌氧菌培养瓶	3～10	25	未使用过抗生素患者的标本
中和抗菌药物需氧菌培养瓶	3～10	25	已使用过抗生素患者的标本
中和抗菌药物厌氧菌培养瓶	3～10	25	已使用过抗生素患者的标本
儿童需氧菌/厌氧菌培养瓶	1～3	25	儿童或其他采血困难者的标本

（二）培养仪

培养仪由培养系统与检测系统组成。培养瓶放入仪器后进行振荡恒温培养并定期监测和判断培养瓶的状态。血培养仪的基本组成见表9-2。

表9-2 血培养仪的基本组成

名称	功能
电源开关	控制仪器打开和关闭
显示屏	显示培养瓶和系统信息，用于操作者输入、选择数据的触摸屏
条码阅读器	用于装入或卸出培养瓶时扫描条形码，确认培养瓶
键盘	提供另一种输入方式，作为触摸屏或条形码阅读器输入失败时使用
压缩驱动器	允许将系统资料制成压缩资料磁盘
内部温度监测器	监测培养仪内部温度，预设温度为35～37℃
孵育箱	每个孵育箱由标有不同的名称的抽屉组成，每个抽屉由一定数量的瓶架组成，提供细菌生长繁殖所需要的温度
瓶位	装载并监测培养瓶，仪器培养瓶容量常分为60瓶、120瓶、240瓶等
指示灯	主灯、抽屉指示灯、单元指示灯
接口	如数据柜接口、微机接口、打印机接口、调制解调器接口、实验室信息系统（LIS）接口等

（三）数据管理系统

仪器均配有计算机，提供了必要的数据管理功能。数据管理系统主要由主机、监视器、键盘、条形码阅读器及打印机等组成。主要功能是通过条形码识别标本，计算、分析细菌生长曲线，判断阴、阳性结果，记录和打印检测结果，进行数据储存和分析等。

要点提示：自动血培养系统的基本结构与功能。

三、自动血培养系统的性能

目前临床广泛使用的第三代自动血培养系统具有以下性能特点。

1. 培养基种类多且营养丰富 根据微生物对营养和气体环境的要求不同、受检者的年龄和体质不同及培养前是否使用抗菌药物等因素设计，且瓶内空间充有合理的混合气体，无须外界气体，具有检测灵敏度高、检出病原菌的种类多、污染少等特点，使阳性率大大提高。

2．抗生素中和培养瓶中和样本中的抗生素 抗生素中和培养瓶能有效中和体液中残留抗生素，使微量细菌有效生长而提高阳性率，且培养瓶多采用不易碎材料制成，提高了使用的安全性。

3．恒温放置振荡培养 使细菌易于生长，培养速度大大提高。

4．避免污染 真空定量自动采血，避免采样污染；采用非侵入性、封闭式的瓶外检测方式，避免了标本之间交叉污染。

5．自动连续监测 发现阳性瓶及时报警，缩短了检出细菌生长的时间，保证了阳性标本检测的快速、准确。

6．使用条形码置瓶和取瓶 避免错置和错取培养瓶。错误瓶自动识别报警，避免操作失误、错置瓶位，保证培养瓶和申请单一致。查询患者结果时，只需用条码阅读器扫描报告单上的条码，即可直接查询到患者的检测结果及生长曲线。

7．多个仪器培养瓶位 常有60、120、200、400个不等的仪器培养瓶位，可满足不同医院患者使用量的要求。操作时，培养瓶可随时放入培养系统，并进行追踪检测。

8．检测范围广泛 不仅可以对血液标本里的微生物进行检测，同时也可以用于临床上所有无菌体液，如骨髓、胸腔积液、腹水、脑脊液、关节液、穿刺液、心包积液等的微生物培养检测。

9．数据处理功能较强 数据管理系统随时监测感应器的读数，自动判断标本的阳性或阴性，并可进行流行病学的统计分析。同时有强大的患者资料录入、查询、统计等功能。

四、自动血培养系统的操作流程、维护与常见故障处理

（一）自动血培养系统的操作流程

自动血培养系统型号众多，使用方法有异，基本的操作流程如下。

1．采样 按照《临床微生物学血培养操作规范》规定采集血样（或其他标本）接种于血培养瓶内。

2．开机 打开仪器电源开关，仪器启动后进入工作模式。

3．置入培养瓶 做好记录后，点击仪器屏幕中"加载培养瓶"的按钮，扫描培养瓶上的条形码，按照仪器的提示放入培养箱指定位置，点击"确定"按钮，完成培养瓶的装载。

4．取出培养瓶 仪器界面有阳性提示时，点击"卸载阳性瓶"按钮，打开培养箱，按提示的位置取出阳性瓶，点击"确认"按钮，完成阳性瓶的取出。阳性培养瓶取出后，须转接种培养皿，进行微生物鉴定和药敏分析试验。仪器界面有阴性提示时，点击"卸载阴性瓶"按钮，打开培养箱，按提示的位置取出阴性瓶，点击"确认"按钮，完成阴性瓶的取出。培养瓶持续培养5天后未发现微生物生长可直接发出阴性培养结果检测报告。

5．关机 做好仪器的维护和保养，关闭仪器电源。

（二）自动血培养系统的维护

自动血培养仪是精密检验仪器，运输和储存时均应小心，其对运行环境要求高，要求适宜的温度与湿度、稳定的电压，避免灰尘与阳光直射、腐蚀性液体与气体、震动和强烈电磁场干扰。硬盘上的重要数据应用硬盘备份保护。主机部分的维护和保养按照要求进行。由厂家每年进行1次全面保养及检测。

（三）自动血培养系统的常见故障与处理

1. 温度异常（过高或过低） 可能的原因：①仪器门打开频繁、打开时间过长或仪器门未关紧，需要尽量减少打开的次数和时间，确保仪器门的紧闭；②仪器工作环境的温度过高或太低，须保证放置仪器的实验室温度适宜；③仪器的空气过滤器堵塞，须定期进行清理维护。

2. 瓶孔被污染 孵育箱内的培养瓶破裂或泄漏，须按仪器要求及时进行清洁和消毒处理。

3. 数据管理系统与培养仪失去联系或不工作，数据检测失败 可能是连接出了问题导致信息交流不畅、系统软件或硬件出错。用户应做数据备份，必要时重新安装系统软件或者重新培养。

4. 仪器对测试中的培养瓶出现异常反应 有的仪器在运行时，其测定系统无法找到一个已置入瓶孔的培养瓶，认为某一瓶孔目前是空的。可能是培养瓶未扫描条码就放入仪器或扫描后未放入指定的瓶孔中。须查找出该瓶孔位置，重新扫描条码后，再置入正确的瓶孔中。

五、自动血培养系统的临床应用及注意事项

血培养是诊断血液感染的金标准，能直接从血液及无菌体液标本中检出病原菌，为临床医生提供准确、直观的病原学检测结果，对疾病的诊断和治疗具有极其重要的意义。在使用自动血培养系统时要注意几个问题。

1. 血培养的适应证 ①发热（＞38 ℃）或体温过低（＜36 ℃）；②白细胞增多；③粒细胞减少；④低血压；⑤局部感染、肺炎、尿路感染、脑膜炎等；⑥免疫功能低下的患者等。

2. 培养瓶的选择 患者未使用抗生素时一般选择需氧菌培养瓶，已经使用抗生素则选用可中和血液中抗生素的培养瓶。如果怀疑厌氧菌、L 型菌、真菌、分枝杆菌感染，则分别选用厌氧菌培养瓶、L 型菌培养瓶、真菌培养瓶、分枝杆菌培养瓶。

3. 采血时间 对入院患者中高热、寒战、白细胞增多或疑有感染者，最好在使用抗菌药物前采血，对已经使用抗菌药物的患者，最好在下次用药前采血。

4. 采血量 采血量对于血培养的检测非常重要。成年人每瓶采血量 8～10 ml 为最佳，小儿每次采集 1～3 ml 即可。推荐患者短时间内采集 2～3 套血培养，每套同时接种需氧瓶和厌氧瓶，有利于微需氧菌和厌氧菌的检出。特别是怀疑患者存在持续性菌血症（如感染性心内膜炎）时，要有间隔地（如 24 小时内）完成多套血培养采集。采血困难者或婴幼儿血培养一般只抽一瓶需氧瓶进行培养，无需常规做厌氧瓶。

5. 采血方法 采集应严格遵守无菌操作。根据检验申请单，选择合适的血培养瓶，用消毒剂消毒瓶塞，待干；再使用消毒剂对穿刺部位皮肤进行严格的消毒处理，消毒范围直径为 5 cm 以上，自然干燥；持采血针按常规方法刺入静脉（一般为肘静脉），另一头接血培养瓶，利用瓶内真空抽取血标本（使用采血针采血时应先采集需氧瓶，后采集厌氧瓶，使用注射器采血时则反之）。采集后将血培养瓶轻轻颠倒混匀，防止血液凝固。

6. 标本送检 血培养采样后在瓶身粘贴条形码，同时注明采样时间与送检时间。由专人使用专门的容器运输至微生物实验室核收，一般不得超过 2 小时。不能及时送检时应置于室温下保存，切忌将培养瓶冷藏或冷冻。

7. 结果认定 对于仪器报警为阳性或阴性的血培养瓶，应及时取出，转种观察培养基上有无微生物生长以确定检测结果。

8. 结果报告 血培养阳性结果报告流程为：仪器报警为阳性时，将血培养瓶及时取出后接种至血平板培养并进行革兰氏染色，并将染色结果报告临床医生，以供参考；将阳性报警的血培养瓶中的标本直接涂布接种至水解酪蛋白琼脂（MHA）平板，并根据革兰氏染色结果选

择合适的抗生素进行 K-B 纸片法药敏试验，第 2 天初步报告药敏试验的结果；同时，第 2 天挑取血平板上生长的菌落进行微生物鉴定及药敏分析，第 3 天将正式的微生物鉴定及药敏检测结果报告发出。对于仪器报警为阴性的血培养瓶，需要及时取出，混匀后将标本接种至血平板上进行终末传代，培养后无细菌生长可认定为阴性结果并发送报告。

第三节　微生物自动鉴定及药敏分析系统

微生物自动鉴定及药敏分析系统主要用于帮助微生物实验室向临床提供快速、准确的微生物鉴定及高质量的药敏分析结果。目前已经出现了许多微生物自动鉴定及药敏分析系统，这些自动化系统结合了先进的计算机技术。相比较于传统的手工鉴定方法，微生物自动鉴定及药敏分析系统具有特异性高、敏感度强、重复性好、操作简便、检测速度快且自动化程度高等特点，已广泛应用于临床微生物实验室。其主要功能包括微生物鉴定、药物敏感性试验及最低抑菌浓度（minimum inhibitory concentration，MIC）的测定等，准确性和可靠性均已大大提高。

> **知识链接**
>
> **微生物自动鉴定及药敏分析系统的发展史**
>
> 20世纪70年代以后，随着微生物学和工程技术的发展结合，许多微量快速培养基、微量生化反应系统和自动化检测仪器被逐步发明，使原来的手工操作实现了自动化和机械化。20世纪80年代到90年代发展迅速，并广泛用于临床。1985年，第一台自动化细菌分析仪器 Vitek-AMS 进入我国并成功使用。1999年底，法国梅里埃公司推出 VITEK 2 系统，在接种物稀释、密度计比较及卡冲填和封卡等步骤均实现了全自动化。目前已有多种微生物自动鉴定及药敏测试系统问世，如 VITEK、MicroScan、PHOENIX、Sensitire、Biolog 等。这些自动化系统具有先进的微机系统、广泛的鉴定功能，适用于临床微生物实验室、卫生防疫和商检系统。

一、微生物自动鉴定及药敏分析系统的工作原理

（一）微生物自动鉴定原理

微生物自动鉴定的工作原理因仪器和系统的不同而有所差异。不同的细菌对底物（糖类、蛋白质、氨基酸及无机盐）的分解代谢能力不同以及酶的存在试验等特性是生化反应鉴定细菌的基础，通过判断细菌分解底物后反应体系 pH 的变化、色原性或荧光原性底物的酶解、测定挥发或不挥发酸，或者识别细菌是否生长等方法来判断反应的阴性或阳性。微生物数码鉴定法就是通过数学的编码技术将细菌的生化反应模式转换成数字模式，给每种细菌的反应模式赋予一组数字编码，建立数据库或编成检索本。通过对待检菌进行有关生化试验并将生化反应结果转换成数字（编码），查阅数据库或检索本，得到待检菌名称及鉴定百分率（ID%）。

微生物自动鉴定系统的鉴定卡通常包括常规革兰氏阳（阴）性卡和快速荧光革兰氏阳（阴）性卡两类，其检测原理有所不同。常规革兰氏阳（阴）性卡对各项生化反应结果的判定是根据比色法的原理，系统以各孔的反应值作为判断依据，组成数码并与数据库中已知分类单位相比较，获得相似系统鉴定值；快速荧光革兰氏阳（阴）性卡则根据荧光法的鉴定原理，通

过检测荧光底物的水解、荧光底物被利用后的 pH 变化、特殊代谢产物的生成和某些代谢产物的生成率来进行菌种鉴定。

（二）抗生素敏感性试验检测原理

自动化抗生素敏感性试验使用药敏测试板（卡）进行测试，实质就是微型化的肉汤稀释试验。每一块药敏测试卡（板）上包含多种抗菌药物（可分为革兰氏阳性、革兰氏阴性和真菌等组合），每一种药物包含 3～8 个稀释梯度，在测试卡中加入一定浓度的菌悬液，放入仪器中进行孵育。仪器每隔一定时间自动测定细菌生长的浊度，或者测定培养基中荧光指示剂的强度或荧光原性物质的水解，观察细菌的生长情况，仪器在分析、读取最低抑菌浓度（MIC）值后，经计算机分析比对得出药物敏感试验结果：敏感"S（sensitive）"、中度敏感"MS（middle-sensitive）"和耐药"R（resistance）"。

药敏测试板也分为常规测试板和快速荧光测试板两种。常规测试板采用的是比浊法；快速荧光测试板采用的是改良的微量肉汤稀释 2～8 孔，在每一反应孔内加参考荧光底物，若细菌生长，表面特异酶系统水解荧光底物，激发荧光，反之无荧光。以无荧光产生的最低药物浓度为最低抑菌浓度（MIC）。

> **要点提示**：微生物自动鉴定及药敏分析系统的工作原理。

二、微生物自动鉴定及药敏分析系统的基本结构与功能

（一）测试板（卡）

测试板（卡）是微生物自动鉴定及药敏分析系统的工作基础，包括细菌鉴定板（卡）和药敏试验板（卡），两者一般配套使用。常见的测试板（卡）包括革兰氏阳性菌鉴定板（卡）、革兰氏阴性菌鉴定板（卡）、革兰氏阳性菌药敏试验板（卡）和革兰氏阴性菌药敏试验板（卡），有些系统还配有检测厌氧菌、酵母菌、嗜血杆菌等菌种的特殊鉴定板（卡），以及多种不同菌属的药敏试验板（卡）等。可根据分离培养、革兰氏染色结果选用合适的测试板（卡）。测试板（卡）上附有条形码，上机前扫描条形码可被系统识别，防止标本混淆。

（二）菌液接种器

大部分自动微生物鉴定及药敏分析系统配有自动接种器，大致可分为真空接种器和活塞接种器，常用的是真空接种器。仪器一般都配有标准麦氏浓度比浊仪，将待检菌制备成悬液，用比浊仪测定菌液浊度，将菌液调到合适的浓度，接种于测试板（卡）。

（三）培养和监测系统

测试板（卡）接种菌液后扫描条形码放入孵育箱中进行培养。监测系统每隔一定时间对每孔的吸光度或荧光物质的变化进行检测。快速荧光测定系统可直接对荧光测试板各孔中产生的荧光进行测定，并将荧光信号转换成电信号，数据管理系统将这些电信号转换成数码，与已储存在数据库中的对照值相比较，从而推断出菌种的类型及药敏结果。常规测试板则直接检测电信号，从干涉滤光片过滤的光通过光导纤维导入测试板上的各个测试孔，光感受二极管测定通过每个测试孔的光量，产生相应的电信号，从而推断出菌种的类型及药敏结果。

（四）数据管理系统

数据管理系统进行实时监测，始终保持与孵育箱/读数器、打印机的联络，调控孵育箱温度，自动定时读数，负责数据的转换及分析处理。当反应完成时，计算机自动打印报告，并可进行菌种发生率、菌种分离率、抗生素耐药率等流行病学统计。部分仪器还配有专家系统，可根据药敏结果提示待测菌的多重耐药机制，对药敏试验的结果进行"解释性"判读。

要点提示：微生物自动鉴定及药敏分析系统的基本结构与功能。

三、微生物自动鉴定及药敏分析系统的性能与评价

目前大多数微生物自动鉴定及药敏分析系统具有以下性能特点。

1. 使用商品化的一次性测试板（卡），避免交叉污染，测试板（卡）上的条形码提供了最大可追溯性。
2. 自动化程度高，可自动加样、联机孵育、定时扫描、读数、分析、打印报告，对比繁琐的传统手工鉴定方法可大大节省人力和减少人为误差。具有 LIS 联网接口，方便临床第一时间查询到检测结果。
3. 检测速度快，最快 6~8 小时就能发出细菌鉴定和药敏报告，快速荧光测试板在 2~4 小时内即可得到鉴定结果，常规测试板的鉴定时间一般为 18 小时。
4. 鉴定范围广，包括需氧菌、厌氧菌、真菌鉴定，以及药物敏感性试验、最低抑菌浓度测定。药敏试验板抗菌药组合种类多，可根据需要选用。
5. 标准麦氏浓度比浊仪控制菌液浓度，保证结果的准确性和重复性。
6. 操作设计简便，细菌鉴定和药物敏感性试验可同时进行，省时省力。
7. 密闭处理，极大程度保证了实验室的生物安全。
8. 系统具有完善的细菌资料库，能鉴定的细菌种类多，可进行数十种甚至上百种抗生素敏感性试验。
9. 数据处理软件功能强大，可根据需要自动对完成的鉴定样本及药敏试验做出统计分析和生成统计学报告，且软件可以不断进行升级，检测功能和数据统计功能不断更新，使设备不易老化。
10. 具有可靠的专家系统，能根据鉴定的细菌结果对药敏结果进行适当修正，为临床提供可靠的培养报告；或者提醒工作人员对鉴定结果、药敏结果进行重复试验，修正结果或发现罕见的耐药表型。
11. 设有内部质控系统，保证仪器的正常运行。

四、微生物自动鉴定及药敏分析系统的操作流程、维护与常见故障处理

（一）微生物自动鉴定及药敏分析系统的操作流程

微生物自动鉴定及药敏分析系统型号众多，使用方法有异，基本的操作流程如下。

1. 测试板（卡）准备　根据待检菌涂片革兰氏染色的结果，选择合适的细菌鉴定板（卡）和药敏试验板（卡）。在测试板（卡）上标记标本号码，有些还需要标记触酶、凝固酶、氧化酶及乙型溶血记号。

2. 菌悬液配制 根据需要，用配套的试剂将待检菌配制成合适浓度的菌悬液，用标准麦氏浓度比浊仪测定菌悬液浓度。

3. 开机 打开检验信息录入工作站电源，仪器完成自检后进入操作程序。

4. 接种菌液及封口 在规定的时间内应用菌液接种器完成接种，完成后进行封口。

5. 打开鉴定仪 按要求设置好参数，仪器完成自检后进入检测程序。

6. 孵育和测试 仪器自动检测、读取样品信息，并将卡片送入孵育检测单元。读数器定时对卡片进行扫描并读数，记录动态反应变化。当卡内的终点指示孔达到临界值则表示实验完成。

7. 结果报告并打印 鉴定及药敏分析完成后，检测数据自动传入数据管理系统进行计算分析，结果经检验人员审核后即可打印报告。

（二）微生物自动鉴定及药敏分析系统的维护

1. 仪器应安装在避免阳光直射的环境，要求温度、湿度适宜。
2. 应严格按照仪器操作手册进行开、关机及各种操作，防止因操作不当造成设备损伤和信息丢失。
3. 建立仪器使用、故障及维修记录。
4. 做好实验台面及仪器的清洁、消毒工作，定期进行仪器保养。
5. 定期对比浊仪进行校正，用 ATCC 标准菌株对测试板（卡）及试剂进行测试，并做好质控记录。
6. 定期由工程师进行全面保养，并排除故障隐患。

（三）微生物自动鉴定及药敏分析系统的常见故障与处理

当仪器出现故障时，系统会发出声音警报和（或）可视警报提醒。一般根据系统提示可排除故障，如无法处理时应联系专业维修人员进行检查维修。

1. 孵育箱内温度异常，可能是环境温度异常、散热通道阻塞等。检查仪器环境温度是否在正常范围内，清理仪器散热通道等，直至排除故障。
2. 条形码读数错误，可使用仪器显示系统的数字键盘输入标本信息。
3. 孵育箱内载板架转动异常，可打开孵育箱门检查测试板（卡）装载位置是否正确，检查有无阻塞物，根据提示去除阻塞物。
4. 填充测试卡时出现警报，根据系统提示应立即终止操作，先检查填充门是否能关闭；不能关闭时，应选择删除测试卡 ID，放弃测试卡，再根据用户使用说明进行错误信息处理。填充完成后，测试卡架装载至装载箱中时出现警报，应删除测试卡 ID，放弃测试卡。

五、微生物自动鉴定及药敏分析系统的临床应用及注意事项

微生物自动鉴定及药敏分析系统可对临床分离的细菌进行菌种鉴定和耐药性分析试验，对临床医生合理选择抗菌药物、控制院内感染和耐药菌株的流行等具有重要的意义。在使用时要注意几个问题。

1. 测试板（卡）与配套试剂的保存 测试板（卡）与配套试剂应放在冰箱冷藏保存，使用前从冰箱取出恢复室温。

2. 菌液配制 配制菌液时最好选择血平板上新鲜的细菌，要保证细菌的纯度，避免杂菌的干扰。菌液要用比浊仪将浓度控制在规定的范围内，一般为 0.5 麦氏浊度。

3. 菌液接种与培养 测试板（卡）接种菌液后要尽快密封放入孵育箱中进行培养和检测，

在放入前须扫描鉴定板（卡）和药敏板（卡）上的条形码。

4. 结果审核与报告 单一良好的细菌鉴定结果无需进行补充试验，可直接传输到 LIS；仪器如果给出两个及两个以上结果，须进行补充试验，选择正确的鉴定结果；不能鉴定或无法确定的结果，须查找原始分离平板，确认所分离细菌是否为纯培养、菌龄是否适当、菌液浓度是否足够。必要时重新分离进行鉴定试验。药物敏感性试验结果由检验人员审核后发出。

自测题

一、选择题

1. 自动血培养系统的工作原理不包括
   A．自动监测培养基中混浊度的变化
   B．自动监测培养基中 pH 的变化
   C．自动监测培养基中温度的变化
   D．自动监测培养基中荧光标记底物的变化
   E．自动监测培养基中代谢产物的变化

2. 第三代自动血培养系统具有的性能特点应除外
   A．以连续、恒温、振荡方式培养
   B．培养瓶多采用不易碎材料制成
   C．封闭式非侵入性的瓶外自动连续监测，阳性结果报告及时
   D．设有内部质控系统
   E．培养瓶不可随时放入培养系统

3. 男性，28 岁，因全身性感染伴高热需要抽血做血培养和抗生素敏感试验，最佳采血时间应是
   A．寒战、高热时，抗生素使用前　　B．空腹时
   C．发热间歇期　　　　　　　　　　D．静脉滴注抗生素时
   E．抗生素使用后

4. 微生物自动鉴定系统的工作原理是
   A．光电比色原理　　　　　　　　　B．荧光检测原理
   C．化学发光原理　　　　　　　　　D．微生物数码鉴定原理
   E．呈色反应原理

5. 自动化抗生素敏感性试验的实质是
   A．K-B 法　　　　　　　　　　　　B．琼脂稀释法
   C．肉汤法　　　　　　　　　　　　D．扩散法
   E．微型化的肉汤稀释试验

6. 微生物自动鉴定及药敏分析系统的基本结构不包括
   A．培养瓶　　　　　　　　　　　　B．测试板（卡）
   C．菌液接种器　　　　　　　　　　D．培养和监测系统
   E．数据管理系统

7. 微生物自动鉴定及药敏分析系统不具有的性能特点是
   A．自动化程度较高
   B．检测速度慢

C．具有较大的细菌资料库
D．数据处理软件功能强大
E．功能范围广，包括需氧菌、厌氧菌、真菌鉴定及细菌药物敏感试验、最低抑菌浓度测定

二、问答题
1．简述自动血培养仪检测系统的工作原理。
2．简述微生物自动鉴定和药敏分析系统的检测原理。

（刘湘祁）

第十章 临床细胞分子生物学检验常用仪器

第十章数字资源

学习目标

1. 掌握 流式细胞仪、PCR 核酸扩增仪及 DNA 测序仪的基本原理、基本结构。
2. 熟悉 临床细胞分子生物学检验常用仪器设备及其操作流程和临床应用。
3. 了解 新技术在临床细胞分子生物学检验中的应用前景。
4. 能够学会流式细胞仪、PCR 核酸扩增仪的使用以及其结果解读、仪器维护。

细胞是生命的基本单位，细胞中的生物分子如蛋白质、糖类、脂类、核酸等是构成生命的基础物质。人类疾病是细胞病变的综合反映，会引起细胞中各种组分的改变，从整体水平、生化水平到细胞水平或分子水平均发生变化。而细胞或细胞内分子水平发生改变往往处于疾病的早期，甚至是在疾病尚未对细胞代谢产生某种影响的情况下就已经产生。因此，检测细胞内分子水平的变化是早期诊断疾病的重要手段。为了从细胞分子水平深入研究疾病的发病机制、揭示疾病本质、探讨有效治疗方法等，临床上常采用流式细胞技术、PCR 核酸扩增技术、DNA 或蛋白质测序技术、生物芯片等检测细胞中各种生物分子。

第一节 流式细胞仪

流式细胞仪（flow cytometer，FCM）是一种对细胞进行自动分析和分选的新型高科技仪器，其以激光为光源，集激光技术、光电测量技术、电子物理技术、计算机技术、细胞荧光化学技术和单克隆抗体技术等为一体。流式细胞仪可快速测量、存储、显示悬浮在液体中分散细胞的一系列重要的生物物理、生物化学方面的特征参量（细胞大小、形态、胞浆颗粒化程度、DNA 含量、总蛋白含量、细胞膜完整性和酶活性等），并可以根据预选的参量范围把指定的细胞亚群从中分选出来。随着流式细胞技术的日趋成熟，以及新试剂、新方法的不断开发和利用，流式细胞仪凭借其独特的检测原理和强大的荧光抗体技术在临床疾病的早期诊断中发挥着不可替代的作用。

一、流式细胞仪的类型

（一）根据流式细胞仪有无细胞分选功能

根据流式细胞仪有无细胞分选功能可将其分为流式细胞分析仪（临床型）和流式细胞分

析分选仪（科研型）。流式细胞分析仪具有分析功能，仪器的光路调节系统固定，自动化程度高，操作简单，适用于临床。流式细胞分析分选仪具备分析和分选双重功能，可快速将所感兴趣的细胞分选出来，并可将单个或指定个数的细胞分选到特定容器里，分辨率高，多激光、高配置，更适用于科学研究。

（二）根据流式细胞仪结构不同

根据流式细胞仪的结构不同可将其分为一般流式细胞仪（零分辨率流式细胞仪）和狭缝扫描流式细胞仪（高分辨率流式细胞仪）。一般流式细胞仪的激光光斑为椭圆形，光斑直径大于被检细胞直径，仅能提供细胞内某种生化成分参数，但不能对细胞形态和亚细胞形态进行分辨。狭缝扫描流式细胞仪激光光束为一条线状扁平光斑，直径为 3～5 μm，光斑直径小于被检细胞直径，细胞通过光束时各部分被一次扫描，据其荧光信号的先后之分，可得到一维细胞轮廓组方图，可计算出细胞直径大小、核直径大小、核浆比例等一系列形态学信息的定量资料。并且，狭缝扫描流式细胞仪的光信号探测器可分别在三维空间的三个坐标轴方向设置，可得到细胞的三维轮廓图。

二、流式细胞仪的工作原理与结构

（一）流式细胞仪的工作原理

流式细胞仪的工作原理借鉴了荧光显微镜的激发光源技术，其所使用的激光具有更好的单色性与激发效率，同时利用荧光染料与单克隆抗体技术，提高了检测灵敏度和特异性，检测标本为流动的单细胞悬液，并用计算机进行光信号的数据处理分析，提高了检测速度与统计分析的精确性能。因此，流式细胞仪能同时从一个细胞上获取多种参数资料。

1. 分析原理 按检测需要将特异性荧光染料染色后的单细胞悬浮液（待测细胞）放入样品管中，细胞在气体压力作用下经管道进入充满鞘液的流动室，形成鞘液包裹细胞的稳态单细胞液柱。此液柱以稳定的层流形式由喷嘴高速喷出，与水平方向高度聚焦的激光束垂直相交，其相交点则为测量区。单个细胞上标记的荧光染料通过激光器激发出特异荧光信号，混合细胞群中因细胞大小和胞内颗粒多少不同而产生不同的散射光信号。荧光信号和散射光信号分别由荧光检测系统和散射光检测系统收集信号，再经呈 90° 方向放置的光电倍增管（PMT）将信号放大，经计算机系统进行数据转换、储存、分析和处理，按不同检测设计相应软件程序对结果进行综合分析，即可得到细胞大小、活性、核酸含量、酶、抗原性质等信息。

2. 分选原理 流式细胞仪根据所测定的各个参数将指定的细胞从细胞群中分离出来的功能称为分选功能。流式细胞仪的分选方法分为通道式和电荷式两种，现常用电荷式分选方法。在流式细胞术检测细胞表型的基础上，使用充电分选技术以实现多种特定表型细胞的分离。即在流动室喷口上方压电晶体上加上高频信号，使之产生同频率的机械振动，流动室也产生同频率的振动，流经的液流形成上段连续、下段独立的液滴，系统在测量区判断断点处液滴是否是目标细胞，应该分选到哪一路，并给液滴带上相应的电荷。由于各类细胞的特征信息已经在光学检测区被测量并储存，因此当某类细胞的性质符合分选的条件时，FCM 就在形成液滴时给含有此类细胞的液滴充以特定的电荷。带有电荷的液滴经过电压场后便发生偏转，落入到相应的收集管中；而不符合分选条件的含细胞液滴及不含细胞的空白液滴不带电荷，不发生偏转，垂直落入废液槽中被排出，从而达到细胞分类收集的目的。

要点提示：流式细胞仪的基本原理。

（二）流式细胞仪的结构

分析型流式细胞仪的结构包括液流系统、光学系统、信号检测分析系统、数据分析与显示系统；而分选型流式细胞仪在此基础上多一个分选系统。

1. 液流系统 由样本流和鞘液流组成。流动室是 FCM 的核心部件，其主要功能是让样本流和鞘液流在此汇合并形成细的液流，使细胞得以按单个串状排列形式通过。待测细胞被制备成单细胞悬浮液，经特异荧光染料染色后置入样品管中，在大于鞘液压力作用下经特定管道进入流动室形成样本流；鞘液在压力作用下流经专门通道进入流动室。鞘液是辅助样本流而被正常检测的基质液，其主要作用是包裹在样本流的周围，使样本流处于液流的轴线方向，并保持其处于喷嘴中心位置，以保证每个细胞经过激光照射区时，位置正确和时间相等，同时又防止样本流中细胞靠近喷孔壁而堵塞喷孔，从而保证检测结果的准确性。

2. 光学系统 包括激发系统和收集系统，由激光器、透镜、光镜、滤光片和光电倍增管（PMT）等组成。

（1）光学激发系统：由激光器和透镜组成。激光器发出的光源是一种高强度、高稳定性的单波长光源，现代流式细胞仪多采用气冷式氩离子激光器。激发光源通过透镜后聚焦，固定于检测点上，样本流中经荧光染色后的细胞经激光照射后，如果荧光素刚好可被此波长的激光激发，荧光素则产生荧光信号，而不含此荧光素的细胞则产生散射光信号。细胞产生的荧光信号向四周发射，但为了检测方便，荧光信号在与激光光源方向同一水平面并与其呈 90° 的方向被检测。散射光信号为固有参数，包括前向散射光（forward scatter，FSC）和侧向散射光（side scatter，SSC）。FSC 与细胞大小有关，SSC 与细胞颗粒性及其内部复杂程度有关。

（2）光学收集系统：由收集透镜、一系列光镜和滤光片组成。收集透镜采集细胞的荧光信号、FSC 和 SSC 信号。FSC 被收集透镜收集后直接被送至光电二极管转换成电流并被记录；荧光和 SSC 被收集透镜收集后，经过分色镜和滤光片改变光的方向后再进入不同的 PMT，一个 PMT 为一个检测通道。滤光片位于 PMT 前，仅允许很窄范围波长的光信号通过，从而进入相应的 PMT。FCM 利用滤光片的不同组合来达到分离各种光信号的目的。

3. 信号检测分析系统 主要将光信号转变为电信号，并将其放大后进行检测。流式细胞仪两种主流的检测器为光电二极管和光电倍增管（PMT）。光电二极管用来检测 FSC 等强信号，PMT 比光电二极管更敏感，主要用来检测荧光素发出的微弱荧光。放大电信号的方式有增强电压和增大电流两种。荧光信号和散射光信号经 PMT 转变为电信号时以电子脉冲或电子波的形式被计算机系统接收，进而进行分析。电子波的高度、宽度或面积三参数可反映光信号的大小。目前，多数流式细胞仪默认以面积参数来表示光信号大小，但在某些特殊情况下（如分析粘连细胞）则需要用高度或宽度来表示。

4. 数据分析与显示系统 主要由计算机及其软件组成，能使实验分析数据的存储、显示和分析更具智能化和自动化。流式细胞仪可达每秒上万细胞的分析速度，每个细胞包含 FSC、SSC 等基本信号，荧光染色细胞还有荧光信号。信号又有高度、宽度、面积等多种表现形式。必须采取有效的数据分析才能从如此多的信息中筛选出有价值的信息。流式数据分析中最常采用的技术手段是设门或圈门。设门指在细胞分布图中，指定一个范围（门），将门内的细胞应用在其他图中进行进一步分析。门的种类有很多，包括水平门、十字门、铰链门、多边门、矩形门、椭圆门等。圈门指的是在流式图中根据需要圈定一群细胞来进行进一步分析。流式数据分析按照实验要求不同分为单参数分析、双参数分析和多参数分析，分析后的数据可通过各种流式图的方式全面、客观显示，如直方图、散点图、等高图等，其中最常用的是二维散点图和单参数直方图。

5. 分选系统 细胞分选是一种根据细胞所具有的特性将某种特定的细胞亚群从混合的细

胞样品中分离出来的技术。细胞分选系统包括液滴形成、充电及偏转三部分。通过分析样品中的细胞，在激光照射点处判断液滴是否需要分选。需要分选的细胞在成为独立液滴时带上相应电量的正或负电荷后在电场中发生不同程度的偏移，从而进入不同的分选通道（收集管）；不需要分选的细胞则直接进入废液槽。

> **要点提示**：流式细胞仪的结构。

三、流式细胞仪的性能指标

流式细胞仪已逐渐从科研领域拓展到临床应用。为了保证其检测结果的准确可靠，根据其使用目的和要求而提出几个技术参数或指标来定量说明仪器的各项性能指标，分为分析指标和分选指标。

（一）分析指标

分析指标主要有分辨率、灵敏度、表面标志物检测准确性和重复性、分析速度。

1. 分辨率　衡量流式细胞仪检测精度的指标称为分辨率，通常表示为变异系数（coefficient of variation，CV）。CV 有两种计算方式：一种是通过标准误差计算得到，另一种是通过半高峰宽计算得到。

利用标准误差计算 CV 的公式为：

$$CV = \frac{\delta}{\mu} \times 100$$

式中：δ 为分布标准误差；μ 为分布平均值。

如果一组含量完全相等的样本用 FCM 来测量，理想情况下 $CV=0$。但在整个检测过程中会存在一定的误差，比如样本含量、样本进入测量室的微弱变化以及仪器本身测量等带来的误差，实际上很难达到 $CV=0$。CV 值越小，曲线分布越集中，测量误差即越小。一般要求 $CV \leqslant 2\%$。

利用半高峰宽计算 CV 的公式为：

$$CV = \frac{半高峰宽}{\mu} \times 0.4236 \times 100\%$$

半高峰宽是在峰高一半的地方量出峰宽，此公式适用于分析数据符合正态分布的情况。但在实际应用中，所得的数据往往并不呈正态分布，此时再用此公式计算 CV 的结果将出现一定的偏差（明显小于统计公式得到的 CV 值），在实际应用中应引起注意。

2. 灵敏度　是衡量流式细胞仪检测荧光信号的重要指标，包括荧光检测灵敏度和 FSC 检测灵敏度。

（1）荧光检测灵敏度：是指流式细胞仪能检测到的最少荧光分子数，即能检测到单个微球上标有异硫氰酸荧光素（fluorescein isothiocyanate，FITC）或藻红蛋白（R-phycoerythrin，R-PE）等荧光分子的最小值，常用等量可溶性荧光分子（molecules of equivalent soluble fluorochrome，MESF）来表示。根据中华人民共和国流式细胞仪的行业标准（YY/T 0588—2017）规定，流式细胞仪对 FITC 的荧光检出限应 ≤ 200 MESF；对 R-PE 的荧光检出限应 ≤ 100 MESF。

（2）FSC 检测灵敏度：是指流式细胞仪能够测到的最小颗粒大小，以颗粒直径表示，应 ≤ 1 μm。目前流式细胞仪一般可检测的颗粒直径为 0.2 ~ 0.5 μm。

3. 分析速度　流式细胞仪每秒分析的细胞数称为分析速度，为 3000 ~ 6000 个细胞/秒，性能好的 FCM 可达每秒数万个细胞。当细胞流过测量区的速度超过 FCM 响应速度时，细胞产生的荧光信号就会丢失，这段时间称为 FCM 的死时间，死时间越短，则仪器的处理速度越快。

（二）分选指标

主要包括分选速度、分选纯度和分选收获率（分选得率）。

1. 分选速度 指每秒可提取所要细胞的个数。目前一般 FCM 分选器的分选速度大约为 1×10^4 个细胞/秒，高性能的 FCM 最高分选速度可达 7×10^4 个细胞/秒。由于分选后的细胞还要进行后续研究，分选时应尽可能保持细胞活性。

2. 分选纯度 是评价纯化模式分选的重要指标，指 FCM 分选的目的细胞占分选出的细胞百分比，一般 FCM 的分选纯度可达到 98% 以上。分选纯度主要与分选细胞和其他细胞间的生物学特性相似程度以及仪器本身的性能有关。

3. 分选收获率 是评价富集模式分选的重要指标，指被分出的细胞占原来溶液中该细胞的百分比，一般 FCM 的分选收获率可达到 95% 以上。通常情况下，分选纯度和收获率相互影响，纯度提高则收获率降低，反之亦然，故二者不可能同时达到最佳。

四、流式细胞仪的使用方法

流式细胞仪是一种集多学科知识综合应用的复杂仪器，各种功能不同的仪器在使用流程上大同小异，一般操作流程见图 10-1。

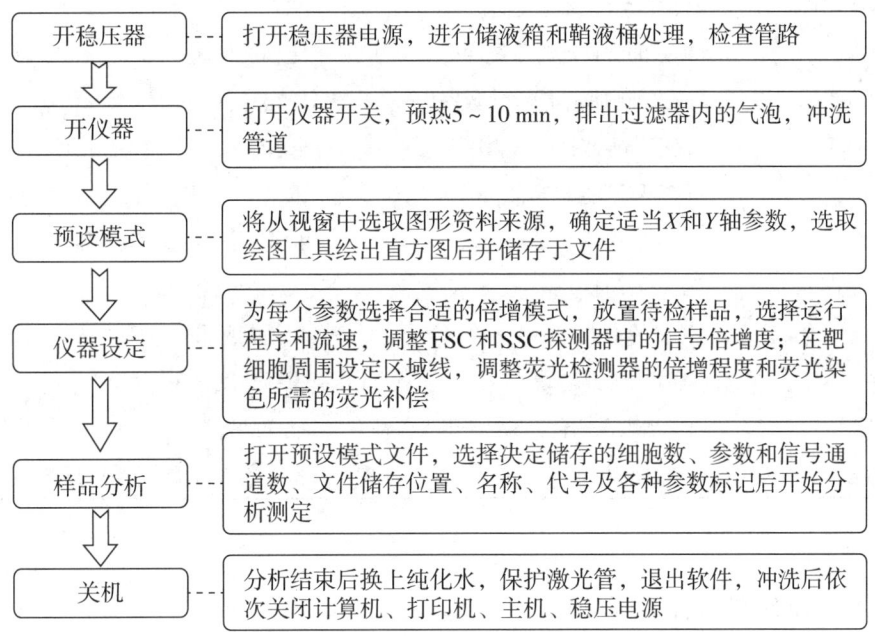

图 10-1 流式细胞仪操作流程

五、流式细胞仪的维护与常见故障处理

(一)流式细胞仪的维护

1. 如果每天连续工作 24 小时,至少要关机 1 次。
2. 必须在仪器关闭 30 分钟之后才能重新启动激光源。
3. 每个月至少进行 1 次系统管路的清洗。
4. 每月清洗鞘液筒 1 次。
5. 每 2~4 周清洗 1 次空气滤膜。
6. 定期检查维护分析管路。

使用流式细胞仪的注意事项:① FCM 的激光电源应使用不间断电源(UPS),并用稳压器;②实验场所注意避光,保持室温 18~24 ℃,相对湿度<85%;③安装单独的地线;④ FCM 应由经过培训的人员管理和操作。

(二)流式细胞仪常见故障及应对策略

流式细胞仪常见故障及应对策略见表 10-1。

表10-1 流式细胞仪的常见故障及应对策略

故障信息	引起故障的可能原因	应对策略
清洗液高度错误	清洗液少了	加清洗液
清洗液高度警示	清洗液传感器失灵	联系制造商解决
数据处理速率错误	数据太大,难以处理	稀释样品
文件名错误	输入的文件名与系统冲突	更换文件名
存取数据时发生错误	流式细胞仪不能存取数据	重启计算机重试
程序错误	程序号不能执行该程序	选择主菜单上的重建项
程序号太大	程序号不能大于 32	取消一些程序,再输入相应的号码
无激光束	激光器关闭	检查电源,打开激光器
激光器开启错误	激光器门打开	关闭激光器门
参数太多	选择的参数应小于 8 个	取消某些参数,重新选择
参数不存在	程序中无此参数	重新建立程序
样品压力错误	样品管坏,样品不能被压入流动室	换样品管
建立样品压力错误	连接错误	检查连接,重启计算机重试

六、流式细胞仪的临床应用

流式细胞仪凭借其独特的检测原理和强大的荧光抗体技术在疾病的早期诊断中发挥不可替代的作用,并可实现快速、精准对单个细胞理化特性进行分析和分选。目前,我国 FCM 应用领域主要集中在以下几个方面。

(一)血液系统疾病诊断

FCM 主要用于血液系统疾病的免疫分型及白血病微小残留病变监测,用于血液系统疾病

的诊断、治疗评估和复发监测。FCM 的细胞免疫分型是国际公认的诊断造血细胞疾病必不可少的重要标准之一，是目前被广泛接受和认可的免疫分型方法。

（二）免疫系统疾病诊断

FCM 通过对不同亚群淋巴细胞相对计数、绝对计数以及比例的观察，可用以评估机体的免疫状态，从而辅助诊断、判断病情变化。例如，$CD4^+$ T 细胞膜外 CD4 分子具有人类免疫缺陷病毒（HIV）识别部位，HIV 感染人体后，入侵 $CD4^+$ T 细胞，大量复制，导致 $CD4^+$ T 细胞破坏、数量剧减、功能受损，机体免疫功能严重缺陷。$CD4^+$ T 细胞检测是获得性免疫缺陷综合征（AIDS）诊断及病情观察的重要指标。

（三）肿瘤诊断和疗效判断

人类正常体细胞具有较恒定的 DNA 二倍体含量，DNA 二倍体含量改变以及 DNA 非整倍体细胞群出现，意味着 DNA 合成异常，可能是细胞发生癌前病变或癌变的重要标志。FCM 通过对染色后的细胞进行分析，可对细胞 DNA 含量改变做到精确检测，预测肿瘤的预后，指导化疗药物的选择，确定放疗强度、时间等；通过对细胞 DNA 异倍体的监测，可为肿瘤的早期诊断及鉴别诊断提供参考；通过检测分析肿瘤细胞的增殖活性标志分子、分化标志分子、凋亡标志分子以及免疫学标志物，用于肿瘤发病机制的研究、个性化治疗方案的制订以及预后判断等。

（四）造血干细胞移植

足够数量的造血干细胞是造血干细胞移植成功的关键因素之一，通过 CD34 标记和细胞计数微球同时使用，或者使用具有计数功能的流式细胞仪是鉴定和计数造血干细胞的快速、准确、定量的方法。

第二节　PCR 核酸扩增仪

聚合酶链反应（polymerase chain reaction，PCR）技术是 20 世纪 80 年代中期发展起来的一种体外核酸扩增技术。其基本原理是在体外模拟细胞内 DNA 天然复制过程，即人为创造核酸半保留复制条件，使目的 DNA 在体外完成扩增的过程。PCR 核酸扩增仪是一种用来实现 PCR 扩增的仪器，包括一个温控设备和一个检测设备，是分子检验实验室的基本设备。

一、PCR 核酸扩增仪的工作原理

从 PCR 技术基本原理可以看出，PCR 仪实则是一种精密的温度控制仪，通过仪器热循环系统的升降温度变化，使得核酸片段得以复制。由 PCR 原理可知 PCR 仪的功能不断加强，目前经过在其基础功能上不断进行创新和改进，PCR 仪已经从标准 PCR 扩增仪、实时荧光定量 PCR（fluorescent quantitative real-time PCR，qPCR）扩增仪更新至数字 PCR（digital PCR，dPCR）扩增仪。

（一）标准 PCR 扩增仪工作原理

标准 PCR 仪是指目的基因仅经过变性、退火、延伸阶段产生大量核酸序列的 PCR 仪。根据 PCR 退火温度和扩增条件（细胞内／外），标准 PCR 又可以分为三类：普通 PCR、梯度 PCR 和原位 PCR。标准 PCR 扩增仪实现升降温变化有三种温控方式。

1. 梯度水浴法 即通过变性、退火、延伸三个过程来实现，如水浴锅控温，其以不同温度的水浴锅串联成一个控温体系。此控温方式的优点是温度变化快，控温准确，温度均一性好，无边缘效应，省时省力。缺点是自动化程度较低，需要手工操作，全程离不开人，样品在更换水浴锅过程中无法稳定温度。

2. 空气驱动循环恒温装置 用空气作为热传导媒介，包括机箱（外壳）、热源、冷空气源、控制器和辅助电器元件等。优点是不用金属的精密加工，成本降低，整个系统无液体流动，安全度高，恒温精度可达 ±1 ℃。缺点是单纯靠外部空气制冷，易受环境温度影响。

3. 变温金属块做恒温装置 加热方式有电热发热和半导体发热，制冷方式有半导体制冷和压缩机制冷等。产品质量和性能较稳定。

（二）qPCR 扩增仪工作原理

qPCR 仪是指在标准 PCR 反应体系中加入能够指示 DNA 片段扩增过程的荧光染料（SYBR Green 等）或荧光标记的特异性的探针（TaqMan Probe 等），在普通 PCR 仪设计基础上增加荧光信号激发、采集系统和计算机分析处理系统，形成了具有荧光定量 PCR 功能的仪器。通过对 PCR 过程中产生的荧光信号积累实时监测整个 PCR 过程，再结合相应的计算机软件对所获得的荧光信号数据进行分析，计算待测样品特定 DNA 片段的初始浓度。

（三）dPCR 扩增仪工作原理

dPCR 是一种新的绝对定量 PCR 技术。其主要是对 PCR 反应物进行有限稀释，随后在不同反应单元内进行 PCR 扩增，最后根据泊松（Poisson）分布原理及阳性微滴的个数与比例便可得出靶分子的起始拷贝数或浓度。

dPCR 仪基于微流控技术和 PCR 技术原理，在核酸（DNA 或 RNA）样品与 PCR 所需试剂混合后，将其分布在多个反应单元内，进行 PCR 扩增，通过荧光检测器读取扩增后每个反应单元的荧光信号强度来判断含有目标核酸分子（阳性反应）的单元个数（P），其工作流程见图 10-2。基于泊松分布原理，根据反应单元个数（N）、每个反应单元体积（Vp，μl）、稀释因子（D），便可计算出起始样本中核酸分子数，从而实现对起始核酸浓度（T，copy/μl）的绝对测量。其计算公式为：

$$T = \frac{-D}{Vp} \times \ln\left(1 - \frac{P}{N}\right)$$

> **要点提示**：PCR 核酸扩增仪的工作原理。

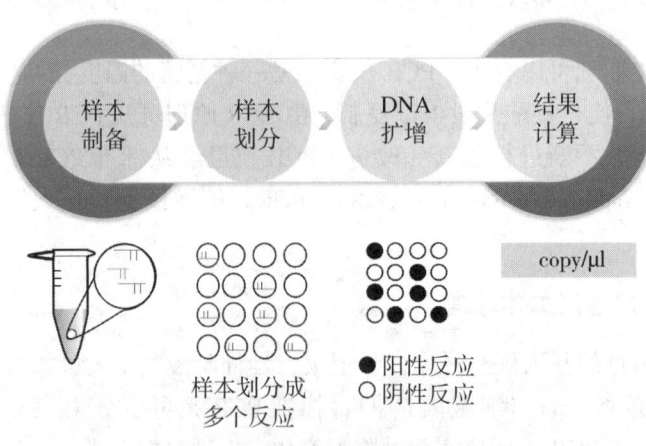

图 10-2 dPCR 仪工作流程

二、PCR 核酸扩增仪的分类和结构

PCR 扩增仪基于其工作原理可分成三类：标准 PCR 扩增仪、qPCR 扩增仪和 dPCR 扩增仪。

（一）标准 PCR 扩增仪

标准 PCR 扩增仪即定性 PCR 扩增仪。按照变温方式不同，标准 PCR 扩增仪可分为水浴式、变温金属块式和变温气流式三类，其各自优缺点见表10-2。

1. 水浴式 PCR 扩增仪　由 3 个不同温度的水浴槽和机械臂组成，采用半导体传感技术控温，由机械臂完成样品的移位从而实现温度循环。

2. 变温金属块式 PCR 扩增仪　热源为电阻丝、导电热膜、热泵式帕尔贴元件，升温装置为带凹槽的铝块不锈钢，降温装置为冷水、制冷压缩机或半导体。

3. 变温气流式 PCR 扩增仪　由机壳、热源、冷空气泵、控制器及辅助元件等组成。热源由电阻元件盒和吹风机组成，热空气枪借空气作为热传播媒介，大功率风扇及制冷设备提供外部空气的制冷，精确的温度传感器构成不同的温度循环。配上计算机和相应软件，可灵活编程控制。

表10-2　三类标准PCR扩增仪优缺点比较

类型	优点	缺点
水浴式 PCR 扩增仪	水作介质，热容量大，温度易于恒定，反应管形状要求不高，机械臂手传送反应管变换位置迅速，温度转换效率高，扩增效果稳定	水浴槽容量大，须搅拌均匀，水面须用液状石蜡覆盖才能稳定高温，水浴温度改变所需时间长，不易实施复杂程序的操作方式
变温金属块式 PCR 扩增仪	加热槽为铝，其传热速度快，各点温度均一，扩增结果一致性好，温度转换易于控制，制冷部件可在低温保存扩增样品	铝块温度与样品管内反应温度有一定差异，必须使用与铝块凹孔形状紧密吻合的特制薄壁反应管，难以实现快速变温
变温气流式 PCR 扩增仪	空气为传导介质，变温迅速，适用于微量、快速扩增，对反应管要求不高	难以保证各管扩增一致性，对空气流动力学要求高

（二）qPCR 扩增仪

标准 PCR 扩增仪仅能对模板进行定性分析，如须对初始模板进行定量检测，须采用 qPCR 技术。qPCR 技术是在标准 PCR 体系中加入特异性的荧光染料或探针，变化的荧光信号可真实反映体系中模板的变化。通过检测荧光信号，从而实现实时监测整个 PCR 反应过程，最后通过标准曲线对未知模板进行定量分析。

qPCR 扩增仪的构成包括扩增系统和荧光检测系统两部分。扩增系统与标准 PCR 扩增仪相似，荧光检测系统的主要部件包括用于激发荧光染料的激发光源和用于检验荧光发射值的检测器。所有 qPCR 扩增仪均带软件，用于数据采集和分析。根据控温方式的不同，该类仪器也分为三类。

1. 金属板式 qPCR 扩增仪　即传统 96 孔板式定量 PCR 扩增仪，由第三代半导体 PCR 扩增仪发展而来。可作为标准 PCR 扩增仪使用，有的带梯度功能，可容纳的样本量大，无需特殊耗材；但温度均一性欠佳，有边缘效应，标准曲线的反应条件与样品难达到完全一致。

2. 离心式 qPCR 扩增仪　此类仪器的样品槽被设计为离心转子的模样，借助空气加热，转子在腔内旋转。转子上每个孔均等位，因此每个样品孔之间的温度均一性较好；使用同一个激发光源和检测器，随时检测旋转到跟前的样品，可有效减少系统误差；但此类仪器离心转子

较小，可容纳样品量少，有的须用特殊毛细管作样品管，增加了使用成本，也不带梯度功能。

3. 各孔独立控温的 qPCR 扩增仪　此类仪器各孔独立控温，不同样品槽分别拥有独立的智能升降温模块，适合多指标快速检测；其软件系统允许一台仪器同时操作多个样品模块，既满足高速批量要求，又能灵活运用，还可实现任意梯度反应。但是其上样不如传统方法方便，而且需要独特的扁平反应管，使用成本较高。

（三）dPCR 扩增仪

目前常见的数字 PCR 扩增仪根据微反应的形成原理不同，主要分为"芯片数字 PCR"与"微滴数字 PCR（droplet digital PCR，ddPCR）"两类。

1. 芯片 dPCR 扩增仪　芯片数字 PCR 主要通过芯片设计将纳升级液体封闭在高通量的微池或微量通道中进行后续的 PCR 扩增及扩增后结果的荧光显微镜直接判读。

按芯片设计方式，芯片数字 PCR 可以分为阵列微池式芯片、滑片式芯片和集成微泵阀芯片。阵列微池式芯片上刻蚀有微池阵列，反应液由进样孔直接导入各反应微池；滑片式芯片是设计带有微流体通道和反应单元的玻璃芯片，上、下两片玻璃芯片间用油相密封，通过滑动芯片将样品溶液从液体通道引入反应单元，同时生成成百上千个微反应滴阵列；集成微泵阀式芯片是通过多层软刻蚀技术在聚二甲基硅氧烷（PDMS）芯片上加工交织的液体和气体通道结构，通过精确地控制微泵阀的开启和关闭，快速并准确地将流体分成若干个阵列的独立单元。

2. 微滴 dPCR 扩增仪　微滴 dPCR 源于乳液 PCR 技术，将两种互不相溶的液体，以其中一种作为连续相（油），另一种作为分散相（水），在水／油两相表面张力和剪切力共同作用下，分散相以微小体积单元的形式形成单个油包水微滴，作为数字 PCR 的样品分散载体。微滴中包裹了单拷贝 DNA 模板和 PCR 反应液，然后将液滴收集在 PCR 反应管中进行扩增，反应结束后检测每个微滴的荧光信号。

> 要点提示：PCR 核酸扩增仪的分类和结构。

三、PCR 核酸扩增仪的性能指标

（一）温控指标

PCR 进行的关键是温度控制，对于 PCR 扩增仪来说，温控性能的好坏决定了其性能的好坏。温控指标的评价主要包括四个方面。

1. 温度准确性　指样品孔温度与设定温度的一致性，是 PCR 仪最重要的评价指标。

2. 温度均一性　指样品孔间的温度差异，关系到不同样品孔之间反应结果的一致性。待扩增样品被放置位置的"边缘效应"会影响结果的可重复性。

3. 升降温速度　升降温速度快，可缩短反应时间，也缩短了可能的非特异性结合反应的时间，提高工作效率和 PCR 反应的特异性。样品管与基座接触的紧密性、基座的导热性、邻近样品管的相互影响都会影响样品的实际升降温速度。

4. 不同模式下的相同温度特性　带梯度功能的 PCR 仪，不仅应做到梯度模式下不同梯度管排间温度的均一性和准确性，还应考虑到仪器在梯度模式和标准模式下是否具有同样的温度特性。现有专利技术，已经能够以同样的温度变化速率到达所有设定的梯度温度。

（二）荧光检测系统指标

1. 激发光源　目前一般为卤钨灯光源或发光二极管（LED）冷光源。卤钨灯光源可配多色滤光镜，实现不同的激发波长；单色 LED 冷光源寿命长、能耗少、价格低，但需要不同的 LED 才能更好地实现不同的激发波长。

2. 检测器 目前较为常用的是超低温 CCD 成像系统和光电倍增管（PMT）。超低温 CCD 成像系统具备同时多点多色检测的能力；光电倍增管灵敏度高，但一次只能扫描一个样品，需要通过逐个扫描实现多样品检测，当检测大量样品时耗时较长。

（三）其他指标

1. 应用软件 简便的人性化设计最能满足其需求。新型的 PCR 仪很注重程序编写的简易性，易学易用，还具有实时信息显示、记忆存储多个程序、自动倒计时、自动断电保护等功能，很多还可以免费升级。

2. 热盖 可使样品管顶部温度达到 150 ℃左右，避免蒸发的反应液凝集于管盖而改变 PCR 的反应体积，无须加入液状石蜡，减少了后续实验的麻烦。

3. 样品基座 多数 PCR 仪配备了可更换的多样化样品基座，以匹配不同规格的样品管。

四、PCR 核酸扩增仪的使用、维护与常见故障处理

（一）仪器操作方法

正确使用 PCR 扩增仪，才能保证检测结果的准确度和精度，保证 PCR 扩增仪的使用寿命。标准 PCR 扩增仪的操作非常简便，接通电源，仪器自检，设置温度程序或调出储存的程序运行即可。qPCR 扩增仪和 dPCR 扩增仪是在标准 PCR 扩增仪的基础上建立起来的，故其操作和普通 PCR 仪基本相同。下面介绍标准 PCR 扩增仪的操作流程。

1. 开机 接上电源，打开开关，待仪器自检完成后进入主界面，准备执行程序。

2. 放入样品管 打开 PCR 仪顶盖，将样品管放入面板孔中，盖上顶盖。

3. 运行程序 如果要运行已经编好的程序，则直接调出已保存好的程序即可；如果要输入新的程序，则在菜单上选择新建程序，输入所需程序即可开始运行。

4. 关机 运行结束后取出样品，先关闭软件，再关闭 PCR 仪，最后关闭计算机。

（二）qPCR 仪校准

定期、准确校准是 qPCR 仪达到最佳性能的关键，可长时间保护数据的完整性和一致性。第一次使用新染料之前应遵循生产商的说明进行校准。

1. 激发/发射光差异校正 激发光源常用卤素灯或 LED，发射光检测器常用 CCD 或光电二极管。随着仪器使用频率及使用年限的增加，各反应孔内的激发光强度与发射光灵敏度的一致性差异越来越大，如未及时校正激发/发射光差异可引起 Ct 值改变。如在反应中加入参比荧光染料，则激发/发射光差异对报告基团和参比荧光信号的影响程度相同，报告基团的参比荧光标准化可校正激发/发射光差异。

2. 一般光学波动 传统塑料 PCR 反应管内，在高温、低温、中温不断循环变温过程中易出现"回流"、产生小气泡，以及密封形状出现轻微改变等现象，这些现象均可在激发和发射光的光径上引起荧光信号波动。波动程度的差异取决于多个因素，如试剂中溶解的空气量及反应板的密封程度。一般波动不会使报告基团信号产生明显失真，但却影响重复样本的精度。如在波动存在的情况下，参比荧光染料与报告基团光径相同，报告基团的参比荧光信号标准化可校正其荧光信号波动。由此可见，参比荧光染料标准化的校正作用将提升 qPCR 数据的精度。提升度取决于试剂盒反应板的制备方法等。

3. 异常光学波动 可使报告基团信号产生明显失真,如反应孔密封不当以及大气泡破裂时可出现"光学扭曲",进而引起基线问题,甚至可影响 Ct 值。随着 PCR 的进程,加热的盖子的热量和压力可使密封合适,进而消除"光学扭曲"现象。参比荧光染料标准化可提供极佳的光学扭曲校正,可完全消除校正后的标准曲线异常,但标准化不能完全校正大气泡破裂,可有助于数据失真最小化。

(三)仪器的维护保养

PCR 扩增仪并不是一种计量仪器,但其主要作用原理与基本计量要素密切相关,要求较高,一旦失控,仪器将不能正常工作,故 PCR 仪器也需要定期检测和维护,主要视制冷方式而定,一般半年至少 1 次。其常规保养维护方法如下。

1. 仪器外表面清洗 每次使用结束后,用毛刷除去附着的物料,选择无腐蚀性清洗剂清洗机体表面、工作台表面,可以除去灰尘和油脂等,待其自然风干。

2. 样品池清洗 用 95% 乙醇溶液或 10% 清洗液浸泡样品池 5 分钟后清洗被污染的孔。将孔中液体吸尽后打开 PCR 扩增仪,设定保持温度为 50 ℃ 的 PCR 程序并使之运行,以便挥发去除残余液体,5~10 分钟即可。

3. 热盖清洗 在实时荧光定量 PCR 扩增仪中较为重要。当出现荧光污染,且此污染并非来自于样品池时,或有污染或残留物影响到热盖的松紧时,须用压缩空气或纯水清洗热盖底面,确保热盖底面干净,无污物阻挡光路。

4. 更换保险丝 须先将 PCR 扩增仪关机,拔去插头,打开电源插口旁边的保险盒,换上备用的保险丝,观察是否恢复正常。

5. 安装和使用 PCR 扩增仪 注意确保散热孔通畅,四周有足够的空间散热,仪器下部无其他异物,确保仪器水平放置。

6. 尽量避免仪器过夜操作和长时间保持在 4 ℃ 否则会让散热风扇损耗太大而影响其使用寿命。

7. 打开顶盖时,动作要轻 避免力度过大或动作幅度过大,以免损坏顶盖拉手。开盖后尽量让盖翻到最后但不可强压,取样时不可触摸顶盖内表面以免烫伤。

8. 盖好 PCR 反应管的盖子 以防管内液体蒸发浓缩和液体流入热槽,烧坏主板。

9. 温度修正法纠正 PCR 实际反应温度差 PCR 的需求温度与实际分布的反应温度是不一致的,当检测发现各孔平均温度差偏离需求温度 1~2 ℃ 以上时,可运用温度修正法纠正 PCR 实际反应温度差。当能采用温度修正法纠正仪器的温度时,不应轻易打开或调整仪器的电子控制部件,必要时请专业人员维修。

10. PCR 反应过程中升、降温过程的时间控制得越短越好 当 PCR 扩增仪的降温过程超过 60 秒时,应检查仪器的制冷系统,对风冷制冷的 PCR 扩增仪应彻底清理反应底座的灰尘;对其他制冷系统应检查相关的制冷部件。

五、PCR 核酸扩增仪的临床应用

随着分子生物学的飞速发展,疾病的诊断已逐步深入到了分子水平。分子诊断已成为检验医学的一个重要组成部分,不仅能在患病早期做出确切的诊断,还能判别致病基因的携带者,确定个体对疾病的易感性,对疾病进行分期、分型、疗效监控和预后判断。PCR 因其快速、灵敏、特异、简便、重复性好、易自动化等优点成为分子诊断最常用的技术,PCR 扩增仪也成为分子诊断所使用的主要仪器,被广泛用于感染性疾病、遗传性疾病、恶性肿瘤等的诊断和研究。

(一)感染性疾病的分子诊断

感染性疾病的病原体,如病毒、细菌、衣原体、支原体等采用传统的培养、免疫学方法等检测耗时长、灵敏度不高,难以在临床开展。而 PCR 技术因其极高的检测灵敏度和特异性,使得临床标本中极微量的难培养的病原体检测变得迅捷而准确。PCR 技术结合分子杂交、测序等技术还常用于病原体耐药突变的检测和基因分型。特别是实时荧光 PCR 技术的出现,使得病毒载量的检测变得准确可靠,可更好地用于判断抗病毒疗效。目前,PCR 技术已成为大多数病毒、衣原体、支原体临床快速检测的首选方法。

(二)遗传性疾病的分子诊断

遗传性疾病是由遗传物质的改变(基因突变、染色体改变)而导致的疾病。随着检测技术,特别是 PCR 技术的快速发展,虽然遗传性疾病单种疾病的患病率并不高,但由于其种类繁多,越来越多的遗传性疾病被发现和诊断。目前,临床上 PCR 扩增仪常用于多种单基因遗传病,如 α-地中海贫血、β-地中海贫血、镰刀形红细胞贫血、血友病、苯丙酮尿症等的产前筛查。

(三)恶性肿瘤的分子诊断

PCR 可以用于癌基因和抑癌基因突变、引发肿瘤相关病毒的研究。临床上,PCR 技术的应用使肿瘤的诊断、预后判断及微量残留细胞的监测更为简便、快速、准确。如 qPCR 扩增仪正成为检测手术后的微小残留、评价复发危险性的一种必备研究工具,通过对肿瘤融合基因的定量检测,指导临床对患者进行针对性个体化治疗。dPCR 扩增仪可实现肿瘤早期无创检测,可一次性检测与肿瘤发生、发展密切相关的多个基因、多个常见突变位点,可针对性地对高危人群、有肿瘤家族史易感人群、癌前病变人群等进行肿瘤筛查检测,从分子层面鉴定是否有基因突变,控制癌前病变。

(四)医学其他领域

PCR 扩增仪作为基因扩增分析的首选仪器设备,也同时在法医鉴定和药物分析等领域中得到广泛应用。其能以血迹、毛发、精斑等痕量(ng 级,甚至 pg 级)标本扩增出特异 DNA 片段,然后进行个体识别、亲子鉴定等。也可在器官、组织移植的配型过程中进行 DNA 分型,然后通过检测 Ⅰ 类和 Ⅱ 类抗原位点的等位基因进而做出精确配型。

第三节　全自动 DNA 测序仪

核酸包括脱氧核糖核酸(DNA)和核糖核酸(RNA),是生命的最基本物质之一,而基因作为核酸中储存遗传信息的遗传单位,决定了生物体的性状。对 DNA 序列进行测定是认识基因结构和功能的前提,也是基因诊断的重要技术手段。DNA 测序技术的发明是解锁人类生命奥秘的重要进展。DNA 测序仪的作用就是解读 DNA 和 RNA 片段,了解基因这种生命体的"密码",窥探生命遗传差异的本质。自从 20 世纪 80 年代发明生产出了 DNA 自动测序仪后,DNA 片段的分离和检测、数据的采集和分析均可由仪器自动完成。DNA 自动测序仪因其操作简单、安全、快速、准确等特点,在临床和科研中迅速得到广泛应用。

一、全自动 DNA 测序仪的工作原理

DNA 测序是将 DNA 化学信号转变为计算机可处理的数字信号的一个过程,而 DNA 测序仪就是完成这一过程的仪器。目前,DNA 测序仪的工作原理主要基于 Sanger 双脱氧链末端终

止法或 Maxam-Gilbert 化学降解法。这两种方法在原理上不尽相同，但均是根据在某一固定的位点开始核苷酸链的延伸，然后随机在某一个特定的碱基处终止，从而产生 A、T、C、G 四组不同长度的一系列核苷酸链，不同长度的核苷酸链可通过变性聚丙烯酰胺凝胶电泳而得到分离，继而获得 DNA 序列。Sanger 双脱氧链末端终止法更适合于光学自动探测，在单纯以 DNA 测序为目的的全自动 DNA 测序仪中应用更为广泛。而 Maxam-Gilbert 化学降解法的应用主要是研究 DNA 的二级结构以及蛋白质 -DNA 相互作用。

（一）Sanger 双脱氧链末端终止法测序原理

Sanger 双脱氧链末端终止法测序原理是利用 PCR 技术，以目的 DNA 为模板，在 DNA 聚合酶的催化作用下，按照碱基互补配对原则，在引物的引导下单核苷酸可聚合形成新的 DNA 链。

普通 PCR 反应体系中，加入的核苷酸单体为 4 种 2′- 脱氧核苷三磷酸（dNTP，N 代表 A、C、G、T 中任一种碱基），引物与模板退火形成双链区后，DNA 聚合酶结合到 DNA 双链区上启动新链 DNA 的合成，沿着 5′-3′ 的方向，利用体系中游离的 4 种 dNTP 合成一条与模板链互补的 DNA 新生链。如果在此体系中加入 2′,3′- 双脱氧核苷三磷酸（2′,3′-ddNTP，N 代表 A、C、G、T 中任一种碱基），DNA 合成情况则有所不同。与 dNTP 相比，ddNTP 在脱氧核糖的 3′ 位置缺少一个 OH（图 10-3），反应过程中虽然可以在 DNA 聚合酶作用下，通过其 5′ 磷酸基团与正在延伸的 DNA 链的末端脱氧核糖的 3′-OH 发生反应，形成磷酸二酯键而掺入到 DNA 新链中，但它们本身无 3′-OH，不能同后续的 dNTP 形成磷酸二酯键，从而使正在延伸的 DNA 新链终止于此。

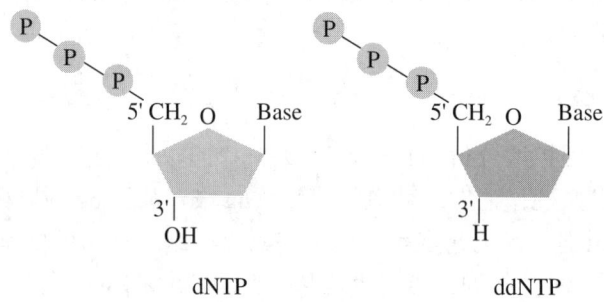

图 10-3　dNTP 与 ddNTP 结构图

据此原理可分别设计四个反应体系，每一反应体系中有相同的模板 DNA、引物和 4 种 dNTP，每个体系中掺入一种 ddNTP，新合成的 DNA 链在可能掺入 dNTP 的位置均有可能掺入 ddNTP，从而导致新合成链在不同的位置终止。由于 ddNTP 可竞争掺入 dNTP 位置，生成的反应产物则是一组长度不同的以 ddNTP 结尾的多核苷酸片段。再通过聚丙烯酰胺凝胶电泳对这组核苷酸片段进行分离，即可根据片段大小直接读出新合成链序列。

例如，在加入 ddATP 的反应体系中，若为 dATP 掺入则核苷酸链可继续延伸，若为 ddATP 掺入则新生链合成终止，因此可以得到一组不等长度的以 ddATP 结尾的片段。同理，也可分别得到以 G、C、T 结尾的不等长度的片段。通过聚丙烯酰胺凝胶电泳对长度不等的新生链进行分离后，即可根据片段大小直接读出新生 DNA 链的序列。Sanger 双脱氧链末端终止法测序原理见图 10-4。

（二）新生链荧光标记原理

不同长度新生链 DNA 经凝胶电泳后须有可检测的示踪信号才能进行分析。早期使用的同

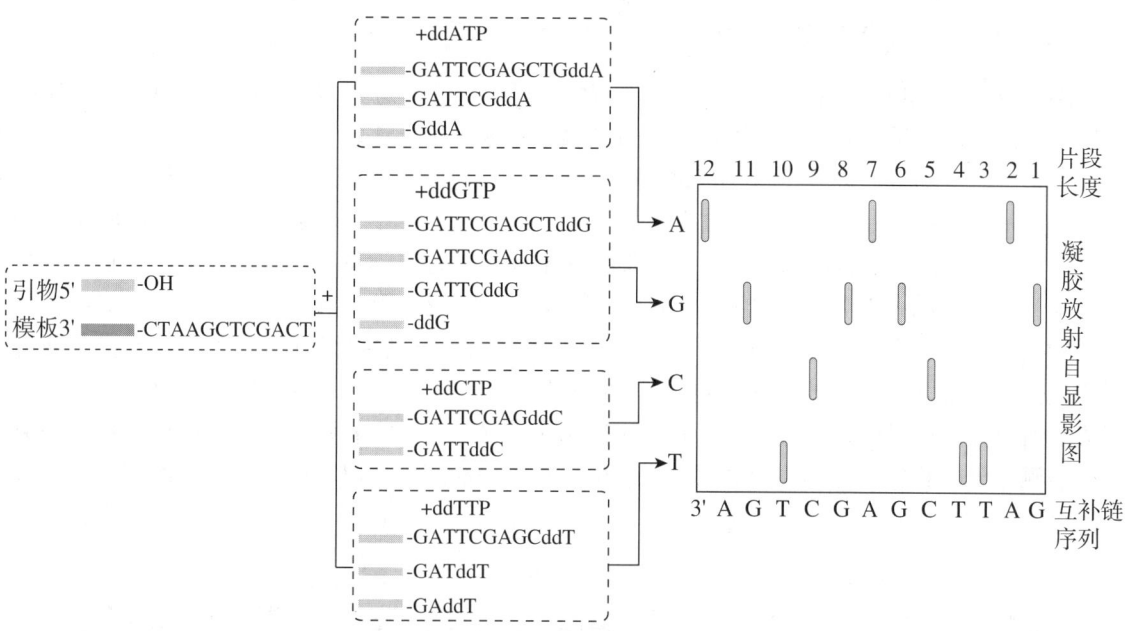

图 10-4　Sanger 双脱氧链末端终止法测序过程

位素标记法因具有放射性危害、背景高等缺点而逐渐被淘汰。荧光染料标记法的激发光谱较接近且发射光谱均位于可见光范围内，不同染料的荧光和散射背景均较弱，信噪比较高，且发射光谱相互分开，便于监测，故荧光染料标记法得到更为广泛的应用。荧光染料标记法包括单色荧光标记法和多色荧光标记法两种，但多色荧光标记法用途更为广泛。

1. 多色荧光标记法　荧光染料掺入方式有荧光标记引物法和荧光标记终止底物法两种。荧光标记引物法是在测序反应体系中预先对引物 5′ 端进行 4 种不同荧光染料标记，当相同碱基排列的寡核苷酸链作为骨架分别被此 4 种荧光染料标记后，便可形成一组序列相同、荧光染料不同的标记引物。在测序反应体系中，模板、反应底物、DNA 聚合酶及标记引物等按 A、C、G、T 编号分别置于 4 支 PCR 反应管中，A、C、G、T 四个测序反应分管进行，上样时，合并在一个泳道内电泳。特定颜色荧光标记的引物则与特定的双脱氧核苷酸底物保持对应关系。

荧光标记终止底物法的掺入方式是将 4 种不同的荧光染料分别标记在 4 种不同的终止底物 ddNTP 上，带有荧光基团的 ddNTP 在掺入 DNA 片段导致链延伸终止的同时，在该片段 3′ 端标记上了一种特定的荧光染料。经凝胶电泳后将各个荧光谱带分开，可根据荧光颜色的不同来判断所代表的不同碱基信息。

两种荧光染料标记法均确立了 4 种荧光染料与 4 种 ddNTP 所终止的 DNA 片段之间的专一对应关系，为后续凝胶电泳中信号检测及最终数据判读做好准备。荧光标记引物法使荧光染料标记在长短不同 DNA 片段的 5′ 端，荧光染料标记和延伸反应终止分别发生在同一 DNA 片段的两端，标记发生在引物与模板的退火过程中，终止发生在片段延伸过程中，两者在时间上有一定间隔；荧光标记终止底物法使标记和终止过程合二为一，两者在同一时间完成；在具体操作中，前者要求 A、G、C、T 四个反应分别进行，而后者的四种反应可以在同一管中完成。

2. 单色荧光标记法　使用一种荧光染料，其掺入方式也包括荧光标记引物法和荧光标记终止底物法两种。与多色荧光标记法不同的是，单色荧光标记引物法和荧光标记终止底物法均须将 A、G、C、T 四个反应分别在不同扩增管中进行，电泳时各管产物也分别在不同泳道中电泳。

(三)荧光标记 DNA 检测原理

测序反应一般以单引物进行 DNA 聚合酶延伸反应,这样绝大多数产物均为单链。反应结束后,样品经简单纯化处理就可以放置到自动测序仪中开始电泳。

在多色荧光标记法的自动测序系统中,不同 ddNTP 终止的 DNA 片段可混合同一样品孔中,由计算机程序控制自动进样。加压电场中,各荧光 DNA 片段在凝胶中由负极泳向正极并相互分离,且依次通过检测窗口。由激光器发出的光束通过光学系统被导向检测区,在此激光束以与凝胶垂直的角度激发荧光 DNA 片段,其发色基团吸收激光束提供的能量而发射出特征波长的荧光。代表不同碱基信息的不同颜色荧光经过光栅分光后再投射到 CCD 摄像机上便可同步成像,收集的荧光信号再传输给计算机加以处理。整个电泳过程结束时在检测区某一点上采集的所有荧光信号就转化为一个以时间为横轴、荧光波长种类和强度为纵轴的信号数据的集合。经测序分析软件对这些原始数据进行分析,最后的测序结果以一种清晰直观的图形显示出来(图 10-5)。

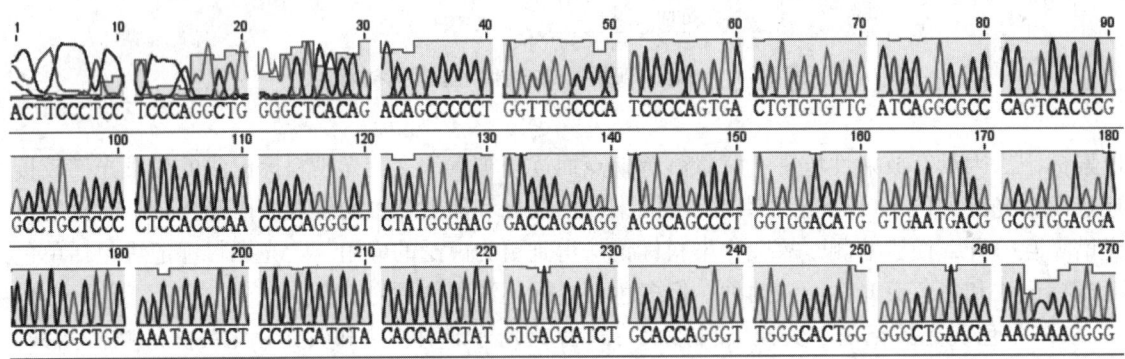

图 10-5　DNA 测序结果

> **要点提示**:全自动 DNA 测序仪的工作原理。

二、全自动 DNA 测序仪的结构与功能

DNA 测序技术发展到今天已经经历了四代,前三代测序技术所依托的全自动 DNA 测序仪,其工作原理主要基于 Sanger 双脱氧链末端终止法,通过凝胶电泳技术进行 DNA 片段的分离。根据电泳方式不同可将测序仪分为平板型电泳和毛细管电泳两种类型。平板型电泳又称为超薄片层凝胶电泳,其凝胶灌入在两块玻璃板中间,聚合后厚度一般小于 0.4 mm。毛细管电泳技术将凝胶高分子聚合物灌入毛细管中(内径 50～100 μm),在高压及较低浓度胶的条件下便可实现 DNA 片段的快速分离。不同类型全自动 DNA 测序仪的外观有所差异,但基本结构大致相同。

临床检测实验室中使用最多的是 Applied Biosystems(ABI)Prism 310 Genetic Analyzer(简称 ABI 310)。ABI 310 测序仪是一台能自动灌胶、自动进样、自动数据收集分析等全自动计算机控制的高档精密仪器,主要由主机、微型计算机和各种应用软件等组成。各部分组成及功能见图 10-6。

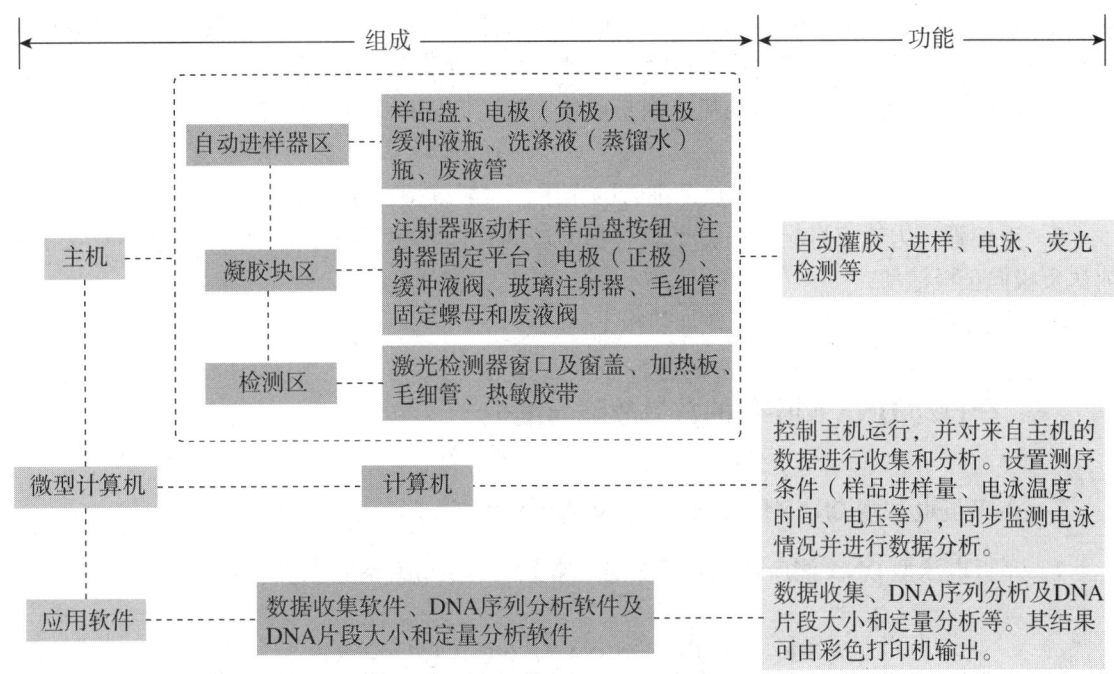

图 10-6　ABI 310 组成及其功能示意图

主机分为自动进样器区、凝胶块区和检测区，具有自动灌胶、进样、电泳、荧光检测等功能。

（一）自动进样器区功能

1. 自动进样器受程序控制进行三维移动，因负极电极和毛细管均固定不动，故许多操作，如毛细管进入样品盘标本孔中进样、电极和毛细管在电极缓冲液瓶、洗涤液和废液管中移动等均依靠自动进样器的移动完成。

2. 电极为电泳的负性电极，测序过程中，正、负极之间的电势差可达 15000 V，如此高的电势差可促进 DNA 分子在毛细管中很快泳动，达到快速分离不同长度 DNA 片段的目的。

3. 样品盘有 48 孔和 96 孔两种，可一次性连续测试 48 或 96 个样本。

4. 电极固定螺母起固定电极及毛细管的作用。

（二）凝胶块区功能

1. **注射器驱动杆**　给注射器提供正压力，将注射器内的凝胶注入毛细管中。在分析每一个样品前，泵自动冲掉上一次分析用过的胶，灌入新胶。

2. **样品盘按钮**　控制自动进样器进出。

3. **注射器固定平台**　起固定注射器的作用。

4. **电极**　为电泳的正性电极，始终浸泡在正极缓冲液中。

5. **正极缓冲液阀**　当注射器驱动杆下移，将注射器内的凝胶压入毛细管时，缓冲液阀关闭，防止胶进入缓冲液；电泳时，此阀打开，提供电流通道。

6. **玻璃注射器**　储存凝胶高分子聚合物，以及在填充毛细管时提供必要的压力。

7. **毛细管固定螺母**　固定毛细管。

8. **废液阀**　在清洗泵块时控制废液流。

（三）检测区功能

1. **激光检测器窗口及窗盖**　激光检测器窗口正对毛细管检测窗口，从仪器内部的氩离子激光器发出的激光可通过激光检测器窗口照到毛细管检测窗口上。电泳过程中,当荧光标记 DNA 链上的荧光基团通过毛细管窗口时,受到激光的激发而产生特征性的荧光光谱,荧光经分光光栅分光后投射到 CCD 摄像机上同步成像。窗盖起固定毛细管的作用,同时可防止激光外泄。

2. 加热板 电泳过程中起加热毛细管的作用,一般维持在 50 ℃。

3. 毛细管 为填充有凝胶高分子聚合物的玻璃管,直径为 50 μm,电泳时样品在毛细管内从负极向正极泳动。

4. 热敏胶带 将毛细管固定在加热板上。

三、全自动 DNA 测序仪的常见故障与维护

(一) 平板电泳型 DNA 测序仪的常见故障与维护

1. 平板电泳型 DNA 测序仪的常见故障 常见故障及应对措施见表 10-3。

表10-3 平板电泳型DNA测序仪的常见故障与维护

故障	可能原因	应对措施
显示无电流	1. 电泳缓冲液配制不正确 2. 电极导线未接好或损坏 3. 正极或负极铂金丝断裂 4. 正极或负极的胶面未浸入缓冲液中	1. 正确配制缓冲液 2. 检查并接好或修好电极导线 3. 接好或换新的铂金丝 4. 增加缓冲液体积使其没过胶面
传热板黏住胶板	缓冲液室漏液	1. 应将上方的缓冲液倒掉,并卸下缓冲室,松开胶板固定夹,将传热板顺着胶板向上滑动,直至与胶板分开 2. 清洗传热板,同时检查缓冲液室漏液的原因,并采取相应措施,防止漏液

2. 平板电泳型 DNA 测序仪的维护 在日常使用过程中应注意维护:①倒胶前应按照操作要求认真清洗玻璃板,用未清洗干净的胶板倒胶时易产生气泡或产生较深的荧光背景;②配制凝胶时应注意胶的浓度、四甲基乙二胺(TEMED)含量、尿素浓度等,并注意防止其他物质(尤其是荧光物质)的污染;③倒胶时须注意不能有气泡,用固定夹固定胶板时,四周的力度应均匀一致;④将待测样品加入各孔前,应使用缓冲液冲洗各孔,把尿素冲去,以免影响电泳效果。

(二) 毛细管电泳型 DNA 测序仪的常见故障与维护

1. 毛细管电泳型 DNA 测序仪的常见故障 常见故障及应对措施见表 10-4。

表10-4 毛细管电泳型DNA测序仪的常见故障及应对措施

常见故障	可能原因	应对措施
显示无电流	电泳缓冲液蒸发使液面降低、电极弯曲、毛细管未浸入缓冲液中、毛细管内有气泡等	首先检查电极缓冲液,然后再检查电极和毛细管

续表

常见故障	可能原因	应对措施
电极弯曲	1. 安装、调整或清洗电极后未进行电极定标操作就直接执行电泳命令，电极不能准确插入各管中而被样品盘打弯 2. 运行前未将样品盘归位或虽然执行了归位操作，但 X/Y 轴归位尚未结束就运行 Z 轴归位等情况，也容易将电极打弯	1. 进行电极定标操作后再执行电泳命令 2. 进行前将样品盘归位
电泳时产生电弧	电极、加热板或自动进样器上有灰尘沉积	立即停机，并清洗电极、加热板或自动进样器

2. 毛细管电泳型 DNA 测序仪的维护 测序结束后应将毛细管负极端浸在蒸馏水中，避免凝胶干燥而阻塞毛细管。定期清洗泵块，定期更换电极缓冲液、洗涤液和废液管。

四、全自动 DNA 测序仪的临床应用

全自动 DNA 测序仪主要应用在人类基因组测序；人类遗传病、传染病和癌症的基因诊断；法医的亲子鉴定和个体识别；生物工程药物的筛选；动植物杂交育种等方面。

（一）感染性疾病诊断

采用测序技术可明确某一感染性疾病对应病原体的基因序列，据此可指导临床医生针对性地用药和预防，提高临床用药的有效性和安全性。同时，测序可用于发现新型病原体，能更好地做好预防工作。

（二）肿瘤诊断

采用测序技术可检测出机体内是否存在肿瘤易感基因或家族聚集性的致癌因素，据此可帮助临床给出个体化的指导及治疗方案。

（三）遗传性疾病诊断

通过对被检人员进行 DNA 测序，可查看基因突变情况，并判断是否存在基因突变遗传病，或者推断后代患病的概率，为婚育提供指导，减少遗传性疾病的发病率，提高优生优育率。

第四节　蛋白质自动测序仪

蛋白质（protein）作为生物大分子物质之一，执行复杂的生物学功能，而其结构与功能之间的关系非常密切。蛋白质的一级结构（primary structure）指的是肽链的氨基酸序列，决定了其二级、三级等高级结构，也决定了该蛋白质生物学活性的结构特点。蛋白质一级结构是各种氨基酸按一定顺序以肽键相连而形成的肽链结构。肽链结构从左至右通常表示为氨基酸氨基端（N 端）到羧基端（C 端）。N 端是几乎所有蛋白质的合成起始部位，其序列组成对蛋白质整体的生物学功能有着巨大的影响，对蛋白质 N 端序列进行有效分析，有助于蛋白质高级结构和生物学功能的分析。C 端序列是蛋白质和多肽的重要结构与功能部位，其决定了蛋白质的生物学功能。因此，研究蛋白质一级结构有助于揭示生物现象的本质，了解蛋白质结构与功能之间的关系，探索生物分子进化与遗传变异等。测定蛋白质一级结构具有十分重要的临床价值。

蛋白质一级结构测定即为蛋白质全部氨基酸序列分析的过程。目前，蛋白质测序技术主要

基于 PCR 扩增的蛋白质测序、Edman 降解测序以及基于质谱的蛋白质测序三种方法。而蛋白质测序仪实际上是执行全自动化的 Edman 化学降解反应和游离氨基酸分离、鉴定过程。随着科学技术的不断发展，蛋白质测定周期不断缩短，样品用量不断减少，蛋白质测序仪不断推陈出新。下面主要介绍一般蛋白质测序仪的工作原理、基本结构、性能指标、常规使用、维护及故障处理，主要应用。

一、蛋白质自动测序仪的工作原理

蛋白质测序仪主要测定的是蛋白质一级结构，即氨基酸序列，其基本原理基于 Edman 化学降解法。Edman 降解测序是较早使用的蛋白质测序技术，其基本原理是异硫氰酸苯酯（phenylisothiocyanate，PITC）在温和条件下与含有自由氨基的蛋白质或多肽发生偶联反应，生成的苯氨基硫甲酰衍生物（PTC-多肽）经过环化，从肽链上断裂下来，然后转变为乙内酰苯硫脲氨基酸（pheyl thiohydantoin amino acid，PTH-氨基酸），利用 PTH-氨基酸在紫外线下有强吸收，可用色谱进行鉴定。

1. 偶联 在弱碱条件下，蛋白质或多肽链 N 端氨基酸残基与 PITC 偶联生成 PTC-多肽。这一反应在 45～48℃进行约 15 分钟，用过量试剂使该反应完全，并洗涤除去过量的 PITC 和缓冲液。

2. 环化裂解 在无水强酸如三氟醋酸（TFA）环境下，靠近 PTC 苯环的氨基酸产生环化，肽链特异性断裂形成游离的带有初始 N 端氨基酸的噻唑啉酮苯氨（anilinothiazolinone，ATZ）衍生物和一个失去原 N 端残基的剩余变短的多肽。剩余变短多肽链可继续进行下一次及后续的降解循环。

3. 转化 在稀酸如 25% TFA 溶液环境下，ATZ 衍生物可转化为稳定的乙内酰苯硫脲氨基酸（PTH-氨基酸）。

以上三个过程不断循环，每个循环反应使蛋白质或多肽裂解出一个氨基酸残基，同时暴露出新的游离的氨基酸开始进行下一个 Edman 化学降解反应，最后通过测定 PTH-氨基酸而实现蛋白质序列测定。

Edman 化学降解法是测定蛋白质序列的经典方法，有已被化学验证的精确性和系统初始投资较小的优势。但由其基本原理可知，Edman 化学降解法存在一定局限：分析时间较长、测得序列数有限（典型的测量长度是 20～50 个氨基酸序列），无法处理 N 端被封闭或有化学修饰（如甲基化、乙酰化等）的蛋白或多肽等。

除了经典的 Edman 化学降解法测定蛋白质的 N 端之外，目前使用最广泛的蛋白质测序方法是质谱法。基于质谱的蛋白质测序方法是先用胰酶等对蛋白质进行降解，得到的肽段经过 LC-MS/MS 分析可得到相应的质谱数据，质谱数据经测序软件分析得到肽段序列，经拼接后可得到完整的蛋白质序列。较 Edman 化学降解法而言，其优点为更敏感、更快速，可以识别 N 端封闭或修饰的蛋白质等。但质谱法的缺点是价格高且无法区分同分异构的氨基酸。

二、蛋白质自动测序仪的基本结构

蛋白质自动测序仪结构非常复杂，其基本组成构件可分为测序反应系统、氨基酸分析系统和信息软件处理系统。

（一）测序反应系统

测序反应系统主要是完成蛋白质或多肽的降解反应，包括反应器、转换器、进样器。

1. 反应器 Edman 化学降解法中的偶联反应和环化裂解反应在此进行。偶联反应前将蛋白质/多肽样品固定在纤维板上或将转印有蛋白质/多肽斑点的 PVDF 膜放置在反应器中，此过程称为固定。反应所需的温度、时间、液体流量等条件由计算机系统自动调节控制。蛋白质/多肽经过偶联和环化裂解反应形成 ATZ 衍生物。

2. 转换器 ATZ 衍生物在此经有机溶剂（如氯丁烷）抽提出来，再经 25% TFA 溶液作用转换成稳定的 PTH-氨基酸。

3. 进样器 PTH-氨基酸由有机溶剂（如乙腈）溶解后经进样器注入高效液相色谱仪。

（二）氨基酸分析系统

通常由精密的高效液相色谱仪毛细管层析柱组成，层析在整个测序过程中最为关键。层析要求严格，必须配有稳压、稳流、自动分配流速装置。各种氨基酸通过此系统会产生自己的特征吸收峰。

（三）信息软件处理系统

由计算机主机完成，提供测序所需运行的时间、温度、电压及其他循环等参数设置，并可实现跳跃和暂停步骤。测序软件根据氨基酸的层析峰来判断为何种氨基酸。

以上为蛋白质自动测序仪的主要部件，在此之外还有蛋白质/多肽的纯化处理配件及整个测序过程必备的试剂和溶液等。

三、蛋白质自动测序仪的性能指标

蛋白质全自动测序仪的性能指标包括灵敏度、稳定性、恒溶剂、操作环境等几方面。①灵敏度：指背景噪声低，反应时间短，流量控制精度高，再现性好，可达 10^{-12} mol 的分析灵敏度。②稳定性：指在等强度洗脱模式下，通过 PTH-氨基酸分析的稳定基线，微量样品分析时，可极易识别序列。③恒溶剂：通过恒溶剂成分洗脱方式进行 PTH-氨基酸分析和鉴定，保留时间更稳定，便于控制，流动相可重复使用，减少废液。装置维护简便易行、可进行多样品连续分析从而降低运行成本和分析时间。④操作环境：Windows 操作环境，操作简单、方便、灵活，可任意修改反应循环中的反应温度等参数，数据易于处理。

四、蛋白质自动测序仪的使用、维护与常规故障处理

（一）蛋白质自动测序仪的使用

蛋白质自动测序仪因不同生产厂家而出现仪器设计各不相同，操作模式也不同。因此，在使用前必须认真阅读仪器的操作手册、维护说明等。但是不同类型、不同系列的仪器仍有些共性操作，具体操作可相互借鉴，触类旁通。蛋白质自动测序仪的常规操作流程见图 10-7。

（二）蛋白质自动测序仪的维护

1. 流动相的选择 采用与检测器相匹配且黏度小的"HPLC"级溶剂，经蒸馏的 0.45 μm 滤膜去除纤维毛以及未溶解的机械颗粒等，再经 0.2 μm 滤膜除去有紫外吸收的杂质（对试样有适宜的溶解度）。避免使用会引起柱效损失或保留特性变化的溶剂。

2. 水的等级 存在不纯物时会增加去离子的吸光率，而纯化水中去除了无机及有机污染物，故须用纯化水。装水的溶剂瓶应经常更换，当仪器连续几天不使用时，应用甲醇清洗管路

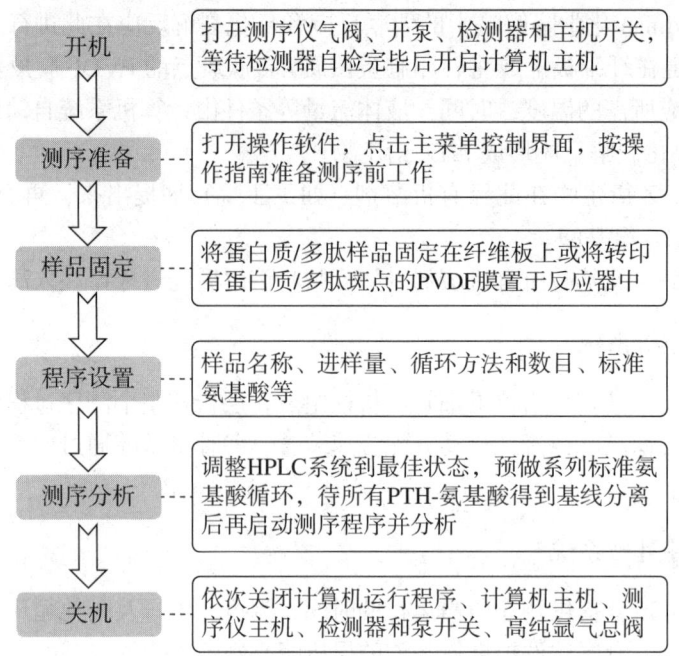

图 10-7 蛋白质自动测序仪工作流程

后再使用。

3. 脱气 除去流动相中溶解或因混合而产生的气泡称为脱气。气泡会对测定结果产生一定的影响：泵中气泡使液流波动，改变保留时间和峰面积；柱中气泡使流动相绕流而使峰变形；检测器中出现气泡则使基线产生波动。因此，脱气可防止由气泡产生而引起的故障；可防止由溶解气体量的变动引起的检测不稳定度。

4. 分析柱 定期使用强溶剂冲洗柱子；使用新柱或长时间未用的分析柱之前，最好用强溶剂在低流量下（0.2～0.3 ml/min）冲洗 30 分钟；使用缓冲盐后，先用水冲洗约 4 小时，再换有机溶剂（如甲醇）冲洗色谱柱和管路；净化样品；分离条件合适；不使用时盖上盖子，避免固定相干枯；使用预柱；避免流动相组成及极性的剧烈变化；避免压力脉冲的剧烈变化。

5. 灯管 氘灯不能频繁开启，否则易损坏。

（三）蛋白质自动测序仪的常规故障及其处理

蛋白质自动测序仪的常规故障及其应对措施见表 10-5。

表10-5 蛋白质自动测序仪的常见故障及其对应措施

故障现象	可能原因	应对措施
管路中不断产生气泡	吸滤头堵塞	用 5%～20% 的稀硝酸溶液超声波清洗后，用蒸馏水清洗
泵无法洗液/排液，流路不通	宝石球黏附于垫片	1. 用针筒抽出口单向阀以产生负压，使宝石球与垫片分开 2. 拆下单向阀，放入异丙醇或水中，用超声波清洗
系统压力波动大或压力偏高	1. 宝石球或塑料片受污染导致密封不好 2. 线路过滤器堵塞	1. 拆下单向阀，放入异丙醇或水中，用超声波清洗 2. 5% 稀硝酸溶液超声波清洗

续表

故障现象	可能原因	应对措施
漏液	1. 手动进样阀转子密封损坏	1. 更换转子密封
	2. 密封圈磨损而导致密封不良	2. 更换密封圈
载样困难	定量环堵塞或进样器污染	清洗或更换定量环、进样器
系统高压、峰型变差、保留时间变化	液相柱污染	正相柱用正庚烷、氯仿、乙酸乙酯、丙酮、乙醇清洗；反相柱用甲醇、乙腈、氯仿、异丙醇、0.05 mol/L 稀硫酸溶液清洗
样品池和参比池能量相差较大	检测器样品池污染	用针筒注入异丙醇清洗样品池，如污染严重，拆开样品池，将透镜等放入异丙醇中超声波清洗

五、蛋白质自动测序仪的主要应用

1. 蛋白质的鉴定 当凝胶电泳中出现未知条带的蛋白质时，可用蛋白质测序仪测其氨基酸序列，为探索蛋白质的功能提供线索。

2. 分子克隆探针的设计 蛋白质序列分析的基本用途之一是设计分子克隆探针，利用蛋白质的氨基酸序列信息可设计 PCR 引物及寡核苷酸探针，然后进行 cDNA 文库或基因组文库的构建及筛选。

3. 抗原的人工多肽合成 在当前细胞生物学、分子生物学、遗传学等生命科学研究的过程中，人工合成多肽已成为一种必不可少的工具。由合成多肽来免疫产生的抗体常用来证实和纯化新发现的蛋白质。此外，合成的多肽类似物能够揭示蛋白质重要结构特征和提示蛋白质的功能特性。

第五节 生物芯片

生物芯片（biochip）技术又称微阵列（microarray）技术，起始于 20 世纪 90 年代，是 DNA 杂交探针技术与半导体工业技术相结合的产物。生物芯片根据生物分子间特异相互作用的原理，将生化分析过程集成于芯片表面，从而实现对核酸、多肽、蛋白质及其他生物分子的高通量快速检测，其主要特征是高通量、微型化、自动化、高度并行性和多样性。近年来，随着生命科学的快速发展，医学/药学研究、体外检测/诊断需求的迅速增加，生物芯片作为当代极为重要的新兴科学技术平台在临床检测、精准医疗等方面得到广泛应用。

一、生物芯片的工作原理及分类

生物芯片是指包被在固相载体上的高密度 DNA、抗原、抗体、细胞或组织的点微阵。其基本原理是基于生物分子间特异性相互作用（DNA-DNA、DNA-RNA、抗原-抗体、受体-配体），将生化分析过程集成于芯片表面，设计其中一方为探针并固定于载体表面，通过分子间的特异性反应从而实现对 DNA、RNA、多肽、蛋白质以及其他生物成分的高通量快速检测。

全球首个生物芯片产品问世以来，生物芯片的分类方式一直无完全统一的标准。比较常见的分类方式有按用途、作用方式和成分三种分类方法。按用途可将其分为生物电子芯片和生物分析芯片；按作用方式分类可将其分为主动式芯片和被动式芯片；按成分可将其分为基因芯片、蛋白质芯片、细胞芯片、组织芯片。

基因芯片（gene chip，DNA chip，DNA microarray）在生物芯片技术领域中发展最为成熟、先进及具商品化。基因芯片基于核酸互补杂交原理，通过复杂的物理或化学方法，将大量已知序列的 DNA 片段有规则地固定在固相基质上，从而确定样品中的核酸序列及性质，为未知基因的测序、疾病的早期诊断、环境中有毒物质的检测等提供强有力的手段。

蛋白质芯片（protein chip）是一种高通量蛋白功能分析技术，其原理是对固相载体进行特殊的化学处理后将已知蛋白分子（酶、抗原、抗体、受体、配体、细胞因子等）固定其上，根据这些生物分子的特性，捕获能与之特异性结合的待测蛋白，经洗涤、纯化，再进行确认和生化分析，为获得重要生命信息提供有力的技术支持。蛋白质芯片在蛋白质表达谱分析，蛋白质-蛋白质、DNA-蛋白质、RNA-蛋白质间相互作用，以及筛选药物作用的蛋白靶点等方面得到广泛应用。

细胞芯片（cell chip）是将细胞按照特定的方式固定在载体上，用来检测细胞间的相互影响或相互作用。

组织芯片（tissue chip）是将组织切片等按照特定的方式固定在载体上，用来进行免疫组织化学等组织内成分差异研究。

知识链接

芯片实验室

芯片实验室（Lab-on-a-chip）又称微全分析系统（miniaturized total analysis system，μ-TAS），由瑞士的 Manz 与 Widmer 等于 1990 年提出，是富有一定功能的"绿色"技术，是生物芯片技术发展的终极目标。芯片实验室包括芯片、分析仪（驱动源和信号检测装置）、实现芯片功能化方法和试剂盒等，通过分析化学、微机电加工（MEMS）、计算机、电子学、材料科学与生物学、医学和工程学等多学科交叉来实现从试样处理到检测的整体微型化、自动化、集成化与便携化这一目标。在血细胞分析、核酸分析、蛋白质分析等生物医学领域中发挥重要作用。芯片实验室在生物医学领域可使珍贵的生物样品和试剂消耗降低到微升甚至纳升级，分析速度成倍提高，成本成倍下降；预计芯片实验室将在未来的发展中对分析科学乃至整个科学技术以及相关的产业界产生相似的作用。

二、生物芯片的技术流程

生物芯片技术包括芯片制备、样品制备、探针制备、芯片点样、生物分子杂交反应、信号检测及分析和数据分析等几个基本环节。其中，芯片制备及信号检测是其核心。

（一）芯片制备

研究目的不同，芯片的类型及制备方法也不尽相同。目前，芯片制备主要采用表面化学或组合化学的方法来处理固相基质（玻璃片、硅片、尼龙膜、磁性微珠等），然后使用 DNA 或蛋白质分子按特定顺序固定在芯片基质上。如基因芯片制备主要有光蚀刻合成法、压电印刷法和点样法三种，先将固相基质进行表面处理后，根据不同方法的不同原理将 DNA/RNA 片段按顺序排列在芯片上。

（二）样品制备

生物样品的制备和处理是基因芯片技术的第二个重要环节。芯片质量和可信度决定于样品的纯度以及杂交特异性。生物样品成分往往比较复杂，除少数特殊样品外，大多数生物样品常要经过特殊的处理后才能接触芯片。如来自血液或组织中的 DNA/mRNA 样本须先行扩增，然后再被荧光素或同位素标记成为探针，以提高检测的灵敏度。

（三）探针制备

探针制备主要应用于基因芯片技术中。探针的功能是识别靶序列和携带标记物质（如同位素、地高辛、生物素等），便于直接检测靶基因或外源病原体基因。为提高探针检测灵敏度，常用信号放大检测和模板量增加两种方法。信号放大检测法主要通过分子信标、分支探针等技术来实现。分子信标（molecular beacon，MB）是一种基于荧光共振能量转移现象（FRET）和碱基互补配对原则而建立起来的分析技术，其设计的探针在未杂交状态下呈发夹结构，在其 5'末端标记荧光素分子，3'末端标记淬灭剂分子，当探针与靶序列杂交时淬灭基团与报告基团逐渐远离遂发出荧光。分支链 DNA（branched DNA，bDNA）信号放大技术是一种不依赖 PCR 扩增的核酸杂交信号放大检测技术，其设计的探针为庞大分支结构的寡核苷酸片段，分支结构末端标记上酶，杂交时可使样本极弱的信号经分支寡核苷酸与标记酶的双重放大作用后转换为较强的化学信号。

（四）芯片点样

芯片点样是将制备好的探针通过阵列复制器（arraying and replicating device，ARD）或阵列点样机及计算机控制的机器人，准确而快速地将不同探针样品定量点样于固相基质（事先进行特定处理，例如包被以带正电荷的多聚赖氨酸或氨基硅烷）的相应位置上，再由紫外线交联固定后即得到基因芯片。点样的方式有接触式和非接触式两种，接触式点样是点样针直接与固相支持物表面接触；非接触式点样以压电原理将探针样品通过毛细管直接喷至固相基质表面。

（五）杂交反应及过程控制

杂交反应的质量和效率直接关系到检测结果的准确性。杂交反应是一个复杂的过程，为减少生物分子之间的错配率，获得最能反应生物本质的信号，应优化杂交反应条件，其影响因素包括以下几方面。①杂交序列长度：严格配对的杂交分子具有较高的热力学稳定性，非完全杂交的双键分子其热力学稳定性较低，影响杂交分子热力学稳定性的一个重要因素即为杂交序列的长度，长杂交序列形成的杂交分子热力学更稳定，但其区分错配碱基能力更差，短杂交序列形成的杂交分子热力学稳定性更差，但更容易区分出错配碱基。如长度为 12、15、20 个碱基产生的杂交信号强度接近，但 15 个碱基的杂交序列区分错配碱基的效果最好。②探针浓度：以凝胶为支持介质的芯片，可通过提高寡核苷酸的浓度来提高对错配碱基的分辨率和芯片检测的灵敏度。③探针密度：覆盖率高会造成相邻探针之间的杂交干扰，覆盖率低可使杂交信号减弱。④探针与芯片之间连接臂长度：选择合适连接臂长度可使杂交信号增强，另外，连接臂上带任何电荷都将减少杂交效率。⑤核酸二级结构：在使用凝胶作为支持介质时，样品单链核酸越长越容易形成链内二级结构，从而影响其与芯片上探针的杂交效果。⑥ GC 含量：GC 含量不同的杂交序列其形成复合物的热力学稳定性不同。

（六）芯片信号检测

芯片信号检测需要一个扫描装置来将阵列上斑点（核酸标记产生光的强弱变化）的光信号转变为电信号，而能够完成扫描工作的装置就是利用显微镜和光传感技术的各类显微镜，如激光扫描荧光显微镜、激光扫描共焦显微镜或 CCD 相机的荧光显微镜。将芯片置入扫描装置中，通过采集各种反应点的荧光强度和荧光位置，经相关软件分析图像，即可获得有关生物信息。

得到广泛应用且最重要的是激光扫描共焦显微镜，它可在荧光标记分子与 DNA 芯片杂交的同时进行杂交信号的检测，无需去除未杂交分子，从而简化了操作步骤，大大提高了工作效率。

（七）数据分析

对生物芯片带来的海量数据进行解析是生物芯片研究的重要环节。生物芯片数据分析包括图像识别、数据提取和入库、标准化处理及生物学分析等。完整的生物芯片配套软件应包括生物芯片扫描仪的硬件控制软件、生物芯片的图像处理团建、数据提取或统计分析软件、芯片表达基因的国际互联网上检索和表达基因数据库分析和积累。对所读取数据的处理方面，目前已经有许多数学统计的方法，如聚类分析、主成分分析、时间序列分析等用于芯片数据处理与信息提取，但是还没有一种"标准"的统计方法。

三、生物芯片的应用

生物芯片技术的本质是生物信号的平行分析，因其高效、快速而无与伦比的优势，已在医学、分子生物学等领域显现出巨大的应用价值，具有非常广阔的发展前景。

（一）生物制药

基因芯片技术可用于基因测序、基因表达和新的遗传标志检测等，这对寻找新的功能基因、寻找新的药物作用靶点和开发新的基因药物具有重要意义。新药在实验阶段要通过人体安全性实验，就必须观察药物对人基因表达的影响，由于并不知道药物对哪一种基因起作用，因此须对已知所有或一定范围内的基因表达进行检测，而采用基因芯片技术可以迅速而准确地完成这一任务。

（二）医学诊断

生物芯片在医学上的应用包括优生优育、临床诊断、个体化医疗、法医鉴定等。

1．优生优育　目前已知有 600 多种遗传性疾病与基因有关，在妊娠早期用 DNA 芯片做基因诊断，可避免许多遗传疾病的发生。

2．临床诊断　大部分疾病与基因有关，如把 $p53$ 基因全长序列和已知突变的探针集成在芯片上，制成 $p53$ 基因芯片，在癌症早期诊断中发挥作用。另外，还可用于细菌及病毒等病原体检测、基因分型、耐药基因的鉴定等。

3．个体化医疗　临床上存在同样药物的剂量对不同患者药效不同，这主要是由于患者遗传学上存在的差异。如果利用基因芯片技术对患者先行诊断，再开处方，就可对患者实施个体优化治疗。如采用芯片技术对乙肝病毒患者每隔一段时间检测一次，这对指导用药、防止乙肝病毒耐药性很有意义。

4．法医鉴定　DNA 芯片不仅可做基因鉴定，而且可通过 DNA 中包含的生命信息描绘生命体的外貌特征，常用于灾难事故后鉴定尸体身份，以及鉴定父母和子女之间的血缘关系。

5．其他　生物芯片还可用于器官移植、组织移植、细胞移植等方面的基因配型，如 HLA 分型。花粉过敏等人体对环境的反应都与基因有关，若对与环境污染相关的基因进行全面监测，将对生态环境控制及人类健康有重要意义。

自测题

一、选择题

1. 流式细胞仪分选速度与细胞悬液中分选细胞直接相关的是
   A. 细胞含量
   B. 细胞性质
   C. 细胞大小
   D. 有否胞膜
   E. 单核或多核

2. 流式细胞仪采用的发光源系统为
   A. 荧光
   B. 激光
   C. 射线
   D. 白光
   E. 单色光

3. PCR 核酸扩增仪最关键的部分是
   A. 温度控制系统
   B. 荧光检测系统
   C. 软件系统
   D. 热盖
   E. 样品基座

4. qPCR 仪的关机程序一般为
   A. 软件→qPCR 仪→计算机
   B. 软件→计算机→qPCR 仪
   C. qPCR 仪→软件→计算机
   D. qPCR 仪→计算机→软件
   E. 计算机→qPCR 仪→软件

5. 能以一定的 DNA 片段为模板，变换不同温度扩增该片段的仪器是
   A. 蛋白测序仪
   B. DNA 测序仪
   C. PCR 扩增仪
   D. 读胶仪
   E. 质谱仪

二、问答题

1. 简述 DNA 测序仪的工作原理。
2. 简述 Edman 降解反应具体过程。
3. 简述生物芯片的概念及原理。

(蔡群芳)

第十一章 临床即时检验仪器

学习目标

1. 掌握 即时检验的概念、特点。
2. 熟悉 即时检验技术的基本原理、常用仪器及临床应用。
3. 了解 即时检验存在的问题与发展前景。
4. 能够学会临床常用即时检验仪器的使用及仪器的维护与保养。

第一节 即时检验的概念与特点

即时检验（point-of-care testing，POCT）曾称床边检验、患者身边检验、家用检验、检验科外检验等，随着这一领域的发展，这些名词已不能概括POCT。POCT是检验医学发展的新领域，具有操作简单、快速获得检验结果、方便自检等优点。随着人们的健康意识的提高、生活节奏的加快，即时检验在临床应用中得到了飞速的发展，也促进了临床检验仪器及产学研的发展。

> **知识链接**
>
> **Kost博士创造了术语"即时检验"**
>
> 1972年，Kost博士研究生物传感器，并监测体内心肺压力和休克下的pH的变化。他直接在患者一侧的手术室中进行了全血分析，并立即将结果报告给麻醉和外科小组，然后由他们进行操作。在20世纪80年代初期，Kost博士创造了术语"即时检验"，同时在加利福尼亚大学戴维斯分校医疗中心对肝移植患者进行了床边全血钙离子系列测量。创新技术的出现和成熟不断推动了POCT的快速发展，如今成为了医学领域的专业课程。

一、即时检验的概念

关于POCT有多种解释：① POCT设备是指在靠近患者的地方，在极短的时间内，以混合型实验室的形式，获得准确测量结果的装置与仪器；② POCT是指在实验室之外，靠近检测对象，并能及时报告结果的一个微型的移动检测系统，它能在床旁、护理部、病房或任何其他在主实验室之外的地方进行检验；③美国临床实验室标准化委员会（National Committee for Clinical Laboratory Standards，NCCLS）发表的 AST2-P 文件（1995 年 3 月）提出的床边体外诊断检验导则指出，POCT 即床边检验或近患者检验，是利用便携式设备在数分钟内得出检验结果的一种检验方式，广泛适用于医院、护理病房、救护单位、保险公司、家庭保健网络等领域，它的出现使传统上由专门检验人员完成的工作更多地交给了非检验人员完成。概括地说，POCT 的组成包括：地点、时间（point），保健、照料（care），检验、试验（testing）。POCT（point-of-care testing）字面的含义是，在受治疗者现场的保健检验。POCT 译为"即时检验"更能表达其内涵。综上所述，即时检验是指在患者身边，由非检验专业人员（临床人员或患者）在临床实验室外采用便携式、可移动的小型检测仪器和试剂，快速分析患者标本并及时报告检测结果，并能对检测结果及时反馈和干预的体外诊断检测系统。该技术最早用于家庭或医院患者床边检验，如用血糖仪进行血糖水平检测，操作简单，家庭成员或患者本人就可以完成操作。

二、即时检验的特点

POCT 一般不需要临床实验室的仪器设备，不需要专门检验人员，也不需要专用的实验空间。POCT 主要特点：①其仪器小型化，便于携带；②操作简单化，非检验人员可完成；③结果报告及时化。POCT 与临床实验室检测的主要区别见表 11-1。

表11-1　POCT与临床实验室检测的主要区别

比较项目	POCT	临床实验室检测
周转时间	快	慢
标本鉴定	简单	复杂
标本处理	不需要	通常需要
血标本	多为全血	血清、血浆
操作	简单	复杂
校正	不频繁	频繁
试剂	随时可用	需要配制
检测仪器	简单	复杂
对操作者要求	普通人员	专业人员
单个实验费用	高	不高
检测结果质量	一般	高

要点提示：即时检验的概念与特点。

第二节　即时检验技术的基本原理

根据方法学原理，目前临床上常用的 POCT 检测项目的技术原理大致可分为以下几类。

一、干化学检测技术

（一）简单显色技术

简单显色技术是运用干化学测定的方法，将多种反应试剂干燥并固定在纸片上，以被测样品中的液体作为反应介质，被测成分直接与固化于载体上的干试剂进行反应。加入待测标本后产生颜色反应，可以直接用肉眼观察（定性）或仪器检测（半定量）。适应于全血、血清、血浆、尿液等各类样品，如血中前降钙素（PCT）的半定量，尿液蛋白质、葡萄糖、比重、维生素C、pH等项目检测。

（二）多层涂膜技术

多层涂膜技术是从感光胶片制作技术改良而来，也属于干化学测定，将多种反应试剂依次涂布在片基上并制成干片，用仪器检测，可以准确定量。按照干片制作原理的不同，可分为采用化学涂层技术的多层膜法和采用离子选择电极原理的差示电位多层膜法。

1. 化学涂层技术的多层膜法　是在干式试带的正面加上样品，样品中的水将干片上的试剂溶解，使之与待测成分在干片的背面产生颜色反应，并用反射光度计检测，进行定量。干片中的涂层按其功能分4层，分别是分布层、试剂层、指示剂层和支持层，其结构见图11-1。

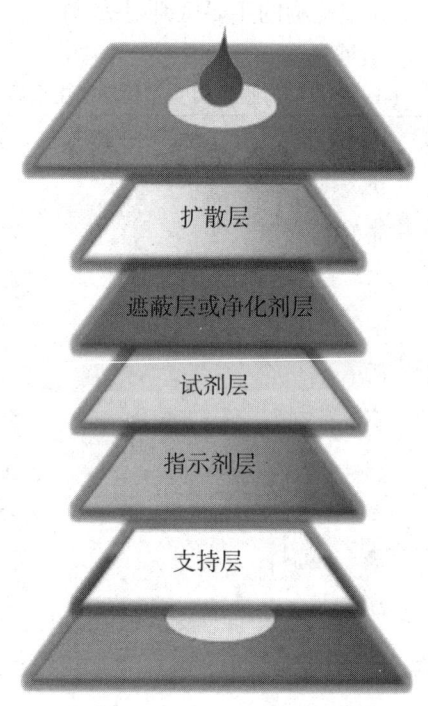

图 11-1　化学涂层技术的多层膜法结构示意图

（1）分布层：有时又分成扩散层和遮蔽层。扩散层：多孔毛细管网状结构，使样本中的液体渗透到其他层；减少干扰物（蛋白质、血脂和血红素）至最小化；在读测时提供白色背景，起反射面作用；将样本均匀地扩散在反应区域。遮蔽层或净化剂层：筛除许多干扰色素、氧化一些内生干扰物质、螯化一些内生干扰物质。

（2）试剂层：增加酶方法试验的特异性、控制反应程序、控制pH以优化反应。

（3）指示剂层：促使反应结束，与试剂层中形成的物质产生有色复合体，有色复合体用优化的波长进行测量以增强试验的敏感性。

（4）支持层：起物理固定作用，同时允许测量光自由通过。最具代表性的仪器为干式全自动生化分析仪，可用于测定血糖、尿素氮、蛋白质、胆固醇、酶活性、胆红素等30多个生化项目。

2. 差示电位多层膜法 该类仪器使用的膜片包括两个完全相同的"离子选择电极"，均由离子选择敏感膜、参比层、氯化银层和银层组成，并以一纸盐桥相连。测定时取血清和参比液分别加入并列而又独立的两个电极构成的加样槽内，即可测定两者的差示电位。若样品液与参比液中的待测无机离子浓度相同，则差示电位为零，若两者浓度不同，则可以由差示电位的相应值计算出该离子的浓度。该多层膜的使用是一次性的，不存在电极老化和蛋白沉积的缺点，且标本用量少，在临床上广泛应用，如钠、钾、氯测定。

二、免疫学检测技术

（一）免疫胶体金技术

胶体金、银、硒及色素（包括荧光色素和非荧光色素）可以牢固吸附在抗体的表面而不影响抗体的活性，当标记抗体与抗原反应聚集到一定浓度时，可以直接呈现颜色（肉眼可见红色或粉红色斑点）。目前，金、银、硒及色素标记免疫反应的方法主要有斑点渗滤法和免疫层析法，用于快速检测蛋白质类和多肽类抗原，如 cTnT、血清白蛋白、hs-CRP 及一些病毒，如 HBV、HCV、HIV 等的抗原和抗体定性。配合小型检测仪，可做半定量和定量。

（二）免疫荧光技术

免疫荧光技术的基本原理主要是抗原-抗体反应，是将不影响抗原、抗体活性的荧光物质标记在抗体或抗原上，与其相应的抗原或抗体结合后，在荧光显微镜下呈现一种特异性荧光反应，从而可对抗原进行细胞定位，也可通过检测板条上激光激发的荧光，定量检测板条上单个或多个标志物。以荧光物质标记抗体而进行抗原定位或定性与定量检测的技术，又称为荧光抗体技术（fluorescent antibody technique）。

近年来，出现了一种新型检测技术——时间分辨荧光免疫测定（time-resolved fluorescence immunoassay，TR-FIA），该技术是以长荧光寿命镧系元素铕（Eu）螯合物作荧光标志物，延长荧光测量时间，待短寿命的自然本底荧光完全衰退后再进行测定，从而有效地消除了非特异性本底荧光的干扰。可用于检测心肌损伤标志物肌红蛋白（Mb）、肌钙蛋白Ⅰ、肌酸激酶同工酶（CK-MB）、生殖和感染标志物等项目的定量测定。

三、红外分光光度技术

红外分光光度技术是利用物质对红外光的选择吸收来进行结构分析、性质鉴定和定量测定的方法。常用于制作经皮检测仪器，用于检测血液中血红蛋白、胆红素、葡萄糖等多种成分。这类检测仪器携带轻便、价格低，可连续监测患者血液中的目的成分，无需抽血，可避免抽血可能引起的交叉感染和血液标本的污染，降低每次检验的成本和缩短报告时间。但其检测结果的准确性有待提高。

四、生物传感器技术

生物传感器技术是利用离子选择电极、底物特异性电极、电导传感器等特定的生物检测器对生物体液中的分析物进行分析检测。该类技术是酶化学、免疫化学、电化学与计算机技术相结合的产物。

（一）葡萄糖酶电极传感器

目前，生物传感器技术已经广泛应用于手掌型血糖分析仪及相关的胰岛素泵领域。电化学酶传感器法微量血快速血糖测试仪，采用生物传感器原理将生物敏感元件酶同物理或化学换能器相结合，对所测定对象做出精确的定量反应，并借助现代电子技术将所测得信号以直观数字形式输出的一类新型分析装置。

（二）荧光传感器

血气分析仪是荧光传感器相关的POCT仪器最具代表性的一种。其使用光学传感器检测技术，利用干化学的原理全自动测量血液 pH、PCO_2、PO_2、K^+、Na^+、Cl^-、iCa^{2+}、Glu、BUN、tHb、SO_2 等。

五、微流控芯片技术

微流控芯片技术是把生物、化学、医学分析过程的样品制备、反应、分离、检测等操作单元集成到一块微米尺寸的芯片，自动完成分析全过程。微流控芯片是微流控技术实现的主要平台，是当前POCT发展的热点领域，它的最终目标是把整个临床实验室的功能，包括采样、稀释、加试剂、反应、分离、检测等集成在微芯片上，实现微型全分析系统的芯片实验室。

六、其他POCT技术

其他POCT技术还包括快速酶标法或酶标联合其他技术检测病原微生物；电阻抗法检测血小板聚集特性；免疫比浊法测定C反应蛋白（CRP）、D-二聚体；电磁原理检测止、凝血功能指标等。

> **要点提示**：即时检验技术的基本原理。

第三节　即时检测仪器的分类

目前，POCT仪器的分类尚无统一的标准，大致有以下三种分类方法。

根据仪器大小和外观分类：便携型、桌面型、手提式及手提一次使用型等。根据所用装置特点分类：卡片式、单一或多垫试剂条式、生物传感条式、微电极式和其他多孔材料等。

按照用途分类：即时血糖检测仪、即时电解质分析仪、即时血气分析仪、即时凝血分析仪、即时心肌损伤标志物检测仪、即时药物监测仪、即时甲状腺激素检测仪等。还可根据定性或定量、家用或临床应用进行分类区别。

第四节 即时检验技术的临床应用

目前,POCT 几乎涉及医学的每个领域,如内分泌疾病、心血管疾病、感染性疾病等,已成为医学检验的一个发展方向,在疾病的预防、诊断与治疗中得到广泛的应用。

一、在糖尿病诊治方面的应用

糖尿病监测常用指标有快速血糖、糖化血红蛋白与尿微量白蛋白等。便携式血糖仪具有体积小、便于携带、操作简单快速等特点,可用全血标本进行即时测定,是临床、患者家庭最常用的检测仪器。

二、在心血管疾病方面的应用

急性心肌梗死(AMI)发病急,严重时会危及患者的生命。心血管疾病或疑似心血管疾病的患者,可用 CRP 即时检测仪器进行常规或超敏 CRP 检测,金标定量检测仪检测 cTnI、Mb,干化学分析仪检测 CK-MB(单项或三项联合检测),荧光传感器检测脑钠肽(BNP)。

三、在感染性疾病方面的应用

POCT 在微生物的检测方面较传统的培养法或染色法更为快速、灵敏,采用免疫层析技术、微流控芯片技术和环介导等温扩增技术等对细菌性阴道病、衣原体感染、性病等进行检测。POCT 也可用于术前感染性指标(HBsAg、HCV、HIV、TP)的快速检测,妊娠前 TORCH-IgM 五项指标的快速检测,结核病耐药基因的筛查等。

四、在发热性疾病方面的应用

CRP 即时检测仪器对 CRP 的检测,与血常规联合应用,对鉴别发热患者感染病原体的种类(细菌或病毒)比单一检测更具特异性,为临床提供更充足的实验指标和诊断依据,可减少盲目性使用抗生素,该检测组合已得到临床医师的普遍认可和支持。

五、在儿科诊疗中的应用

对儿童疾病的诊断检测要求轻便、易用、无创伤或创伤性小、样品需求量少、无需预处理、快速得出结果等。POCT 能较好地达到上述要求。父母可一直陪伴在孩子身边,安抚孩子,且能更好地与医护人员交流病情。

六、在 ICU 病房内的应用

在 ICU 病房内,必须动态监测患者某些生命指标。目前,临床上已应用的 POCT 检测仪器有:用于体外系统的电化学感应器,可周期性地监控患者的血气、电解质、血细胞比容和血糖等;用于体内系统的,将生物传感器安装在探针或导管壁上,置于动脉或静脉管腔内,由监视器定期获取待测物的数据(由于体内监测仪系统耗费巨大,目前尚未被广泛应用)。

七、在循证医学中的应用

循证医学是遵循现代最佳医学研究的证据，并将证据应用于临床对患者进行科学诊治决策的一门学科。POCT 弥补了传统临床实验室检测流程繁琐的不足，操作人员可以在实验室外的任何场所快速、方便地获取患者某些与疾病有关的数据，便于达到循证医学有据可循的目的。

POCT 检测设备具有体积小、便于携带、操作简便等优势，除了在医院应用，在医院外场所也得到广泛应用，如用于家庭自我检测，以及在社区、体检中心、养老机构、救护车上、事故现场、出入境检疫、禁毒和戒毒中心、公安部门等场所检测。

第五节　临床常用的几种即时检验仪器

一、快速检测血糖仪

快速检测血糖仪是一种测量血糖水平的即时检验仪器。血糖仪技术共经历了五个发展阶段。前三代基本都采用反射光度技术测试（光电型），第四和第五代主要采用电化学法测试（电极型），目前多采用葡萄糖脱氢酶电化学测定法。移动互联、动态血糖监测、无创血糖监测是当前血糖仪发展的三个主要方向。手机血糖仪充分利用移动互联技术，结合手机、平板等移动设备，实时给出分析结果，并存储到云端，方便医生及自我进行监控。

（一）检测原理

采用生物电子感应技术，根据酶电极的响应电流与待测样品中的葡萄糖浓度呈线性的关系来计算葡萄糖浓度值，在电极两端施加一定的恒定电压，当待测血样滴加在电极测试区后，电极上固定的葡萄糖脱氢酶与血中的葡萄糖发生酶反应，血糖仪即显示葡萄糖浓度值。

（二）基本结构

快速检测血糖仪基本结构主要包括设置键、显示屏、试纸插口、试纸插槽、密码牌、样本测量室、电池等。试纸条结构包括聚酯膜（顶膜和底膜）、加样区、试剂区、钯电极等。

（三）基本操作方法

血糖仪的操作基本上分五个步骤。第一步：打开电源，一部分是直接按电源开关，一部分直接插试纸自动开机。第二步：编码调节。血糖仪的编码调节方式分为以下三种：①手动输入试纸校正码；②用密码芯片插入机器自动记录试纸校正码；③免调码，无需手动或插入芯片，仪器自动识别。第三步：采血、吸血。采血用随血糖仪配好的采血笔直接采血，然后血滴靠近试纸吸血区就会直接吸进，试纸大部分都是虹吸的。第四步：显示结果。试纸吸血之后，就会呈现倒计时，显示测试结果。第五步：完成测试，关机。主流的血糖仪拔出试纸自动关机，一部分早期产品还需要关闭电源键。

（四）使用与维护

1. 血糖仪的清洁　定期清洁，当血糖仪有尘垢、血渍时，用布蘸水清洁，不要用清洁剂清洗或将水渗入血糖仪内，更不要将血糖仪浸入水中或用水冲洗，以免损坏。

2. 血糖仪的校准　利用购买时随仪器配送的模拟血糖液检查血糖仪和试纸条相互运作是否正常。需要对血糖仪进行校准的情况：①第一次使用新购买的血糖仪；②每次使用新的一盒试纸条时;③怀疑血糖仪和试纸条出现问题时;④测试结果未能反映出患者感觉的身体状况时;⑤血糖仪不小心摔落后。

(五) 常见故障及处理

1. 插入错误的密码牌或不能识别密码牌 应取出密码牌,重新插入与试纸配套的密码牌。

2. 检测光路出现错误或测量光路污染 应清洁光路,检查试纸在插槽内是否平整和垂直。若显示该信息联系客户服务中心。

3. 试纸插入有误 将检测垫面朝上,沿箭头方向插入试纸,直至其嵌入插槽。

4. 血糖仪暴露于强电磁场 应移至别处测定,不要靠近移动电话、微波炉等。

二、快速血气分析仪

快速血气分析仪是指利用电极在较短时间内对血液中的酸碱度(pH)、二氧化碳分压(PCO_2)和氧分压(PO_2)等相关指标进行测定的仪器。快速血气分析仪可分为基于电化学传感器电极和荧光传感器的快速血气分析仪。以 IRMA 快速血气分析仪为例进行介绍。

(一) 检测原理

血样通过微型电极传感器,由传感器通过电化学的原理将各种电信号转化为参数,最后由微处理机对这些数据处理后将结果存储和显示,定期检测温度质控和电子质控确保结果稳定可靠。

(二) 基本结构

由血气分析仪主机、电池充电器、电源供给、充电电池、温度卡及热敏打印机组成。

(三) 基本操作方法

1. 启动测试(两种方法):①分析仪处于"关闭"状态下,插入测试片,分析仪将自动"打开"并开始一次测试;②触摸屏幕右缘,"打开"分析仪。
2. 输入操作者信息。
3. 选择测试片类型。
4. 打开测试片包装袋,检查测试片是否在有效期内。
5. 去掉测试片的保护膜和注血口小帽,并把测试片插入分析仪(必须在打开包装的 15 分钟内插入测试片)。
6. 确定/输入测试片的信息。
7. 校准,校准过程需 1 分钟左右。
8. 注入血样并按"test",分析仪开始分析并进入分析窗口。
9. 分析结束后自动显示并打印分析结果。

(四) 使用与维护

IRMA 血气分析仪的日常维护主要包括电池的维护、打印机的清洁、气压表的校准以及一般清洁。常需清洁的系统部件如下。

1. 清洁触摸屏、充电器、电源线及分析仪表面。
2. 定期按要求清洁电池接触点、电池充电器的接触点和分析仪小室的接触点。
3. 清洁红外探头。每天检查红外探头的表面,仔细观察有无灰尘或污染,可用异丙醇棉球清洁探头表面。清洁后,探头的玻璃表面应当光亮且反射性好,测试前探头一定要干透。

4．清洁边缘连接器。当边缘连接器意外受血液或其他污染物污染,或是进行室间质量控制(EQC)、全面质量控制(TQC)均测试失败,传感器出现错误码,指示边缘连接器可能受到污染,必须清洁。

5．清洁温控卡。每天检查温控卡的引线,如有灰尘或污染,可用异丙醇棉球清洁。

(五)常见故障及处理

1．TQC测试失败 ①清洁红外探头;②清洁温控卡的接口;③验证是否使用了正确的温控卡的校准码;④验证分析仪与温控卡均已达到室温。

2．EQC测试失败 重复EQC测试。

3．传感器出错 ①验证血盒已正确平衡;②用新血盒重新按程序进行测试;③如果出错率一直很高,清洁红外探头与边缘连接器后再运行EQC测试仍然不通过,这时就要按照清洁边缘连接器顺序更换电子接口。

4．温度出错 ①血盒温度超过工作温度范围(15~30 ℃/59~86 ℉),换新血盒在工作范围内进行测试;②分析仪温度超过工作温度范围(12~30 ℃/54~86 ℉),按退出键,断开分析仪电源,让分析仪平衡到工作温度范围内至30分钟再测试。

第六节 即时检验存在的问题与发展前景

一、即时检验存在的问题与对策

(一)即时检验存在的问题

1．质量保证问题 是影响POCT发展的最大因素。导致POCT产生质量不稳定的主要原因有:各种POCT检测仪的准确度和精度各不相同,而且缺乏质控措施,没有统一的室内和室间质量控制;POCT每块试剂板(条)自成体系,受保管条件等多种因素影响,每块试剂板间可能也存在误差;POCT主要由非检验人员(如医师和护士等工作人员)进行检测,他们没有经过适当的培训,不熟悉设备的性能和局限性,缺乏临床检验操作经验,不了解如何进行质量控制和质量保证等。这些都将严重影响POCT的开展和应用。

2．循证医学评估问题 从疾病的诊断和治疗来说,POCT缩短了检验周期,对中心实验室有很好的补充,但对POCT仪器及检验结果本身来说,尚缺乏循证医学的评估。

3．费用问题 在目前条件下,POCT单个项目的检测费用,高于常规性检验或传统实验室检验。

4．报告书写不规范 如使用热敏打印纸直接发报告,报告单上患者资料填写不完整,报告内容不规范(包括检测项目或英文缩写、检测结果、计量单位等)和检测报告者签名不规范等。

5．思想认识上的误区 人们对POCT没有全面而正确的认识,总认为POCT是定性的床边检验,结果的可靠性差,但实际上许多POCT检测项目已获得很大的改进。

(二)相应对策

1．建立健全POCT分析仪的质量保证体系和管理规范 目前,我国已经出台了《关于POCT的管理办法(试行草案)》,对POCT的组织管理、人员的培训、专用仪器的认可、质量保证计划操作规范、人员安全性及废物处理、即时检验的操作程序、结果的报告以及费用等问题都做了详细的规定与说明。类似的管理规范文件将有效提高POCT的质量保证。

2. 规范化POCT仪器的操作培训 严格对医、护等非检验人员操作培训，培训合格、上岗证确认后方可上岗操作。

3. 降低单个检测项目的检验费用 运用现代高科技技术，研制出价廉、简便、性能好的POCT仪器和低成本试剂。

4. 加强组织管理及多部门协调的管理 省、市临检中心对POCT仪器使用应做好组织管理，与各部门协调开展POCT仪器质控、校正、使用的管理。建立有效的质控措施，参与室内和室间质控。定期将POCT检测与临床实验室检测结果进行比对，保证检验结果的一致性。建立POCT与医院信息系统的联通，保证检测结果传输的正确性。

二、即时检验的发展前景

POCT技术具有快速、方便、准确等优点，已成为当前检验医学发展的潮流和热点。一台理想的POCT仪器应具备以下特点：①仪器小型化、便于携带；②操作简单化，不需要额外人工处理标本、不需要非常精确的加样，结果准确并能自动保存所有记录；③报告即时化，缩短检验周期；④能获得权威机构的质量认证；⑤仪器和配套试剂中应配有质控品，可监控仪器和试剂的工作状态；⑥仪器检验项目具备临床价值和社会学意义；⑦仪器的检测费用合理；⑧仪器试剂的应用不应对患者和工作人员的健康或对环境造成不利影响等。

现代高新技术的不断应用将会给POCT发展带来新的突破。微型芯片技术的应用将使相关的POCT仪器更加小型化、人性化，操作更加方便，结果更加准确快捷，并能同时检测多个项目，是POCT发展的一个重要趋势。另外，应用无创性/少创性技术的POCT仪器将是POCT的另个发展方向，未来几年非创伤性POCT检测系统有望从临床研究全面走向市场。

自测题

一、选择题

1. POCT的主要特点为
   A. 实验仪器小型化、检验结果标准化、操作方法简单化
   B. 实验仪器综合化、检验结果标准化、操作方法简单化
   C. 实验仪器小型化、操作方法简单化、结果报告即时化
   D. 实验仪器综合化、检验结果标准化、结果报告即时化
   E. 实验仪器小型化、操作方法简单化、试剂稳定性好

2. POCT技术不包括
   A. 湿化学测定技术　　　　　　　　B. 免疫胶体金技术
   C. 生物传感器技术　　　　　　　　D. 红外分光光度技术
   E. 免成荧光技术

3. 干片中的涂层按其功能可分为
   A. 分布层、试剂层、指示剂层、支持层
   B. 扩散层、试剂层、指示剂层、支持层
   C. 指示剂层、遮蔽层、试剂层、支持层

D．试剂层、指示剂层、支持层、净化剂层

E．扩散层、试剂层、指示剂层、遮蔽层

4．经皮检测仪器的基本原理为

A．干化学检测技术　　　　　　　　B．免疫学检测技术

C．红外分光光度技术　　　　　　　D．微流控芯片技术

E．生物传感器技术

5．快速检测血糖仪的基本原理为

A．干化学检测技术　　　　　　　　B．免疫学检测技术

C．红外分光光度技术　　　　　　　D．微流控芯片技术

E．生物传感器技术

二、问答题

1．POCT的定义与主要特点是什么？

2．简述即时检验技术的临床应用。

（谢荣华）

第十二章 临床实验室自动化系统

学习目标

1. 掌握 临床实验室自动化系统的基本概念与分类。
2. 熟悉 临床实验室自动化系统的基本组成及功能。
3. 了解 实验室自动化系统的发展简史。
4. 通过实践学会临床实验室自动化的使用与维护。

近年来，检验医学快速发展，检验医学由传统的手工操作到半自动、再到全自动，基本实现了准确、标准、简便、快速及微量，提高了检测水平、检测效率。检验医学自动化系统有关新理论、新技术、新方法和新仪器日新月异。临床实验室的仪器设备向着自动化、智能化、信息化、一体化的趋势发展，实验室自动化系统开始出现并逐步得到应用。

第一节 临床实验室自动化系统的发展简史

自20世纪50年代起，临床实验室自动化系统经历了三代发展阶段。

第一代实验室自动化系统：20世纪50年代，将酶、辅酶、缓冲液等配制成随时备用的试剂盒；50年代后期，利用原子发射原理研发出火焰光度计；60年代开发了单通道和多通道的顺序式自动生化分析仪（如贝克曼血糖分析仪），实验室自动化步入起始阶段。

第二代实验室自动化系统：20世纪70年代，自动生化分析仪器问世，使手工加样、孵育和测定过程实现了自动化，并改善了不同仪器对同一标本检测同一项目所得结果的质量（包括结果的一致性、可比性、精度和准确度）。80年代初期，人们要求提高检验效率、缩短检验周期，减少分析测试标本用量，又促进了实验室自动化系统的更新换代。

第三代实验室自动化系统：实验室自动化系统（laboratory automation system，LAS）在20世纪80年代开始于日本。1996年，国际临床化学和实验室医学联盟（IFCC）大会上提出了全实验室自动化的概念。全自动化的仪器设备覆盖了工作流程中分析前、分析中、分析后的绝大部分，检验人员只需面对仪器和数据而不必接触标本，所有的标本都封闭于仪器和传送系统中，避免了潜在的污染。20世纪90年代，LAS进入美国和欧洲，全球实验室自动化发展迅速。

在我国，随着检测项目增多，临床需求增高，检验医学面临着新的挑战：既要提高工作效率，又要求检测质量与国际标准实验室接轨。随着自动检测仪器、自动传输系统、控制系统等快速发展，实验室自动化系统从单纯提高速度转变为向质量、需求和简便方向发展，设计和开发出以满足临床检验诊断实际需求的模块化概念产品（包括分析前、分析中和分析后）。临床检验实现了自动化工作流水线作业。

> **知识链接**
>
> **临床实验室自动化在临床微生物实验室中的应用**
>
> 迄今为止，自动化在临床生物、免疫和临床血液实验室中已被广泛使用，但在临床微生物实验室中起步较晚。微生物检验的发展，特别是基质辅助激光解析电离-飞行时间质谱，以及微生物标本液体转运技术的运用，促进了微生物实验室自动化逐步普及。目前，自动化在微生物实验室的应用，并不仅限于已成熟应用的血培养系统、自动化鉴定和药敏系统，而更多所指的是微生物标本处理系统和微生物TLA系统。微生物实验室自动化系统可分为三大部分：第一部分为标本处理系统，包括标本接种至固体或液体培养基、液体培养基的次代培养、平皿划线、平皿标记以及涂片制备等；第二部分为提供全微生物实验室自动化解决方案的系统，包括标本处理器，以及为达到不同级别自动化程度的各种模块；第三部分为各种微生物自动化鉴定和药敏系统。

第二节　临床实验室自动化系统的基本概念与分类

一、实验室自动化系统的基本概念

实验室自动化系统是将多个检测系统与分析前、分析后处理系统进行系统化的整合，通过检测系统和信息网络连接来完成检验及信息自动化处理过程的系统组合。系统中的样本通过自动化运送轨道在不同的子系统中流转，形成覆盖整个检验过程的流水作业，达到全检验过程自动化的目的，又称检验流水线。

二、实验室自动化系统的分类

实验室自动化是一个逐步发展的过程，根据自动化程度主要分为：分析仪器自动化、模块自动化、全实验室自动化三个发展阶段。

（一）分析仪器自动化

分析仪器自动化即分析仪器本身的自动化，如全自动血液分析仪、全自动生化分析仪等。主要应用了条形码技术，自动识别样本、试剂的功能，是实验室自动化的初始阶段，未涉及标本前、后处理等过程的自动化。

（二）模块自动化

模块工作单元由两台或两台以上具有相同分析原理的自动分析仪和一台控制器组成，合理分配，实现高速、高效的测定。实验室模块自动化系统包括分析前自动化系统、合并自动化分析仪或整合自动化分析仪、分析后自动化系统。模块可选择性进行增减、组合，例如：增加分析模块可提升分析速度或能力；增加前处理模块可完成自动离心、开盖、分杯等功能。模块由同一厂商提供，不同的模块组合后称为工作站，如血清工作站可进行生化和（或）免疫项目。模块自动化的集成度和自动化程度较低，只能满足部分专用需求，但其选择灵活，建设成本较低，适合多数中小实验室，在国内有较广阔的市场。

（三）全实验室自动化

各种类型的仪器或模块分析系统（如生化、血细胞、血凝、尿液、免疫分析仪等）通过轨道连接起来，进一步整合而构成流水线，充分发挥各检测子系统的最大功能，可进行线上任一项目的检测，构成全实验室自动化（total laboratory automation，TLA）。全实验室自动化可实现对标本前处理、传送、分析、存储的全自动化过程，使实验室的检测速度和质量都得到极大的提升，是未来临床实验室发展的方向。

要点提示：实验室自动化系统的基本概念与分类。

第三节 临床实验室自动化系统的基本组成及功能

临床实验室自动化系统包括硬件和软件两部分。硬件完成标本的传送、处理和检测功能，主要由标本传送系统、样本前处理系统、分析检测系统和分析后输出系统构成。软件完成对硬件的协调控制和信息的传递，主要由内部的分析测试过程控制系统，以及外部的实验室信息系统（laboratory information system，LIS）和医院信息系统（hospital information system，HIS）组成。

一、标本传送系统

标本传送系统负责将样品从一个模块传递到另一个模块，并将处理好的样品输送到各分析仪上，同时各类自动分析仪（生化分析仪、免疫分析仪、血液分析仪等）联为一体的作用，传送系统依样品传送方式的不同，可分为传输带装置和机械手装置。

（一）传输带装置

由智能化传输带和机械轨道组成。样本沿着轨道确定的路线行进，实现全实验室自动化各部分的连接，其特点是技术稳定、速度快、价格低，在大多数自动化系统中得到广泛应用。传输带装置的不足：当实验室因开展新的项目而引入新的分析仪器，传输带装置不能适应实验室布局改变的要求；也不能处理多种规格的样品容器（从微量血液样品的容器一直到大的尿液样品容器），必须将不同样品分装到标准的容器中。

（二）机械手装置

机械手具有高灵敏性和高精密性，对不同形状、规格的标本容器很容易适应，并轻松抓取转移，可弥补传送带装置的不足。机械手根据底座是否固定，分为固定机械手和移动机械手。前者为固定在底座上的机械手，仅限于一个往返区间或以机座为圆心的半圆区域内，其活动范围相对较小；后者因底座可以移动，活动范围较大，灵活性更强，可为多台分析仪器提供标本。通过编程控制其移动范围，机械手较容易适应系统布局的变更。但可移动机械手只能以整批方式传送样品，若两批传送之间的间隔过长，就会影响整个实验室的检测速度。

（三）样品传送模式

样品传送分为单管传送和整架传送两种模式。单管传送模式的样品相互独立，可同时送至相应的模块进行检测，灵活性强，速度相对较慢。整架传送模式将一组样品置于一个样品架上进行整体传送，速度较快，但其灵活性稍差，不同检测模块的样品置于同一样品架后，整体检测速度反而会下降。减少样本对轨道的占用时间可提升 LAS 的整体速度，有的 LAS 采用一次性吸够样本并尽快释放样本来减少轨道占用，有的 LAS 采用双轨道运载样本，一轨检修，另一轨正常工作，而不影响检测。

二、标本前处理系统

标本前处理系统可自动化完成样本分类、识别、离心、去盖、分装及标记等，为样品送至分析检测模块做好准备。由样品投入单元、离心单元、去盖单元、在线分杯单元组成。

（一）样品投入单元

样品投入单元是样品进入系统的入口，有常规入口、急诊入口、复测样品入口三种形式。常规样品从样品投入模块常规入口进入；急诊样品从样品投入模块上的急诊入口进入；复测样品从收纳缓冲模块的复测样品入口进入。优先级别：急诊入口＞复测入口＞常规入口。投入单元的缓冲区，可保证样品能连续进入全自动样品处理系统，系统可识别原始管上的条形码和样品管帽的颜色，通过 LIS 从 HIS 获取样品相关检测信息，并进行分类，不能检测的样品（非在线项目的样品、条形码无法识别的样品、无法获取检验信息的样品等）送至特定位置，能够检测的样品将进行后续处理。

（二）样本离心单元

离心单元在全自动标本前处理系统中通常是作为独立可选单元存在的，完成样本的自动离心，具有自动配平功能，离心时间转速和温度均可自行设定。样品由机械臂放入和取出离心机，样本处理速度为 200～400 个/时，配备 1～2 台，增加离心单元数可以提高样本的处理速度，高峰时可采用线下离心的方式进行补充，已经线下离心的样品，在主控端设定该样品已离心，即可忽略对该样品的自动离心操作。

（三）样本去盖单元

样本去盖单元完成试管盖的自动去除功能，减少实验室工作人员直接接触样品所带来的生物安全隐患，也提高了工作效率。可识别已开盖的样品，避免重复操作，开盖失败后会自动报警。已手工开盖的样品，在主控端设定该样品已开盖，即可忽略对该样品的自动开盖操作。

（四）在线分杯单元

样本加样有两种方式：①原始样品直接加样；②利用分杯后的子样品进行加样。当项目分布在不同的检测模块时，第一种方式需要顺次进入相应检测系统，工作效率下降，且原始样品有被交叉污染的可能。第二种方式由分杯单元将原始样品分成若干个子样品，系统生成次级条形码并粘贴到子样品上，使其能被识别。分杯时机器采用一次性采样吸头，可避免发生样品间的交叉污染，子样品可同时进行检测，提高了整体检测速度。

在线分杯单元具有对血清样本的质和量进行自动分析的功能。自动检测血清容量是否足够，再进行智能分杯。通过对样品管进行拍照，进行血清指数检测，质量有问题的样本（溶血、黄疸、脂血）进行标记。检测到的不合格标本会被传送到出口模块设定的特定区域。

三、分析检测系统

分析检测系统包括连接轨道和各种分析设备，连接轨道将传送过来的样品送入分析设备来完成检测工作。可以根据自己的需求接入不同类型的仪器，如生化分析仪、免疫分析仪、血液分析仪等。在线的设备既可在线运行，也可单独离线运行，这样可避免传送系统出现问题而影响工作。

四、分析后输出系统

分析后输出系统完成样品输出或储存缓冲的功能，包括出口模块、标本储存缓冲区、样本加盖模块。出口模块主要用于接收需人工复检的标本、开盖或分杯错误的样本、离心完毕的非在线检测标本、复位后推出的标本等。这些样本自动投入出口模块中预先设定的各区域等待人工处理。标本储存缓冲区基本功能是管理和储存标本。当LIS审核报告时，需要在线自动复检或人工复检时，索引管理可快速查找特定的标本，并被自动送入复检回路而完成复检。标本储存缓冲区可具备冷藏功能，存储前样本会被加盖模块自动密封，避免标本浓缩和被污染。

五、分析测试过程控制系统

分析测试过程控制系统是整条流水线的指挥中心。它通过LIS实时完成与HIS紧密的信息交流，及时获得患者信息及样本检验信息，协调控制样本在各模块间正确合理地流转分配；通过LIS信息直接识别检验标本，根据条形码信息进行分送标本，传输患者基本信息及检验项目，与检验设备进行双向通讯，及时指令分析仪器完成相应的检测，监控标本的实时状态，获得结果信息；依据设定的审核规则进行自动化结果审核、复检、打印报告等，以达到检验全过程中检验信息自动化管理。

要点提示：临床实验室自动化系统的基本组成及功能。

第四节　计算机信息系统在实验室全自动化系统中的作用

信息化管理系统的构建及应用是医学检验自动化流水线顺利高效运行的关键和前提。实验室全自动化系统（LAS）通过将分析前和分析后处理系统和多个检测系统进行系统化的整合，使自动化检验仪器和信息网络连接完成检验过程及信息自动化处理。由于样本流、信息流数量庞大，计算机软件在保证LAS和外部网络的信息交流畅通无阻，样本处理系统、传送系统和分析检测系统之间的自动协调运作过程中发挥了重要的作用。实验室自动化系统中的软件包括LAS、LIS、HIS，有的还有位于LIS和LAS之间的中间软件，这些软件系统的无缝对接是确保LAS顺利运行的前提，信息化管理系统见图12-1。条形码作为信息的载体在实验室自动化过程中发挥了重要的媒介作用，通过对它的识别，LAS、LIS、HIS之间的信息流得以交换。

一、实验室信息系统在实验室自动化系统中的作用

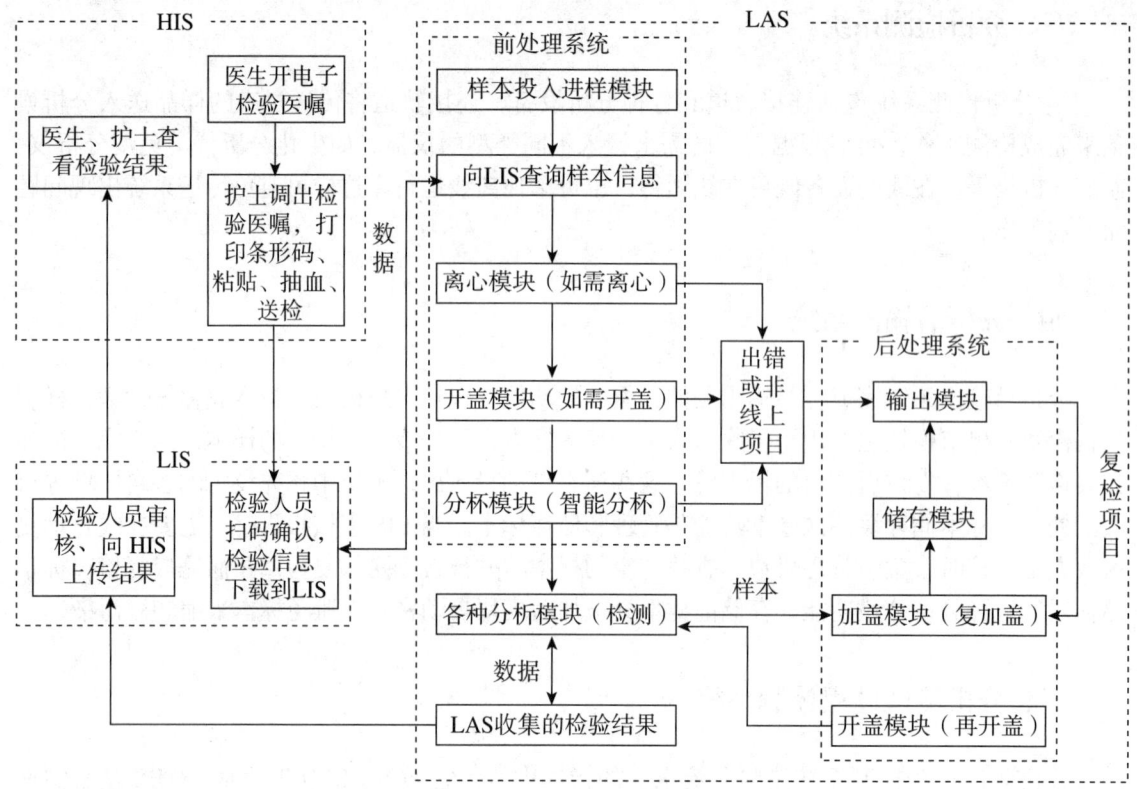

图 12-1 临床实验室信息化管理系统示意图

LIS 主要为实验室的业务工作提供信息支撑和服务，接收、处理和存储检验流程中生成的各种信息的软件系统。LIS 在 HIS 与 LAS 中发挥重要的桥梁作用，LIS 接收 HIS 中患者的各种检验信息，经分析处理后，再反馈给 LAS，由 LAS 内置的操作系统根据接收的 LIS 信息，协调控制整个自动化系统的正常运行。而 LAS 运行过程中产生的大量的结果、样本流转节点、质量控制、分析仪状态等信息，同样须经 LIS 接收、分析处理后反馈给 HIS，供临床医生、护士查阅。

二、条形码在实验室自动化系统中的作用

条形码是由一组不同宽度、不同反射率的条和空按规定的编码规则组合起来，用以表示一组数据的符号。利用条形码技术，建立完善的医学检验网络系统，实现检验医嘱的生成、医嘱执行、样本采集、样本核收、自动计费等前处理及检验自动化系统与 LIS 间双向通讯、样本检测、样本审核、样本确认、检验报告单无纸化在线传送等各环节的信息进行跟踪记录。条形码的应用改变了传统手工检测工作模式，原有的手工模式下标本编号、项目录入、标本的按序摆放等工作都可省略。以条形码技术为载体，完成 LIS 系统与 HIS 系统的数据共享，实现了检验处理过程全程监控，准确率和效率都非常高，减轻了工作人员的劳动强度，也避免了人为差错。

条形码使用的具体流程如下。①生成条形码：医生在工作站中录入电子医嘱，护士确认医嘱，系统自动生成关于患者资料和检验信息唯一的数字条形码并自动打印，条形码粘贴相应的标本容器后进行采集样本。②使用条形码：LAS 识别到条形码后，通过 LIS 和 HIS 配合，利

用条形码与检验信息的对应关系，在数据库查找提取相应的检验信息并下载，从而实现自动化分析和管理。LAS 也可将相应条形码的样品信息上传至 LIS，进而实现样本流信息、结果数据的正确显示。

三、软件对实验室全自动化系统的自动监控和审核

LAS 可对系统状态进行自动化的监控和处理。LAS 内部数据管理软件、中间软件及 LIS 对 LAS 的数据发挥自动监控和审核功能。实验室也可依据自己的需求，个性化地设定各种监控审核条件，大部分数据可由系统自动审核，少量的异常数据交由人工处理，从而减轻工作量，同时保证审核的速度和质量。

（一）室内质控结果的监控

可对线上各种分析仪器进行质控频率和失控规则进行设定，室内质控数据须在控才能对检测结果进行审核签发，从而保证结果准确可靠。

（二）血清质量监控

仪器自动采集血清质量信息（溶血、脂血、黄疸）会对结果自动、人工审核提供相应的提示支持。

（三）对结果的逻辑性进行监控

可设定的不同项目间的逻辑关系和某项目的测量极值的范围，当触发这一设定条件时，系统会自动提示并拒绝自动审核。

（四）对患者历史结果对比的监控

可对同一患者一段时间内的历史结果进行对比，如果超出设定的许可偏离程度，系统会自动提示并拒绝自动审核。

（五）对检验结果回报时间的监控

通过 LAS 和 LIS 紧密的数据交流，可对样本处理节点进行实时监控，包括条形码生成、样本采集、运送签收、核对验收、上机检测、审核上传、标本废弃等各节点信息，对于各种原因导致的检验结果回报时间（turn around time，TAT）超时都会给予警告，甚至直接指明原因。例如线上分析设备异常，项目为非线上项目而未及时处理等。

第五节　临床实验室自动化系统的使用与维护

一、实验室自动化系统的使用

LAS 是整合了各个分析检测系统的组合，为检测系统提供样本前、后处理的流水线系统操作。仪器因品牌的不同而操作略有差别，一般有以下几个关键的步骤。

（一）开机

依次打开稳压电源各分析仪器电源、流水线电源，仪器自检通过后进入待机状态。

（二）测试前准备

1. 分析仪器的准备 按各分析仪器的要求进行维护与仪器保养、丢弃废弃物、更换试剂及耗材、校准标准曲线及质控等工作，使仪器处于良好工作状态，为检测做好准备。

2. 流水线的准备 确认样本投入区、样本输出区放有样本架（盘）；从样本输出区移去所有的样本管；检查各模块轨道有无异物，防止造成阻塞；检查并丢弃废弃物存储区的废物；检查机械手的状态；检查条码打印机是否清洁；检查添加条码纸；检查添加分杯管等耗品。

3. 确认仪器在线 检查确认各分析仪器是否在线，LAS 和 LIS 连接是否正常，有问题的模块标记为离线状态，以免影响整个 LAS 的运行。

（三）测试

将已核收确认的样本置于投入口模块的进样缓冲区，按"开始"键进行进样。系统会自动进样、识别、分类、离心、开盖、分杯、检测、复测、存储。线下项目的标本、无法识别的标本、出错的标本、存储到期的样本会自动送至输出模块的指定位置，转由人工或线下设备处理。

（四）结果输出

系统会自动收集、显示各检测系统的数据，可按照设定的审核规则进行自动审核，无法通过自动审核的结果转由人工进行处理审核。

（五）样本的存储和复检

样本会自动存储于在线冰箱中，选中要复检的标本及复检项目后，系统会自动进行复检，到期的样本可送至输出模块。

（六）关机

关机分为系统关闭和日常关闭，一般情况下只需执行日常关闭即可。关机前各检测系统和流水线做相关的关机前保养，再执行相应的关机程序。

二、实验室自动化系统的维护

相对于常规操作来说，流水线的维护与保养更显得重要。各厂家的实验室自动化系统都有各自的维护与保养要求，必须严格按照要求完成所有维护与保养工作。一般流水线的维护包括日维护、周维护、月维护、季度维护和年维护。所有的维护与保养程序必须在系统所有模块均处于停止模式下才能进行。季度维护和年维护主要由厂家工程师完成。

（一）每日维护

1. 清理样本处理器，保持清洁。
2. 检查并确认所有模块轨道上没有异物，保持轨道通畅。
3. 检查离心机样品管固定器，确定其能自由旋转；清理离心机样品仓，确保没有异物。
4. 检查自动脱盖装置，清理脱帽垃圾桶。
5. 执行日常关机程序。
6. 查看并记录样品贮存器的温度。

（二）每周维护

1. 检查并清洗轨道上所有夹子，必要时更换夹子。
2. 检查并清洗所有机械传送臂。
3. 检查并清洗离心机样品管固定器、转子和滚筒。
4. 使用实验室透镜清洁剂，清洗每个条形码读取器和光学传感器。

（三）每月维护

1. 检查所有空气软管的钮结或活动接线，更换某些已损坏的管材。
2. 检查并清洁每个单元后面板上的冷却风扇，确保功能正常。
3. 检查离心机中的橙色垫圈，确保垫圈没有损坏或磨损。
4. 检查传输带，以查看其是否破裂或摩擦轨道的侧面，使用真空吸尘器打扫轨道。如果皮带磨损或没有对齐，更换皮带或手动使皮带处于正确位置。

第六节　实现临床实验室自动化的意义

临床实验室全自动化系统实现了临床实验室现代化的新飞跃，是临床实验室诊断技术自动化、智能化、信息网络化的标志，具有以下意义。

1. 提升快速回报结果的能力　LAS 从样品采集、处理、分析、报告等所有环节上协调一致，为临床提供最为及时和可靠报告。

2. 将检验报告的误差减少到最低　质量是临床检验工作的根本。在要求同时提高临床检验工作量和质量的情况下，必须重视误差的来源并加以分析。样本的自动前处理系统以及条形码的应用，有效降低了检验报告的误差，尤其是人为误差，提高了质量。

3. 全面提升临床检验的管理质量　LAS 是将现代化管理与计算机技术紧密结合的产物，用自动化的科学管理模式代替手工式的管理模式，将极大提升检验设备的应用价值和效益。

4. 提高实验室的生物安全性　标本从送样、离心、分杯、检测、复查及保存等均在流水线上通过自动化完成，有效地避免了标本对环境和操作者的污染。

5. 工作流程的再造与管理　LAS 全面提升了实验室管理水平和服务水平。调整了工作流程及检验工作的管理模式，便于自动化流水线的日常操作、检验、仪器维护与检验结果的质量管理。

6. 优化人力资源和卫生资源的配置　LAS 的应用可有效实现临床实验室资源重组和利用，在某种程度上减少检验仪器的重复购置，节约运行成本。

现代 TLA 在原有的高效、快速、全系统自动化的基础上，更加贴近临床和检验应用的实际，对临床检验、临床医疗和医院管理等方面都将产生极大的推进作用。检验科逐步实现各部门一体化、工作人员技术多面化；减少人力资源和成本，提高了效率；减少标本检测用量，有利于患者；自动化程度高，操作误差小；更快地处理标本，回报结果的能力增强；促进实验室操作的规范化；安全性和整个过程的控制更好；可全面提升临床检验的管理。但建设 TLA 所需费用较高，并要求一定的技术支撑，更适应于大型实验室。

 **自测题**

一、选择题

1. 将众多模块分析系统整合,实现对标本前处理、传送、分析、存储的全自动化过程是
   A. 实验室模块自动化　　　　　　　　B. 全实验室自动化
   C. 模块工作单元　　　　　　　　　　D. 模块群
   E. 整合的工作单元

2. 下述有关智能化传输技术的特点中,不正确的是
   A. 技术稳定　　　　　　　　　　　　B. 价格低
   C. 速度快　　　　　　　　　　　　　D. 能适应实验室布局的改变
   E. 不能处理多种规格的样品容器

3. 在全自动样本前处理系统中通常作为独立可选单元存在的是
   A. 样本投入单元　　　　　　　　　　B. 样本去盖单元
   C. 样本离心单元　　　　　　　　　　D. 在线分杯单元
   E. 样本标记单元

4. 样品由机械臂放入和取出离心机,样本处理速度为
   A. 200～400个/时　　　　　　　　　B. 200～300个/时
   C. 300～400个/时　　　　　　　　　D. 200～500个/时
   E. 300～500个/时

5. 在线分杯单位功能中最佳的是
   A. 检测血清是否溶血　　　　　　　　B. 检测液面
   C. 检测血清有无纤维蛋白凝块　　　　D. 检测血清容量多少
   E. 不合格标本直接输送到出口模块中预先设定的区域

6. 下述关于条形码技术的叙述中,不正确的是
   A. 简化了实验室的操作流程,提高了效率
   B. 需要区分标本的先后次序
   C. 保证检验结果的可靠性
   D. 不用在分析仪中输入检验项目
   E. 损坏缺失或条形码标签长度或类型错误,读取器将无法读取

7. 不是全实验室自动化的意义的是
   A. 提升快速回报结果的能力　　　　　B. 将检验报告的误差减少到最少
   C. 全面提升临床检验的管理　　　　　D. 增加了实验室的生物危险性
   E. 节约了人力资源和卫生资源

二、问答题

1. 简述实验室自动化系统的基本概念与分类。
2. 简述临床实验室自动化系统的基本组成。

(谢荣华　刘翔宇)

主要参考文献

[1] 曾照芳，余蓉．医学检验仪器学．武汉：华中科技大学出版社，2013.
[2] 吴佳学，彭裕红．临床检验仪器．3版．北京：人民卫生出版社，2019.
[3] 邹雄，李莉．临床检验仪器．2版．北京：中国医药科技出版社，2018.
[4] 曾照芳，贺志安．临床检验仪器学．北京：人民卫生出版社，2012.
[5] 樊绮诗，钱士匀．临床检验仪器与技术．北京：人民卫生出版社，2015.
[6] 蒋长顺．医学检验仪器应用与维护．北京：人民卫生出版社，2018.
[7] 须建，彭裕红．临床检验仪器．2版．北京：人民卫生出版社，2015.
[8] 贺志安．检验仪器分析．北京：人民卫生出版社，2013.
[9] 赵景颇．临床检验仪器．上海：同济大学出版社，2018.
[10] 尚红，王毓三，申子瑜．全国临床检验操作规程．4版．北京：人民卫生出版社，2014.
[11] 丛玉隆．临床实验室仪器管理．北京：人民卫生出版社，2012.
[12] 雷东锋．现代生物化学与分子生物学仪器与设备．北京：科学出版社，2006.
[13] 张惟材，朱力，王玉飞．实时荧光定量PCR．北京：化学工业出版社，2013.
[14] 甘晓玲．微生物学检验．北京：人民卫生出版社，2013.
[15] 甘晓玲，李剑平．微生物学检验．北京：人民卫生出版社，2015.
[16] 谢庆娟，杨其绛．分析化学．北京：人民卫生出版社，2012.
[17] 须建，张柏梁．医学检验仪器与应用．武汉：华中科技大学出版社，2012.
[18] 樊绮诗，钱士匀．临床检验仪器与技术．北京：人民卫生出版社，2017.

中英文专业词汇索引

C

测量范围（measuring range）10
差速离心法（differential velocity centrifugation method）36

D

电阻抗检测原理（principle of electrical impedance）57
多功能粪便分析仪（multi-function feces analyzer）104

F

放大率（magnification，M）22
分辨率（resolution）22
粪便分析工作站（feces analysis work station）104

G

高效液相色谱法（high performance liquid chromatography，HPLC）149
光电倍增管（photomultiplier tube，PMT）6

H

红细胞沉降率（erythrocyte sedimentation rate，ESR）77

J

即时检验（point-of-care testing，POCT）220
计算机辅助精子分析（computeraided sperm analysis，CASA）113
检验结果回报时间（turn around time，TAT）237
精确度（accuracy）8
精液检验（seminal fluid analysis，SFA）113
精子活力指数（sperm motility index，SMI）113
绝对误差（absolute error）8

K

可靠性（reliability）9

L

离子选择电极（ion selective electrode，ISE）130
连续检测血培养系统（continuous-monitoring blood culture system，CMBCS）182
灵敏度（sensitivity）8

M

密度梯度离心法（density gradient centrifugation method）37
免疫胶体金技术（immunocolloidal gold technique）106

N

尿液分析（urinalysis）83
尿液干化学试带（urine dry chemical reagent strip）85
尿液化学分析仪（urine chemistry analyzer）83

P

频率响应范围（range of frequency response）10
平均无故障时间（mean time between failures，MTBF）9

Q

气相色谱法（gas chromatography，GC）147
全实验室自动化（total laboratory automation，TLA）233
全自动粪便分析仪（automated feces formed elements analyzer）104

S

散射免疫比浊测定（nephelometric immunoassay）174
色谱分析法（简称色谱法，chromatography）146

时间分辨荧光免疫测定（time-resolved fluorescence immunoassay, TR-FIA）223

实验室信息系统（laboratory information system, LIS）74, 233

实验室自动化系统（laboratory automation system, LAS）231

T

透射免疫比浊测定（turbidimetric immunoassay）174

W

误差（error）7

X

线性范围（linear range）10

相对离心力（relative centrifugal force, RCF）34

相对误差（relative error）8

响应时间（response time）10

血细胞分析仪（blood cell analyzer, BCA）56

血液凝固分析仪（automated coagulation analyzer, ACA）69

Y

样本盘（sample disk）107

医院信息系统（hospital information system, HIS）233

阴道分泌物（vaginal discharge）118

隐血（occult blood）104

原子吸收光谱仪（atomic absorption spectrometer, AAS）140

Z

噪声（noise）9

质谱仪（mass spectrometer）154

重复性（repeatability）8

自动红细胞沉降率测定仪（automated erythrocyte sedimentation rate analyzer）77

最小检测量（minimum detectable quantity）9